国家出版基金项目
NATIONAL PUBLICATION FOUNDATION

"十三五"国家重点图书出版规划项目

城市安全风险管理丛书

编委会主任：王德学　　总主编：钟志华　　执行总主编：孙建平

城市安全风险防控概论

Introduction to
Urban Risk Management

孙建平 主 编　　秦宝华 副主编

同济大学 出版社
TONGJI UNIVERSITY PRESS

图书在版编目(CIP)数据

城市安全风险防控概论 = Introduction to Urban Risk Management/孙建平主编.--上海：同济大学出版社,2018.11
(城市安全风险管理丛书)
"十三五"国家重点图书出版规划项目
ISBN 978 - 7 - 5608 - 8202 - 4

Ⅰ.①城… Ⅱ.①孙… Ⅲ.①城市管理—安全管理—风险分析—中国 Ⅳ.①X92 ②D63

中国版本图书馆 CIP 数据核字(2018)第 248651 号

"十三五"国家重点图书出版规划项目
城市安全风险管理丛书

城市安全风险防控概论
Introduction to Urban Risk Management

孙建平　主编　　秦宝华　副主编

出 品 人：　华春荣
策划编辑：　高晓辉　吕　炜　马继兰
责任编辑：　马继兰　高晓辉
责任校对：　徐春莲
装帧设计：　唐思雯

出版发行　　同济大学出版社　www.tongjipress.com.cn
　　　　　　(上海市四平路1239号　邮编:200092　电话:021 - 65985622)
经　　销　　全国各地新华书店、建筑书店、网络书店
排版制作　　南京新翰博图文制作有限公司
印　　刷　　上海安枫印务有限公司
开　　本　　787mm×1092mm　1/16
印　　张　　15.25
字　　数　　387 000
版　　次　　2018 年 11 月第 1 版　　2019 年 5 月第 2 次印刷
书　　号　　ISBN 978 - 7 - 5608 - 8202 - 4
定　　价　　76.00 元

内容简介

随着经济社会的快速发展和城镇化的不断推进,城市问题转变为城市风险,城市进入风险时代。城市风险管理作为一门新兴的交叉学科,涉及城市规划、公共管理、工程建设等多个领域。本书通过对国内城市管理的回顾和城市发展趋势的分析,收集并借鉴国外城市管理的做法和经验,整合提出全新的城市风险管理概念,着力于"一个理念""两个平台""三个机制"的建设升级,从传统政府一元主体主导的事故应急管理转型升级为开放性、系统化的多元共治城市风险管理体系。在引入风险识别、评价、监测和控制方法的基础上,结合我国城市具体情况,运用大数据、BIM 等技术,通过"事前科学预防""事中有效控制""事后及时救济",构建了包括城市风险预警和应急在内,并且与金融保险有机结合的一个完整的城市风险防控体系。

本书是城市决策者、管理者及相关技术人员了解、学习、掌握城市风险管控与治理的必备读物。

作者简介

孙建平

男,教授,博士生导师,同济大学城市风险管理研究院院长。曾任上海市建设和管理委员会秘书长、上海市建设和交通委员会副主任、上海市交通委员会主任,十二届上海市政协常委、人口资源环境建设委员会主任。长期从事城市建设、运行、交通运输等领域的一线管理工作,在城市风险管理的理论研究、体系建设、平台运用、机制创新等方面做了大量的探索和实践。主要成果获奖包括上海市科技进步三等奖、上海市科学技术成果第一完成人和上海市决策咨询研究成果三等奖。主编出版《建设工程质量安全风险管理》《交通安全风险管理与保险》等专著。

秦宝华

男,教授级高工,曾任上海市建筑科学研究院(集团)有限公司党委书记、董事长,现为华东建筑集团股份有限公司党委书记、董事长,享受国务院特殊津贴专家,上海市劳动模范,上海市科技精英,上海市建设安全协会会长,上海市土木工程学会副理事长。长期从事特大型桥梁建设管理工作,主持和参与了上海杨浦大桥、南浦大桥、卢浦大桥、江苏江阴大桥等工程施工和技术管理,获得国家及上海市科技进步奖等多项奖项,其中"卢浦大桥设计与施工关键技术研究"获 2005 年度国家科技进步二等奖。

"城市安全风险管理丛书"编委会

编委会主任 王德学

总 主 编 钟志华

编委会副主任 徐祖远　周延礼　李逸平　方守恩　沈　骏　李东序

陈兰华　吴慧娟　王晋中

执行总主编 孙建平

编委会成员（按姓氏笔画排序）

丁　辉　于福林　马　骏　马坚泓　王以中　白廷辉

乔延军　伍爱群　任纪善　刘　军　刘　坚　刘　斌

刘铁民　江小龙　李　垣　李　超　李寿祥　杨　韬

杨引明　杨晓东　吴　兵　何品伟　张永刚　张燕平

陈　辰　陈丽蓉　陈振林　武　浩　武景林　范　军

金福安　周　淮　周　嵘　单耀晓　胡芳亮　侯建设

秦宝华　顾　越　柴志坤　徐　斌　凌建明　高　欣

郭海鹏　涂辉招　黄　涛　崔明华　盖博华　鲍荣清

蔡义鸿

《城市安全风险防控概论》编撰人员

编 委 会 主 任　孙建平

编委会副主任　刘　军

编 委 会 成 员　秦宝华　周红波　高　欣　白廷辉　王　强　史智惠
　　　　　　　　胡传廉　胡芳亮　杨石飞　林卫强

主　　　　编　孙建平

副　主　编　秦宝华

编　　　撰　蔡来炳　李　敏　周　翠　阎一澜　张　辉　朱　骏
　　　　　　　刘　坚　陈琳彦　龚是滔　郑一敏　代建林　张怡萱
　　　　　　　刘海洋　魏　巍

总序

浩荡 40 载,悠悠城市梦。一部改革开放砥砺奋进的历史,一段中国波澜壮阔的城市化历程。40 年风雨兼程,40 载沧桑巨变,中国城镇化率从 1978 年的 17.9％提高到 2017 年的 58.52％,城市数量由 193 个增加到 661 个(截至 2017 年年末),城镇人口增长近 4 倍,目前户籍人口超过 100 万的城市已经超过 150 个,大型、特大型城市的数量仍在不断增加,正加速形成的城市群、都市圈成为带动中国经济快速增长和参与国际经济合作与竞争的主要平台。但城市风险与城市化相伴而生,城市规模的不断扩大、人口数量的不断增长使得越来越多的城市已经或者正在成为一个庞大且复杂的运行系统,城市问题或城市危机逐渐演变成了城市风险。特别是我国用 40 年时间完成了西方发达国家一二百年的城市化进程,史上规模最大、速度最快的城市化基本特征,决定了我国城市安全风险更大、更集聚,一系列安全事故令人触目惊心,北京大兴区西红门镇的大火、天津港的"8·12"爆炸事故、上海"12·31"外滩踩踏事故、深圳"12·20"滑坡灾害事故,等等,昭示着我们国家面临着从安全管理 1.0 向应急管理 2.0 及至城市风险管理 3.0 的方向迈进的时代选择,有效防控城市中的安全风险已经成为城市发展的重要任务。

为此,党的十九大报告提出,要"坚持总体国家安全观"的基本方略,强调"统筹发展和安全,增强忧患意识,做到居安思危,是我们党治国理政的一个重大原则",要"更加自觉地防范各种风险,坚决战胜一切在政治、经济、文化、社会等领域和自然界出现的困难和挑战"。中共中央办公厅、国务院办公厅印发的《关于推进城市安全发展的意见》,明确了城市安全发展总目标的时间表:到 2020 年,城市安全发展取得明显进展,建成一批与全面建成小康社会目标相适应的安全发展示范城市;在深入推进示范创建的基础上,到 2035 年,城市安全发展体系更加完善,安全文明程度显著提升,建成与基本实现社会主义现代化相适应的安全发展城市。

然而,受一直以来的习惯性思维影响,当前我国城市公共安全管理的重点还停留在发生事故的应急处置上,突出表现为"重应急、轻预防",导致对风险防控的重要性认识不足,没有从城市公共安全管理战略高度对城市风险防控进行统一谋划和系统化设计。新时代要有新思路,城市安全管理迫切需要由"强化安全生产管理和监督,有效遏制重特大安全事故,完善突发事件应急管理体制"向"健全公共安全体系,完善安全生产责任制,坚决遏制重特大安全事故,提升防灾减灾救灾能力"转变,城市风险管理已经成为城市快速转型阶段的新课题、新挑战。

理论指导实践,"城市安全风险管理丛书"(以下简称"丛书")应运而生。"丛书"结合城市安全管理应急救援与城市风险管理的具体实践,重点围绕城市运行中的传统和非传统风险等热点、痛点,对城市风险管理理论与实践进行系统化阐述,涉及城市风险管理的各个领域,涵盖城市建设、城市水资源、城市生态环境、城市地下空间、城市社会风险、城市地下管线、城市气象灾害以及城市高铁运营与维护等各个方面。"丛书"提出了城市管理新思路、新举措,虽然还未能穷尽城市风险的所有方面,但比较重要的领域基本上都有所涵盖,相信能够解城市风险管理人士之所需,对城市风险管理实践工作也具有重要的指南指引与参考借鉴作用。

"丛书"编撰汇集了行业内一批长期从事风险管理、应急救援、安全管理等领域工作或研究的业界专家、高校学者,依托同济大学丰富的教学和科研资源,完成了若干以此为指南的课题研究和实践探索。"丛书"已获批"十三五"国家重点图书出版规划项目并入选上海市文教结合"高校服务国家重大战略出版工程"项目,是一部拥有完整理论体系的教科书和有技术性、操作性的工具书。"丛书"的出版填补了城市风险管理作为新兴学科、交叉学科在系统教材上的空白,对提高城市管理理论研究、丰富城市管理内容,对提升城市风险管理水平和推进国家治理体系建设均有着重要意义。

中国工程院院士

2018 年 9 月

序言

伴随着我国社会经济的发展,城市也从小到大、从简单功能到复杂功能快速发展。现代化需要城镇化,今天我们的城市已越来越大、越来越高、越来越亮。伴随着城市化进程的加快,自然灾害、事故灾难、公共卫生事件、社会安全事件等城市问题对城市运行安全造成的威胁越来越凸显。诸如人口流动、产业集聚、高层建筑和重要设施高度稠密、轨道交通承载量严重超负荷运行,再加上资源短缺、极端天气引发的自然灾害、新技术运用中的不确定性等,城市问题又叠加上了不断出现的城市突发事件。正如城市化发展应该是一个渐进的过程一样,对城市的管理、对城市问题的治理、对城市突发事件的应急处置,无论是认识还是实践,同样也有一个过程。《城市安全风险防控概论》一书的出版正当其时,该书作者在实践和研究的基础上已经认识到,当城市已经或者正在组成一个巨大且复杂的运行系统时,城市问题以及城市突发事件就可能演变成城市风险。其中一些风险爆发后可能造成的后果极其严重,必须引起人们的高度重视。一些潜在风险不仅成为城市化进程中的障碍,也可能造成难以逆转和纠正的后果,不仅是重要的经济问题和社会问题,也是重要的民生问题和政治问题。妥善处理城市化过程中的风险已经成为中国持续发展的一个重要课题。

该书通过对城市发展历程的回顾和城市发展所伴随问题与事故的分析,总结借鉴一些国家和地区在城市应急与风险管理方面的经验,在研究和实践探索的基础上,整合提出了全新的城市风险管理概念;介绍了城市风险识别与评估、城市风险应对及处置、城市风险监测和预警等防控方法;介绍了保险及保险行业在城市风险防控中的作用和发展,以及在城市安全管理中的保障功能。以"一个核心理念""两个综合平台"和"三个关键机制"的城市风险管理思路,从传统政府一元主导的问题处理、事故应急处置向开放性、系统化的多元共治的城市风险管理转型升级,构建一整套"事前科学预防""事中有效控制""事后及时救济"风险防控机制,为城市风险防控提供了新的思路,对城市风险管理的研究与实践具有重要意义。

城市风险是客观存在的,然而城市风险又是可防、可控的。希望该书的出版能够增强城市管理者、企业生产者、居住生活者以及全社会的风险意识,使他们关注身边可能存在的风险,参与城市风险的防控实践。当然也希望相关研究人员能够进一步深化和丰富城市风险管理理论研究和实践探索。通过借助大数据、云计算、物联网、人工智能等新兴信息化技术，搭建城市智能化管理平台，充分发挥政府、社会、企业、社团和市民在城市风险防控中的协同共治作用，一定能够提高城市总体风险防范能力，为城市健康发展保驾护航。

中国安全生产科学研究院院长

2018 年 9 月

前言

　　随着我国国民经济发展和城镇化的推进,人们向城市汇聚,城市建设和管理进入新常态,城市安全问题日益突出,已成为城市各阶层都需要关注的问题。党的十九大报告提出,要"坚持总体国家安全观"的基本方略,强调"统筹发展和安全,增强忧患意识,做到居安思危,是我们党治国理政的一个重大原则",要"更加自觉地防范各种风险,坚决战胜一切在政治、经济、文化、社会等领域和自然界出现的困难和挑战"。习近平总书记提出"城市管理要像绣花一样精细",并特别强调"增强驾驭风险本领,健全各方面风险防控机制,善于处理各种复杂矛盾,勇于战胜前进道路上的各种艰难险阻,牢牢把握工作主动权"。为贯彻落实党的十九大精神,必须坚定不移地贯彻创新、协调、绿色、开放、共享的发展理念,坚持底线思维,进一步加强城市的精细化管理,推进城市风险管理的水平和能力不断提升,为城市的安全有序运行做出贡献。

　　本书通过对城市发展历程和城市发展伴随的问题与事故的分析,总结城市管理经验,引入风险管理理念,整合提出了全新的城市风险管理概念,构建由城市风险识别与评估、城市风险应对及处置、城市风险监测、城市风险预警与应急等组成的城市风险防控体系与方法,介绍了保险在城市风险防控中的应用和发展,以及在城市安全管理中的保障作用。

　　本书内容共 8 章。第 1 章主要介绍城市的发展历程以及城市发展伴随的问题,通过分析和总结城市管理经验和事故应对方法,提出了城市风险管理理念和基本理论体系;第 2～6 章分别介绍城市风险识别与分析、城市风险评估、城市风险应对及处置、城市风险监测和城市风险预警及应急,结合案例介绍了相应的风险识别方法或手段;第 7 章主要介绍城市若干领域的风险防控,包括城市建设风险、城市地下空间开发风险、城市交通运输风险和城市环境风险;第 8 章主要介绍城市风险防控与保险,探索在城市风险管理中引入保险机制。

　　本书在编写过程中得到了国务院安全生产委员会、同济大学、中国保险监督管理委员会、国家铁路局、中国建筑业协会、北方工业大学、中国职业安全健康协会、中国国际城市化发展战略研究委员会、中国安全生产科学研究院、上海城市发展研究所、中国太平洋财产保险股份有限公司、舜杰建设(集团)有限公司、上海市建筑科学研究院(集团)有限公司、上海建科工程咨询有限公司、上海勘察设计研究院(集团)有限公司、上海岩土工程勘察设计研究院有限公司、上海开放大学、上海聚隆建设集团、宝葫历史建筑科技(上海)有限公司、上海临港经济发展(集团)有限公

1

司、上海银行、上海市人民政府办公厅、上海环亚保险经纪有限公司以及上海市各委办局的鼎力支持和众多城市安全及管理界专家的悉心指导和帮助,在此表示衷心感谢。

限于作者水平和调查研究能力有限,本书编写存在遗漏或不足之处,恳请广大读者批评指正。

编者

2018 年 9 月于上海

目录

1 城市发展与城市风险

当城市成为一个庞大而复杂的运行体时,某些问题、事件、因素或者因素的叠加,就可能成为城市风险,而有些城市风险可能是灾难性的。一些国家和地区应对这些问题或者风险已经有了成功的经验。期待在借鉴成功经验的基础上,结合我国的具体国情,通过思考研究和实践探索,构建适合我们的城市安全风险防控体系。

1.1 城市的形成与发展

城市是集生产、管理、服务、集散和创新等功能为一体的人类居住和生活地域,是人类历史发展到一定阶段的必然产物。人类祖先经历了从不断迁移到定居、从群落到集市城镇的过程。从古代城市到中古城市,从近代工业城市到现代化大都市,城市的形成和发展同人类社会的发展历史紧密相连。城市是人类文明的标志之一。

1.1.1 城市的形成

城市是一定区域范围内政治、经济、文化、宗教、人口等的集中之地和中心所在,是伴随着人类社会的发展而形成的一种有别于乡村的高级聚落。城市是人类群居生活的高级形式,其发展意味着人类不断走向成熟和文明。

早期的人类居无定所,随遇而栖,渔猎而食……在人类选择水草丰美、动物繁盛的处所临时定居后,一方面他们逐渐掌握了耕作技能,另一方面在捕猎个体庞大的凶猛动物时,他们有了群体和合作的意识,因为单个个体的力量较为单薄,与其他人联合可以获取更多的成果。

群体力量的强大使得收获变得丰富起来,捕获的猎物不便携带,因此须寻找地方贮藏起来。幼小活体动物可能会进行驯养,而耕种的收获也会储存,久而久之人类便会在那个地方定居下来。定居下来的先民为了抵御野兽的侵扰,也为了标识领域地盘,便在驻地周围围上篱笆,形成了早期的村落。

随着人口的繁盛,村落的数量不断增加,村落的规模也在不断扩大。不同村落的特点、特色不断显露,村落内部分化出若干个群体,出现了分工。当部分生活、生产资料多余,而另一部分生活、生产资料短缺时,村落中的群体与群体之间就可能出现以物易物。推而广之,村落与村落之间会出现更多用多余物品换取自己所没有的东西的现象。于是,便形成了早期的集"市"。

《世本·作篇》记载:颛顼时"祝融作市"。《史记正义》曰:"古人未有市及井,若朝聚井汲水,便将货物于井边货卖,故言市井。"这便是"市井"的来历。

城市的起源从根本上来说可以概括为因"城"而"市"和因"市"而"城"两种类型。因"城"而"市"就是城市的形成先有城后有市,市是在城的基础上发展起来的,这种类型的城市多见于战略要地和边疆城市,如天津起源于天津卫;而因"市"而"城"是由于市的发展而形成的城市,即是先有市场后有城市,如芜湖起源于稻米集市。第二类城市比较多见,是人类经济发展到一定阶段的产物,本质上是人们生活、生产的活动中心和贸易聚集中心。

1.1.2 城市的发展

随着人类的繁衍和周边人群向城市的集聚,无论是否有规划,城市都慢慢地开始扩张,一些集市或小镇也逐渐形成新的城市。城市发展经历了古代和中古城市、近代工业城市和现代城市几个阶段。

工业革命使城市发生了根本变化,工厂的大量出现与集中,使城市成为先进生产力的代表。市政、金融、商业和交通等领域的发展,进一步提高了城市的经济地位。再后来,现代城市逐渐具备了新时代赋予的特征,是生产要素的集聚中心,是生产、交换和消费中心,也成为拉动经济增长的强大"引擎"。

1. 古代和中古城市

农耕时代,人类开始定居。在这一时期,城市就已经出现了,但其作用大多是军事防御和举行祭祀仪式,并不具有生产功能。这时期城市的规模很小,每个城市和它周边农村构成一个较小的地域,如意大利的庞贝古城和希腊的雅典卫城,如图1-1、图1-2所示。

图 1-1　庞贝古城　　　　　图 1-2　雅典卫城

2. 近代工业城市

第一次工业革命使人类进入蒸汽时代。蒸汽机的改良推动了机器的普及以及大工厂制的建立,从而促进了交通运输领域的革新。这不仅是一次技术改革,更是一场深刻的社会变革,推动了经济领域、政治领域、思想领域等诸多方面的变革。

第二次工业革命进一步促进了近代工业城市的发展,主要体现在以下三个方面:

（1）在第二次工业革命期间,自然科学的新发展开始同工业生产紧密地结合起来,科学在推动生产力发展方面发挥了更为重要的作用,它与技术的结合使第二次工业革命取得了巨大的成果;

（2）第二次工业革命几乎同时发生在几个先进的资本主义国家,新的技术和发明超过一国的范围,其规模更加广泛,发展也比较迅速;

（3）由于第二次工业革命开始时,有些主要资本主义国家如日本尚未完成第一次工业革命,对这些国家来说,两次工业革命是交叉进行的,它们既可以吸收第一次工业革命的经验,又可以直接利用第二次工业革命的新技术,这些国家的经济发展速度也比较快。

3. 现代城市

现代城市是在近代城市基础上发展起来的新城市,典型的现代城市如图 1-3—图 1-5 所示。工业城市使城市和乡村彻底分离,城市从农村夺取了那些与土地没有直接联系的活动类型(手工业、农产品加工等),集中了越来越多的生产活动,活动的集中性和多样性使城市在经济和社会发展方面占有绝对的优势。

图 1-3　现代东京　　　　　　　　　图 1-4　现代纽约

（a）1990 年的陆家嘴　　　　　　　（b）2018 年的陆家嘴

图 1-5　中国上海陆家嘴今昔对比

各种活动分工和整合,使生产力空前提高,产生了工业城市和市镇这些新型居民聚居地。第二次世界大战以后,发生了第三次工业革命,把人类带入了科技时代。世界城市化趋势是发生在世界政治经济格局产生重大变化的背景之下的。在政治上,殖民体系瓦解,许多殖民地国家赢得了政治上的独立,开始致力于发展民族经济和国家经济。在经济上,以微电子技术为代表的新技术革命使全球生产能力和生产规模迅速扩张,生产专业化程度不断提高,经济的互补性,使得商品、劳务、资本等在全球范围内流动,导致国际分工与协作的加强。

技术进步驱动了人口、收入、城市化这三位一体的变化。技术进步在城市里发生,又反过来促进了城市的发展,这样就形成了互相促进的正反馈机制,共同促进了人类社会的进步。

1.1.3 城市的两面性

尽管城市对人类社会有着极大的促进作用,但其发展也带来许多问题,如城市人口的急剧增加、环境恶化、资源危机等。当下的城市已是一个复杂的社会机体、一个巨大的运行系统,面临着比以往更多、更复杂、影响更大的威胁。

1. 城市让生活更美好

亚里士多德曾说,人们来到城市是为了生活,人们居住在城市是为了生活得更好。人类自古以来都有一个美好的城市梦,留在城市是为了生活更好。

城市通过发挥集散功能,在一定空间范围内聚集和扩散各种经济要素;通过发挥生产中心功能,为提高供给能力奠定了坚实的基础;通过发挥服务功能,为各种经济活动和经济要素的自由流动提供全面、高效、便捷的服务;通过发挥创新功能,使各经济领域保持活力和生机,推动经济不断向前发展。

2. 城市化带来的城市病

城市病是指城市在发展过程中出现的交通拥挤、供水不足、能源紧缺、环境污染,以及物质流、能量流的输入、输出失去平衡,需求矛盾加剧等问题。这些问题使城市建设与城市发展处于失衡和无序状态,造成社会资源浪费、居民生活质量下降和经济发展成本提高,在一定程度上阻碍了城市的可持续发展。

1)人口过于集聚

特大型城市通常是密集人口集聚地,人口的快速集聚也是城市发展的重要动因之一。在人口快速集聚的过程中,城市基础设施、教育资源、医疗资源以及城市建设和管理就会与之发生不协调和不适应,从而引发一系列矛盾,出现惯有的城市病。

2)交通时常拥堵

交通拥堵问题一直是大城市的首要问题之一。迅速推进的城市化以及大城市人口的急剧膨胀使得城市交通需求与交通供给矛盾日益突出,主要表现为交通拥堵以及由此带来的污染、安全等一系列问题。交通拥堵不仅会导致经济社会诸项功能的衰退,而且还将引发城市生存环境的持续恶化,成为阻碍城市发展的"城市顽疾"。交通拥堵对社会生活最直接的影响是增加了居民的出行时间和成本,这不仅影响了工作效率,同时也抑制人们的日常活动,使城市活力大打折扣,居民的生活质量也随之下降。另外,交通拥堵也导致了事故的增多,更加剧了拥堵。

3）环境逐步污染

近百年来,以全球变暖为主要特征,全球的气候与环境发生了重大的变化,如水资源短缺、生态系统退化、土壤侵蚀加剧、生物多样化锐减、臭氧层耗损、大气化学成分改变等。环境污染对城市经济的影响是很大的,世界银行曾对此做出过估算,认为由于污染造成的健康成本和生产力的损失大约相当于国内生产总值的 1%～5%。

1.2　城市发展伴随的问题

城市在发展过程中会面临或遭遇许多问题。其中一些问题从城市安全建设和健康运行角度看,除上述城市发展伴随而来的城市病之外,城市发展伴随的问题中,还有很大的一块就是城市时常发生的事故。在城市这个特定地域发生的事故,往往会造成严重的人员伤亡、财产损失和较大的社会影响。

1.2.1　城市事故

在城市发生的这些事故中,有的是自然现象引起,有的是城市病的叠加或者衍生而发,有的是由人们的行为遭遇的隐患而生,还有的则是因为存在某些不确定因素的影响,可能发生或者发生后可能造成较严重后果的事故。一般将城市事故分为四大类:自然灾害、事故灾难、公共卫生事件以及社会安全事件。

1. 自然灾害

地球上的自然变异,包括人类活动诱发的自然变异,无时无地不在发生。给人类社会带来危害时,即构成自然灾害。自然灾害孕育于由大气圈、岩石圈、水圈、生物圈共同组成的地球表面环境中,城市自然灾害主要包括地震、台风、洪水、雪灾等。

1）地震

城市的人口、建(构)筑物等都高度密集且经济发达,一旦发生地震灾害,其直接、间接损失都特别严重,如 1976 年 7 月 28 日发生在河北唐山市区的 7.8 级大地震,致使整个唐山市遭到严重损毁。城市地震灾害的大小主要取决于地震强度以及地震震中与城市的距离,同时与城市规模和防震抗灾能力有密切关系。

2）台风

台风给所波及的地区带来了充足的雨水,同时也带来了各种破坏。台风具有突发性强、破坏力大的特点,是世界上最严重的自然灾害之一。台风的破坏力主要由强风、暴雨和风暴潮等 3 个因素引起。

(1) 强风。台风是一个巨大的能量库,其风速都在 17 m/s 以上,甚至在 60 m/s 以上。当风力达到 12 级时,垂直于风向平面上每平方米风压可达 2.3 kN。

(2) 暴雨。台风是非常强的降雨系统。一次台风登陆,降雨中心一天可降 100～300 mm,

甚至 500~800 mm 的大暴雨。台风暴雨造成的洪涝灾害,是最具危险性的灾害。台风暴雨强度大,洪水出现频率高,波及范围广,来势凶猛,破坏性极大。

(3)风暴潮。所谓风暴潮,就是当台风移向陆地时,由于台风的强风和低气压的作用,使海水向海岸方向强力堆积,潮位猛涨,水浪排山倒海般向海岸压去。强台风的风暴潮能使沿海水位上升 5~6 m。如果风暴潮与天文大潮高潮位相遇,产生高频率的潮位,将导致潮水漫溢,海堤溃决,冲毁房屋和各类建筑设施,淹没城镇和农田,造成不可估量的损失。风暴潮还会造成海岸侵蚀、土地盐渍化等土地灾害。

3)洪水

洪涝灾害也是我国城市最主要的自然灾害之一。洪通常是指由暴雨、急骤融冰化雪等自然因素引起的江河湖海水量迅速增加或水位急剧上涨的水流现象,涝则是由于长期降水或暴雨不能及时排入河道沟渠形成地表积水的自然现象。当洪与涝对人类造成损失时则成为灾害。

历史上洪涝灾害主要给农业带来巨大的损失。近几十年来,随着社会经济的发展,洪涝灾害损失的主要部分已经转移到城市,洪涝的特点也发生了很大变化。许多城市沿江、滨湖、滨海或依山傍水,有的城市位于平原低地,经常受到洪涝的威胁。与农村相比,城市的人口和资产高度集中,灾害损失要大得多。

4)雪灾

雪灾亦称白灾,指因长时间大量降雪造成大范围积雪成灾的自然现象。下雪特别是大雪会阻塞道路,严重影响交通,容易造成交通事故。连续不断的降雪还会引发雪崩,此外,大雪还可能造成间接破坏,如压断通信、输电线路,我国曾出现过数次因大雪压断电线而造成的大范围停电事故。

2. 事 故 灾 难

城市事故灾难一般包括公共场所事故灾难、基础设施事故灾难和化工厂(区)事故灾难。

1)公共场所事故灾难

城市公共场所发生踩踏事故,发生的时间和空间并不一定。这种事故可能发生于体育场、学校、商场、宗教场所、公共娱乐场所中,发生位置可能是建筑物的楼梯、走廊、出入口,甚至可能是建筑外的开阔地带。当某个场地的人员聚集密度达到一定的数值时,就具有发生拥挤踩踏事故的风险,而这种风险随着人聚集密度的增长而提升。

城市的公共场所如果有大规模的人聚集,往往具有数量较多和行动不一的特点。显然,要在统一指挥和统一意志下形成统一行动是十分困难的。由于规模较大的人群所具有的内聚力远远不如规模较小的人群,所以即使在拥挤踩踏事故发生后采取了应对措施也不可避免地会出现少数人脱离整体随意行动的现象,这种现象是引发拥挤踩踏事故的不可预测因素。也就是说,人群中不同个体的不同意识以及不同目的使拥挤踩踏事故具有更多潜在的矛盾,矛盾一旦显现出来,整体的行为将难以进行预测。

商场、体育场馆等建筑物倒塌也是常见的公共场所事故。

2）基础设施事故灾难

城市基础设施是城市生存和发展所必须具备的工程性基础设施和社会性基础设施的总称，是城市中为顺利进行各种经济活动和社会活动而建设的各类设备的总称。按服务性质的不同，城市基础设施可分为三类：

（1）生产基础设施包括服务于生产部门的供水、供电、道路和交通设施，仓储设备，邮电通信设施，排污，绿化等环境保护和灾害防治设施。

（2）社会基础设施包括服务于居民的各种机构和设施，如商业和饮食、服务业，金融保险机构，住宅和公用事业，公共交通、运输和通信机构，教育和保健机构，文化和体育设施等。

（3）制度保障机构如公安、政法和城市建设规划与管理部门等。基础设施水平随着经济和技术的发展而不断提高，种类越来越增多，服务越来越完善。

3）化工厂（区）事故灾难

城市的化工厂（区）发生事故是十分危险的。例如，印度博帕尔灾难是历史上最严重的工业化学事故，影响巨大。1984 年 12 月 3 日凌晨，博帕尔市某居民区附近一所农药厂发生氰化物泄漏，引发了严重的后果。由于这次事件，世界各国化学集团改变了拒绝通报社区公众的态度，亦加强了安全措施。

3. 公共卫生事件

公共卫生是关系到一个国家或地区人民大众健康的公共事业。公共卫生的具体内容包括对重大疾病尤其是传染病的预防，如结核、艾滋病、重症急性呼吸综合征(SARS)等的预防、监控和医治；对食品、药品、公共环境卫生的监督管制，以及相关的卫生宣传、健康教育、免疫接种等。公共卫生一般包括传染病、食品安全和药品安全等。

4. 社会安全事件

社会安全是衡量一个国家或地区构成的综合性指数，包括社会治安、交通安全、生活安全和生产安全。其中，恐怖袭击是危害社会安全的一个重要因素。恐怖袭击是指极端分子人为制造的针对但不仅限于平民及民用设施的不符合国际道义的攻击方式。自 20 世纪 90 年代以来，恐怖袭击有在全球范围内迅速蔓延的严峻趋势。极端分子使用的手段也由最初的纯粹军事打击演化到绑架、残杀平民、自杀爆炸等骇人的行动。发生在美国的"9·11"事件是目前为止震惊全球的世界上最惨烈的恐怖袭击。因此，城市恐怖袭击严重威胁社会安全。

1.2.2　城市事故案例

案例一：杭州地铁塌方事故

2008 年 11 月 15 日下午，正在施工的杭州地铁湘湖站北 2 基坑现场发生大面积坍塌事故，如图 1-6 所示,造成 21 人死亡,24 人受伤,直接经济损失近 5 000 万元。

案例二:中海油渤海湾漏油事故

2011 年 6 月,美国康菲公司与中海油合作开发的蓬莱 19-3 油田发生溢油事故。漏油致 840 km² 海域水质被污染,对周边海域造成危害(图 1-7)。2012 年 4 月下旬,康菲和中海油总计支付 16.83 亿元用以赔偿溢油事故。

图 1-6　杭州地铁塌方现场

图 1-7　溢油导致水质污染

案例三:北京特大暴雨事件

2012 年 7 月 21 日至 22 日 8 时左右,中国大部分地区遭遇暴雨,其中北京及其周边地区遭遇 61 年来最强暴雨及洪涝灾害。这次事故中有 79 人因暴雨死亡,全市道路、桥梁、水利工程多处受损,全市民房多处倒塌,几百辆汽车损毁严重(图 1-8)。北京市政府举行的灾情通报会的数据显示,此次暴雨造成房屋倒塌 10 660 间,受灾人数 160.2 万,经济损失达 116.4 亿元。

图 1-8　北京"7·21"特大暴雨

案例四:上海"12·31"外滩踩踏事件

2014 年 12 月 31 日晚,正值跨年夜活动,因很多游客市民聚集在上海外滩迎接新年(图 1-9),上海市黄浦区外滩陈毅广场东南角通往黄浦江观景平台的人行通道阶梯处底部有人失衡跌倒,继而引发多人摔倒、叠压,致使拥挤踩踏事件发生,造成 36 人死亡,49 人受伤。

图 1-9 12 月 31 日晚的上海外滩

案例五：天津滨海爆炸事故

2015 年 8 月 12 日晚,位于天津市滨海新区天津港的瑞海公司危险品仓库发生火灾爆炸事故(图 1-10),本次事故中爆炸总能量约为 450 吨 TNT 当量,造成 165 人遇难(其中参与救援处置的公安现役消防人员 24 人、天津港消防人员 75 人、公安民警 11 人,事故企业、周边企业员工和居民 55 人),8 人失踪(其中天津消防人员 5 人,周边企业员工、天津港消防人员家属 3 人),798 人受伤(伤情重

图 1-10 天津滨海新区爆炸现场

及较重的伤员 58 人、轻伤员 740 人),304 幢建筑物、12 428 辆商品汽车、7 533 个集装箱受损。事故已核定的直接经济损失达 68.66 亿元。

案例六：深圳光明新区渣土受纳场"12·20"特别重大滑坡事故

2015 年 12 月 20 日 11 时 40 分,深圳市光明新区凤凰社区恒泰裕工业园发生了土体滑坡。此次灾害滑坡体体积 2.73×10⁶ m³,共造成 77 人死亡、33 栋建筑物被掩埋或不同程度受损。此次事故中,滑坡垮塌体是人工堆土,垮塌地点属于淤泥渣土受纳场,主要堆放渣土和建筑垃圾。由于堆积体量较大,造成了多栋楼房的倒塌。图 1-11 和图 1-12 分别为渣土场滑坡平面分布图和航拍滑坡现场。

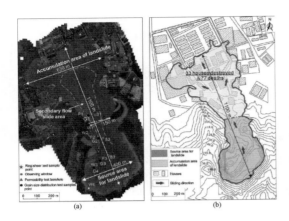

图 1-11 深圳"12·20"渣土场滑坡平面分布图

图 1-12 航拍深圳"12·20"渣土场滑坡

案例七:北京来广营旧货市场火灾事故

2017 年 3 月 1 日 7 时许,北京市朝阳区来广营旧货市场起火,火势很快蔓延到旧货市场的三个大厅。上午 9 点多,明火被扑灭,但整个市场几乎成为废墟。该旧货市场占地面积约 2 万 m^2,共三个大厅,分别经营新旧家具、电器和厨具,共 200 多个商家入驻。过火后,三个大厅全部被烧成废墟,钢筋架和铁皮棚凌乱散落,200 余家商户损失惨重。

1.3 国外城市管理中的事故应对

国外城市在其发展过程中也出现很多城市问题,发生了很多事故。国外如美国、英国、日本等国家在治理和应对事故方面通过长期的积累,形成了治理问题、应对事故的经验,可以从中获得启示和借鉴。

1.3.1 美国

根据美国德克萨斯 A&M 大学相关资料介绍,在第二次世界大战之前,美国从联邦到地方政府,均无任何的立法来规范政府在灾害管理中的责任和作用,政府对于灾害的救助常常是延迟的和没有统一标准的。联邦政府不认为救灾是其应有的职责,因而在灾害发生后通常不做响应。救灾常是地方政府、邻里之间或者人道主义机构,如红十字会和教会的事情。灾害被认为是上帝的安排,不属于政府的管辖范围。

在 1950 年以前,美国的灾害管理以应急和救助为主,基本不提及防灾减灾。许多经常受灾的地方被重复资助,而政府宽松的资助让高风险地区没有动力去改变现状,造成极大的资源浪费。

1974 年修订的联邦赈灾法案第一次明确对地方做出要求,如果要想取得联邦资助,在灾后必须先进行防灾减灾规划。

1988 年颁布执行的赈灾和应急扶助法案(Robert T. Stafford Disaster Relief and

Emergency Assistance Act)授权地方政府可以把联邦政府资助款的 10％用于防灾减灾,如用于征收损坏的房屋设施,将居民永久性搬出环境脆弱度高的地区。

1993 年密西西比河上游大洪水之后,为了提高减灾力度,可用于防灾减灾联邦资金的百分比被增加到 15％,对地方政府配套资金要求从 50％降到 25％,并明确规定使用联邦资金收购的房屋设施必须被摧毁,地块变为绿地、休闲用地或者湿地。

"9·11"事件后,美国的国家应急机制发生了重大改变,1999 年 4 月刚被修改的《联邦应急计划》也再次做出重大调整。2005 年 1 月,在《联邦应急反应计划》的基础上,由国土安全部与其他部门合作制定了《国家应急反应计划》。该计划在美国国内建立了统一、标准的应急处置方式。在遇到恐怖威胁或袭击、重大灾害、人为紧急事件等涉及国家安全的事件时,任何部门接到需要提供支持和帮助的要求后,均必须按照这一计划行动。这一计划将利用"国家紧急事件管理系统",为不同部门间的协作建立起标准化的培训、组织和通信程序,并明确了职权和领导责任。计划还为私人和非营利机构制定和综合它们各自的应急反应活动提供了一个全面的框架。《国家应急反应计划》为所有的国家紧急事件管理机构提供了一个核心行动计划。

从 20 世纪 30 年代开始,美国的应急管理掌握在不同部门中,到 60 年代末 70 年代初,应急管理指挥分散很严重。因此,美国于 1979 年 4 月成立了美国联邦应急管理局(Federal Emergency Management Agency, FEMA)。FEMA 既是一个直接向总统报告的专门负责灾害的应急管理机构,同时又是一个突发公共事件应急管理协调决策机构。

在国际应急管理机构设置方面,FEMA 堪称典范。FEMA 在旧金山、芝加哥等 10 个城市设有分部,目前有工作人员近 8 000 名,负责及时协调各个州、各个市的应急管理和救援工作。这些工作主要包括制定联邦反应计划,协调联邦政府各部门应急行动,对潜在灾害进行监控评估,组织应急培训和宣传等多项任务。

以灾害发生为分界点,FEMA 将灾害管理分为防灾减灾、备灾、应急和恢复重建四个阶段,其中防灾减灾和备灾属于灾害发生前的两个阶段,应急和恢复重建是灾害发生后的两个阶段。同时,也可以用时间的长短划分这四个阶段,即防灾减灾阶段和恢复重建阶段。

防灾减灾指的是在灾害发生前采取措施降低灾害可能带来的损失。这些措施既包括物理措施,如修建挡水堤坝和加固房屋结构;也包括非物理的措施,如对房屋和财产进行保险。

备灾指的是收到灾害预报后做的灾害应对准备。灾害类型不同,可以用来做灾前准备的时间长短也不一样。对于台风和江河洪水,通过严密的气象监测,从预警到灾害发生,可能有几十小时的时间;而突发性的灾害比如地震,几乎没有准备时间。在灾前做大量工程上的防灾减灾显然是来不及的,保险公司也不会为大灾之前突击买保险的人提供服务。备灾只能是在有限的时间内对房屋设施进行简单的临时加固处理,带走贵重物品,进行人员的疏散和撤离。

灾害发生后进入应急阶段。黄金 72 小时是救援的最佳时机,在这 72 小时内,被困者生还的可能性最高。应急还包括对灾民的临时安置,道路疏通,恢复通信、供水、供电、供气和对残损物的清理。应急阶段修建的基础设施可能是临时性的,如在地面上铺设的临时供水管道,旨在尽快恢复生产生活,为恢复重建提供帮助。

1.3.2 英国

根据 2015 年《中国保险报》的相关内容介绍:在 2000 年左右,英国对突发事件应对工作进行了系统总结和反思,主要包括突发事件的应对模式、突发事件种类、中央与地方关系、应对主体以及危机沟通和信息发布五个方面:

(1) 在突发事件应对模式方面,从冷战时期以民事保护为中心的模式逐步过渡到新时期以复原力(resilience)为中心的模式;

(2) 在突发事件方面,从以往以国家安全为主的单一性外来威胁,向新时期自然危险与人为威胁交织的复杂风险转变;

(3) 在中央与地方关系方面,从以往中央主导的自上而下管理模式,向以地方响应为基础的自下而上模式转变;

(4) 在应对主体方面,从以往局限于以公共部门为主的封闭圈,向跨部门、跨地区的开放性、整合性模式转变;

(5) 在危机沟通和信息发布方面,从以往主要局限于政府内部的秘密运作模式,向强调信息公开透明的开放模式转变。

通过以复原力为核心,英国形成了一个全面开展风险管理的框架,强调以风险管理作为应急管理的核心,用科学的方法发现风险、测量风险、登记风险、处置风险,实现应急管理关口前移。从管理环节来看,英国的应急管理包括风险识别、风险评估、能力建设、应急准备评估四大环节,具体又可进一步划分为风险监测、风险识别、风险评估、风险登记、应急规划与业务持续准备、能力分析、应急准备评估七个阶段。从管理层次来看,英国的应急管理体系包括中央、地区和地方三个层级。

以伦敦为例,伦敦是英国的首都和第一大城市,是欧洲最大的都会区之一,是四大世界级城市之一,同时也是英国的第一大港。根据英国 2004 年制定的《民事紧急状态法》等相关法律的明确要求以及中央政府的统一部署,伦敦逐步探索建立起一套以登记全面风险为特点的城市风险管理体系,在应对各种各样风险和突发事件的过程中,逐步形成了一套独特的城市安全风险管理体制和机制,全面提高城市风险防范和应急管理能力。

在地区层面,伦敦市政府办公厅内专门设有伦敦应急小组作为处理公共安全危机的工作机构,主要由伦敦复原力论坛(London Regional Resilience Forum, LRRF)的各个机构组成。伦敦复原力论坛属于部级协调层面的协调机构,由伦敦市长作为论坛的副主席,以此论坛为中心创建了一种称为"伦敦应急伙伴"的跨区域、跨部门协调机制工作组。

在地方层面,地方复原力论坛负责识别和评估各自区域的风险;地方应急工作则主要由"伦敦应急服务联合会"协调其他部门进行。以此行政管理架构下的伦敦以制度性的论坛机制为核心,设立多样的复原力联动论坛进行各部门的沟通和协调,并以国家—地区—地方的三级联动机制组织危时的危机应对和恢复工作。

2010 年,伦敦以《风险评估书》为基础开展了城市风险评估工作,编制完成了分别针对伦敦地区和地方《伦敦风险登记簿》和《社区风险登记簿》,列出主要面临的极高风险(包括公共卫生事件、人为事件、自然灾害和能源供给灾害等风险点)并向社会公开,提出了应对这些风险的基本策略与方法。

伦敦的风险管理体系有机地结合了政府主导和公众参与,除了在规则制定和流程设计上体现了政府主导的作用外,地区和地方的复原力论坛也为公众参与城市风险管理提供了便利的渠道,比如地区复原力论坛时常邀请各类非政府组织举行专题性会议;地方复原力论坛制定的《风险登记簿》需要接受社会公众的评论和建议等。

风险管理是当前英国应急管理工作的基础和关键,用科学的方法发现风险、测量风险、登记风险、处置风险,是英国各地区各部门应急管理的重点工作。纵观伦敦以风险登记为核心的城市风险管理工作,突出地具有规范化、制度化、标准化、程序化、精细化等特征。

1.3.3　日本

日本政府建立了由内阁总理大臣(首相)担任会长的安全保障会议、中央防灾会议委员会,作为全国应急管理方面最高的行政权力机构,负责协调各中央政府部门之间、中央政府机关与地方政府,以及地方公共机关之间有关防灾方面的关系。内阁官房长官负责整体协调和联络,通过安全保障会议、中央防灾会议等决策机构制定应急对策。安全保障会议主要承担了日本国家安全危机管理的职责,中央防灾会议负责应对全国的自然灾害。成立由各地方行政长官(知事)担任会长的地方政府防灾会议,负责制定本地区的防灾对策。还在内阁官房设立了由首相任命的内阁危机管理总监,专门负责处理政府有关危机管理的事务;同时增设两名官房长官助理,直接对首相、官房长官及危机管理总监负责。

由内阁官房统一协调危机管理,改变了以往各省厅在危机处理中各自为政、纵向分割的局面。灾害发生时,以首相为最高指挥官,内阁官房负责整体协调和联络,通过中央防灾会议、安全保障会议等制定危机对策,由国土厅、气象厅、防卫厅和消防厅等部门进行配合实施。灾区地方政府设立灾害对策本部,统一指挥和调度防灾救灾工作。中央政府则根据灾害规模,决定是否成立紧急灾害对策部,负责整个防灾救灾工作的统一指挥和调度。

1.3.4　其他国家

除了前述的美国、英国和日本等国家,其他如意大利、俄罗斯、韩国、荷兰、澳大利亚和加拿大等国家在各自的城市管理事故应对中也都形成了适合本国的事故应对体系和方法,其探索和实践经验值得借鉴和参考。

1. 意大利

意大利 1992 年在内政部成立了国家民事救援办,2001 年从内政部脱离,由总理直接领导,负责全国范围的应急指挥协调和救援工作。2002 年成立国家应急委员会,负责重大应急事件救援决策的协商。2003 年意大利总理签署法令,在紧急状态下,国家民事救援办主任作为总理特派员,全权处理除内政部长权力以外的其他一切活动。

2004 年建成了新的指挥中心大楼,建立了应对突发公共事件决策指挥系统、应急救援信息共享系统、资源配置体系和联合办公机制等。利用网络和通信技术与各机构的灾害监测系统相连,实时获得各种突发公共事件信息。国家民事救援办非常重视救援演习的工作。将各部门协调起来,联合应对各种突发公共事件。内设地理监控和情况分析中心和制图中心,可以综合处理不同类型的数据,应用各种最先进的灾害评估数学模型,建立了自己的灾害评估系统,为判断灾害走势、预测结果及救援决策提供了科学的依据。

2. 俄罗斯

俄罗斯建立了以总统为核心主体、以负责国家安全战略的联邦安全会议为决策中枢、以紧急事务部等相应部门为主力的危机管理权力结构。紧急事务部成立于 1994 年,属于执行权力机构,是俄罗斯处理突发事件的组织核心,直接对总统负责。该部通过总理办公室可以请求获得国防部或内务部的支持,拥有国际协调权及在必要时调用本地资源的权限。紧急事务部被认为是俄罗斯政府 5 大"强力"部门之一,另外几个强力部门分别是国防部、内务部、联邦安全局和对外情报局。

紧急事务部设有人口与领土保护司、灾难预防司、部队司、国际合作司、放射物及灾害救助司、科学与技术管理司等部门。同时下设森林灭火机构委员会、抗洪救灾委员会、海洋及河流盆地水下救灾协调委员会、营救执照管理委员会等机构。建立国家危机情况管理中心,并将在俄紧急事务部各个地区中心设立分支机构。

3. 韩国

韩国设立了中央、市道、郡和基层四级由政府行政首长为首的灾害对策本部,以总理为首的中央民防委员会领导全国的防灾工作,下设专门的防灾机构,组织协调全国防灾减灾工作。常设机构中央灾害对策本部设在内务部,负责管理全国的防灾工作。内务部民防灾害管理总部下设民防局、防灾局、灾害管理局和消防局,另设若干理事,分别负责防灾计划、灾害对策、灾情调查和灾后恢复等工作。

4. 荷兰

1985 年荷兰出台了救灾法,对荷兰的应急管理机制产生了很大的影响。国家一级的应急管理机构设在内务部中,即民事应急计划局,主要负责协调民事应急计划和救灾措施。荷兰700 多个市政府是荷兰应急的基本责任单位,由市政府制订一系列的救灾和专项行动计划。1988 年荷兰在德尔福特技术学院成立了灾害和应急中心,该中心致力于研究、评价、制订文件和进行训练。

荷兰的突发事件应急管理应坚持预防为主、预防与应急处置并重,突出事前风险管理。近年来,荷兰尤其重视突发事件风险评估与风险管理工作。荷兰于 2009 年 10 月发布了《荷兰国家安全战略下情景、风险评估与能力的综合运用》,作为开展突发事件风险评估工作的指导性文件,从风险事件发生的可能性及损害规模两个维度衡量风险水平,将各类风险置于同一张风险矩阵图中,并基于地理信息技术绘制风险区划图。

该方法认为风险事件可能会对荷兰的领土、人口、经济、生态环境、社会与政治五个领域造成损害,通过对每一领域分设相应的衡量指标,对每一指标设定五个等级并确定不同等级的界限值,从而分析风险事件对该指标可能造成的损害等级,最后将所有指标的损害等级进行加权汇总,确定风险事件可能造成的损害总水平。

5. 澳大利亚

澳大利亚的公共安全管理机制设置三个层次的关键性机构:第一,在中央设置反危机任务组(Commonwealth Counter-Disaster Task Force, CCDTF)主席由总理和内阁任命,委员为各部门和机构的代表;第二,联邦应急管理署(Emergency Management Australia, EMA)具体领导和协调全国的抗灾工作,职责是提高全国的抗灾能力,减少灾难的损失,及时准确预警;第三,在国家危机管理协调中心(National Emergency Management Committee Center, NEMCC)设危机管理联络官,为政府各部门的联络员,专门负责协调危机管理局下达的跨部门任务。

澳大利亚的紧急事务管理体系是以州为主体,分三个层次,即联邦政府、州和地方政府。联邦政府主要的紧急事务管理实体机构是隶属于国防部的联邦应急管理署(EMA),于 1974 年在原先民防局基础上成立;各州和地方政府均有自己的紧急事务管理部门,州为处理紧急事件的主体。EMA 堪培拉指挥部设有一个协调室,称之为国家危机管理协调中心(NEMCC),用于保证联邦资源的使用。EMA 通过对澳大利亚 7 个州/准州应急管理局机构实施指导和支援,而每个州/准州在自己的立法和计划框架内工作。当地方政府不能处理紧急事件时,将会向州政府提出救援申请,如果事件超出州政府的应对能力,将会向联邦政府提出救援申请。不过通常情况下,联邦政府主要向州政府提供指导、资金和物质支持,不直接参与管理。

6. 加拿大

加拿大的应急事务管理体制分为联邦、省和市镇(社区)三级,实行分级管理。在联邦一级专门设置了紧急事务机构,省和市镇(社区)两级管理机构的设置因地制宜,单独或合并视具体情况而定。

加拿大于 1948 年成立联邦民防组织,1988 年成立应急准备局,使之成为一个独立的公共服务部门,组建了专门的应急救援人员队伍,属于国家公务员编制。各级应急事务机构负责紧急事件的处理、减灾管理和救灾指挥协调工作,监督并检查各部门的应急方案、组织训练并实施救援。各级应急事务机构下设紧急事件管理中心,是协调机构。根据紧急事件的不同种类,紧急事件管理中心可隶属于任何一个部门,在该部门的组织下负责协调应急救援工作。把整个应急工作分为预防及减少灾害发生、灾前准备、灾时救灾反应、灾后恢复四个部分。

1.3.5 启示与借鉴

国外城市管理中的事故应对策略无论是在行政、技术还是经济方面,都可以带给我们很多启示。结合国情与发展特点,借鉴国外的先进经验,有助于提高事故应对能力。本节将详细介绍这些值得借鉴的部分。

1. 政府的职责和作用

1) 行政首长负责制的全政府型应急管理机构

国外大城市在公共安全事件管理的实践中,逐渐建立了直属市长领导跨部门的综合型危机管理机构。比如,纽约市应急管理办公室是由市长直属的工作机构,该机构负责人直接向纽约市市长汇报工作。伦敦的地方复原力论坛是英国《民事紧急状态法》所规定的最主要的跨部门合作机制,论坛的主席由当地行政首长担任。东京于2003年4月建立的知事直管型危机管理组织体系,设置局长级的"危机管理总监",改组灾害对策部,成立综合防灾部,面对各种类型危机全政府机构统一应对并建立体制。此类中枢决策系统的共同特点是权力极大、以行政首长作为核心,既保证了决策是从国家安全的战略高度去认识、应对突发事件,同时也确保了决策的权威和有效执行力。

2) 以合作与协调为目标"事先型"合作协定制度

该制度为发挥应急管理组织机构的系统联动作用、做好城市危机管理的法定积累提供了制度保障。2004年5月,纽约市长布鲁姆博格和纽约市危机管理办公室宣布纽约市应急管理系统正式开始运作,该系统以美国国家危机命令指挥系统为模板组建,管理机构之间的关系都有非常清楚的界定,明确规定各种不同类型的危机应当各自由哪些机构负责。同时纽约市应急管理办公室还与私营部门如爱迪生电力公司、非营利机构如美国红十字会合作,保证纽约市商业活动能够在突发公共事件后尽快复苏。

2. 提高全民意识

美国、英国、日本等国家十分重视对民众的危机意识进行培训,尤其对直接进行公共安全管理部门的培训尤为严格。建立分层次的培训基地和机构,培训内容非常实用、针对性强。通过互联网、广播、电视等途径进行多角度、全方位宣传教育,提高了民众的危机意识和危机应对技能,有效降低了突发公共事件的破坏程度。日本作为一个灾害大国,忧患意识和危机意识已深入骨髓。在日本政府出版物中,涉及防灾减灾内容的就有《建筑白皮书》《环境白皮书》《消防白皮书》《防灾白皮书》《防灾宣传》等10余种刊物;孩子从小接受灾害教育,一上幼儿园,就会被带到地震模拟车上体会大自然狰狞的一面;家家户户的门窗附近,都备有矿泉水、压缩饼干、手电筒以及急救包,就连在电脑游戏里,也专门设置环节考验人们在强震下的应急对策。

3. 重视社会参与

1) 高效的公共安全预警评估系统

有预案而无预警,重预案而轻预警,这是当前公共安全管理中的一大通病。国外城市公共安全管理多以危险源辨识和风险评估为基础。风险管理贯穿城市规划、建设、运行和管理的各个环节,努力解决城市公共安全领域的基础性、源头性、根本性问题,实现关口前移、标本兼治。这一点以伦敦最为突出,伦敦市建立了一套以全面风险登记为基本特点的城市风险管理体系,各级政府以复原力论坛为平台,建立跨地区、跨部门的合作机制,采取"风险 = 可能性×影响"的风险评估方法,评估该风险在近 5 年内的可能性以及可能造成的后果,进而给该风险打分赋值。在此基础上,可以进行不同类别风险之间的排序。每年都编制和公布《社区风险登记册》,成为各地编制应急预案、应急规划和业务持续计划的前提和基础。

2)健全的突发事件信息披露机制

纽约、伦敦、东京三大城市的政府应急工作,都善于运用高科技手段建设覆盖全国的信息网络,一旦突发事件爆发,政府将第一时间收集到信息继而做出应对决策,这能够在客观上避免事态的恶化和升级。同时与新闻媒体的合作和适度引导,让社会舆情朝着有利于事件解决的方向发展,也是现代应急管理工作的有效手段。

例如,英国重视突发事件中政府与媒体的协作,要求有关机构在平时必须做好准备,把配合媒体作为紧急反应计划的一部分进行讨论和演习,并任命受过专门训练的新闻官员负责媒体事务,甚至要求电话总机接线员和其他员工也必须清楚地知道在接到媒体询问时该怎样应答。日本将媒体视为"政府应对危机的最好朋友",早在 1961 年制定的《灾害对策基本法》中就明确规定日本广播协会属于国家指定的防灾公共机构,从法律上确立了公共广播电视机构在国家防灾体制中的地位。

总之,在社会突发性危机事件的处理和应对中,各国政府着力构建危机管理者与媒体两者之间的良性互动关系,使媒体成为传播政府决策的途径、公众获取正确信息的渠道和官民共同解决危机的桥梁。

4. 健全的法律法规

美国、英国、日本等国家,都将应急法律体系摆在基础性地位,注重应急管理法律体系的系统性,通过完善法律体系提高突发事件应急管理的能力,主要特点可归纳为以下三点。

1)立法体系完备

大多数国家既具有一部统一的紧急状态(或危机管理)法律,同时在"基本法"之下针对各种具体的紧急情况出台许多"单行法"。"基本法"通常规定宣布紧急状态权力的行使主体、程序、对公民权利的限制以及权利救济等内容,能够在由于复杂原因产生的紧急状态中有一个统一的指挥机制以及程序规范。如美国 1976 年的《国家紧急状态法》、英国 2004 年的《国内紧急状态法案》等。"单行法"的出台推进应急法律体系走向专业化和专门化,例如在美国,据统计曾先后制定了上百部专门针对自然灾害和其他突发事件、紧急状态的法律法规,且经常根据情况变化进行修订,如 1950 年和 1974 年的《灾害救助和紧急援助法》、1973 年的《洪水灾害防御法》、1990 年的《油污防治法》等。

2)法律内容完善

相关法律对应急管理过程的各个环节都有比较详细科学的规范。从预防、预警、响应到恢复,从应急预案、应急体制到应急机制等,规范了具体的实施细则。

2008 年,美国颁布的《国家应急反应框架》对美国的应急反应的指导原则、组织体系的角色和职责、处置行动的标准和程序等各项安排都做了明确的规定和阐述,成为美国应急管理工作的行动指南。

3)执法程序制度化、规范化

部分发达国家政府基于法治原则在宪法中对突发事件应急管理做了许多总体性规定,紧急状态的相关条款为政府及时有效地采取各种措施提供了宪法依据。同时多数国家立法设置应急管理的专门机构作为核心执法机构,英国《民事紧急状态法》还对各地应急管理执法中的风险登记工作提出了统一、明确的法律要求,要求第一类应急响应者必须编制完成当地的风险登记册。

面对新趋势和新形势,必须从传统的政府一元主体主导的行政化风险管控体系,转型升级为开放性、系统化的多元共治的城市风险管理体系。通过社会参与途径多元化,结合移动互联等时代背景,应对城市风险动态化带来的管制难点。如补齐风险源登记制度短板,对责任主体、风险指数、应对措施做到"底数清""情况明";通过智能物联网、人工智能等先进技术的推广应用,形成系统的、适用的"互联网＋"风险防控成套技术体系;提升各领域的安全标准,建立统一规范的风险防控标准体系,为综合风险管理奠定基础。

对于越来越频繁、越来越严重的灾害,应当转变观念,从人定胜天到天人和谐。我国的灾害管理起步比较晚,在 2003 年 SARS 之后,在国务院应急预案工作组的统一组织指挥下,有关部门完成了 9 个事故灾难类专项应急预案和 22 个事故灾难类部门应急预案编制工作,设立了从地方到中央的 4 级响应系统。经历了诸如 2008 年汶川特大地震和 2013 年芦山地震等大灾的考验,在灾害应急响应上有了很大提高。但是,灾害管理是个系统工程,光靠应急显然不够,更应该防患于未然。应该吸取国际社会在一个多世纪以来积累的经验教训,重视城市规划在防灾减灾中的作用。西方国家的土地私有权属复杂,利用土地规划减灾实属不易,而我国具有土地公有制的优越性,应充分利用规划管理的手段来防灾减灾,提高城市的韧性,促进社会的和谐发展。

5. 提升事故的应对能力

"十三五"时期是我国全面建成小康社会的决胜阶段。加强城市安全应对能力建设,切实保障城市安全运行,是保障人民安居乐业、社会安定有序、国家长治久安的重要基石,是小康社会的基本元素。加强城市安全应对能力建设,必须建立城市各类安全事件应急预案,理顺城市安全问题应对体制,构建"事前科学预防""事中有效控制""事后及时救济"的工作机制,完善相关安全问题管理制度体系。

(1)统筹规划合理布局,提高城市综合防灾和安全设施建设配置标准。加大建设投入力度,强化城市市政管网、排涝设施、备用饮用水源地等生命线工程建设安全管理。

(2)提高城市设施抵御灾害破坏和快速修复能力,在突发事件发生后,迅速打通交通运输、信息传输、源动力等各类保证生命安全和生活供应的生命通道系统,确保生命救助及时有效、设施运行尽快恢复。

（3）健全城市抗震、防洪、排涝、消防、交通等应对地质灾害应急指挥体系,增强抵御自然灾害、处置突发事件和危机管理的能力。

（4）加强专业化、职业化救援队伍建设,提升城市治安综合治理水平,形成全天候、系统性、现代化的城市安全保障体系。

1.4　城市风险管理基本体系

城市发展需要快,也需要好。中央城市工作会议指出:要把安全放在第一位,把住安全关、质量关,并把安全工作落实到城市工作和城市发展各个环节各个领域。这具有极其重要的现实意义。在城市人口高密集、高流动、交通拥挤、事故隐患等不确定的风险源无处不在,安全运行风险剧增的背景下,有必要全面构筑具有前瞻性的城市风险治理体系,降低各类突发事件发生的可能性,提高城市的安全度。

1.4.1　风险的一般概念

风险,通常是指在既定条件下的一定时间段内,某些随机因素可能引起的实际情况和预定目标产生偏离。其中包括两方面内容:一是风险意味着损失;二是损失出现与否是一种随机现象,无法判断是否出现,只能用概率表示出现的可能性大小。其一般数学表达式为

$$R = P \cdot C$$

式中　R——该行动中风险的数值度量;

　　　P——该行动中风险事件发生的概率;

　　　C——该行动中风险事件发生造成的损失(负面影响)。

从风险研究的发展历史可以发现,人们对于风险有如下两种认识:第一种是把风险定义为不确定事件,这种学说是从风险管理与保险关系的角度出发以概率的观点对风险进行定义;第二种是将风险定义为"损失的不确定性,可以说是不确定的因素造成的实际结果偏离了预期的程度",不确定性是指对某些因素缺乏足够认识而无法做出正确估计,或者没有全面考虑所有因素发生的可能性而造成的预期价值与实际价值之间的差异。

国内外研究机构和学者提出的风险概念见表1-1。

表 1-1　　　　　　　　　　　　　　　风险的概念

序号	研究机构和学者	风险概念
1	Smith, 1996	风险 = 发生概率 × 损失;致灾因子 = 潜在的危险
2	IPCC, 2001	风险 = 发生概率 × 不同影响强度
3	Morgan, Henrion, 1990/ Random House, 1966	风险就是可能受到灾害影响和损失的暴露性

序号	研究机构和学者	风险概念
4	Jones, Boer, 2003; (Helm, 1996)	风险 = 发生概率×灾情;致灾因子:一个潜在可能导致灾情的事件,例如热带气旋、干旱、洪水,或者一种可能导致生物疫情的情况
5	Downing et al, 2001	致灾因子是指一定时间和区域内的一个危险事件,或者一个潜在破坏性现象出现的概率
6	Downing et al, 2001	风险 = 致灾因子出现的概率;致灾因子 = 对人身和社会安全的潜在威胁
7	Adams, 1995	一种与可能性和不利影响大小相结合的综合度量
8	Crichton, 1999	风险是损失的概率,取决于3个因素:致灾因子、脆弱性和暴露性
9	Stenchion, 1997	风险是不受欢迎(undesired)事件出现的概率,或者某一致灾因子可能导致的灾难,以及对致灾因子脆弱性的考虑
10	UNDHA, 1992	在一定时间和区域内某一致灾因子可能导致的损失(死亡、受伤、财产损失、对经济的影响);可以通过数学方法,从致灾因子和脆弱性两方面进行计算
11	Carreno et al. 2000	风险 = 硬件风险(对物质基础设施和环境的潜在破坏)×软件风险(对社会群体和机构组织的潜在社会经济影响)
12	Carreno et al. 2004	风险 = 物质破坏(暴露性和物质易损性)×影响因子(社会经济脆弱性和应对恢复力)
13	UNDRO, 1991 extended from Fournierd'Albe, 1979	风险 = 致灾因子×风险要素×脆弱性
14	Wisner, 2001	风险 = (致灾因子×脆弱性) − 应对能力(coping capacity)
15	Wisner, 2000	风险 = (致灾因子×脆弱性) − 减缓(mitigation)
16	De La Cruz Reyna, 1996; Yurkovich, 2004	风险 = (致灾因子×暴露性×脆弱性)/备灾(preparedness)风险 = 致灾因子×暴露性×脆弱性×相互关联性(interconnectivity)
17	UN, 2002	风险 = (致灾因子×脆弱性)/恢复力(resilience)

国际风险管理标准体系 ISO 31000 将风险定义为不确定性对目标的影响,这一定义有以下5层含义:

（1）影响是与期待的偏差——积极和(或)消极。

（2）目标可以有不同方面,如财务、健康安全以及环境目标;可以体现在不同的层次,如战略、组织范围、项目、产品和过程。

（3）风险通常以潜在事件(指特殊系列环境的产生或变化)和后果(事件对目标的影响结果),或者是其组合来描述。

（4）风险通常以事件(包括环境的变化)后果和发生可能性的组合来表达。

（5）不确定性是指与事件及其后果或可能性的理解或知识相关的信息的缺陷的状态,或不完整。

1.4.2　城市风险

风险在各个领域、各个环节都广泛存在。就风险类型而言,有自然风险、社会风险、政治风险、经济风险和技术风险等;从发展变化上可以分为上述的传统风险和非传统的新型风险,如网络系统风险、智能化系统风险等;从应对或处置的方法和手段来说,还可以分为被规避的风险、自留应对的风险和可以转移的风险。对建设安全城市需要关注的是自然风险、社会风险和技术风险等,以及必须考虑人们的行为产生的风险,包括管理行为风险和管理相对人的行为风险。

　　城市风险就是包括但不限于上述在城市建设和运行中存在的风险。城市风险是在特定地点和特定情况下的某种可能性和后果的耦合。城市风险可以由单因素或多因素叠加引发。以城市交通为例,当城市发展到一定规模,而各方面的硬、软件配套未能及时跟进,就会发生交通拥堵。一个简单的交通事故,或者单一车辆的突发事件就可能成为导火索,波及并漫延至相当的交通区域。在地面交通发生大范围拥堵时,地面乘客会转寻地下轨道交通。当超常量乘客转入地下,特别是转入有着两三条地铁换乘站厅,出现集聚人流前拥后推的状况,就是风险。一旦人流对冲或个体突发情况加剧,出现摔倒踩踏,就会造成较大或重大的人员伤亡事故。

　　事故和风险是两个概念,但是这两个概念紧密相关,可以指向同一事物,如分析上例中的"集聚人流的前拥后推"这一状况,可以说事故是已经发生,并且有了后果的风险(出险);而风险则是可能发生并造成灾难的事故。同一事物作为对象而形成的两个不同的概念,是看这一状况的时间和位置的维度不同。同一座山,横看为岭,侧看为峰,犹如同一枚硬币的两个面。对事故这个概念而言,是从事后看,是看结果、讲损失、做处理;对风险这个概念而言,是从事前看,是看可能、讲防范、做救济。简而言之,城市风险就是可能一触即发并且造成灾难的事故,如图 1-13 所示。

图 1-13　事故与风险关系示意图

　　要减少事故,建设安全城市,有许多工作要做,然而首要的,就是需要树立并不断增强城市风险这一意识。

1.4.3　城市风险管理理念

　　城市风险客观存在,具有不确定性,但却可以预测。总结以往经验教训,可以发现的一个规律是:除了不可避免的自然灾害等问题,几乎所有风险都是可预防、可控制的,关键在于是否有足够的风险意识。风险意识是构建风险管理体系的首要条件。首先,要加强相关领导和部门的风险意识和风险管理理论的教育和普及,使其工作思路从应急管理转向风险管理,工作重心从"以事件为中心"转向"以风险为中心",从单纯"事后应急"转向"事前科学预防""事中有效控制""事后及时救济",从根本上解决问题、筑牢底线。其次,要加强社会风险管理责任的宣传和公众安全风险知识的科普,形成全社会的风险共识。要想安居乐业,必须居安思危,只有居安思危,才能化险为夷。要树立这样一种理念,就需要实现五个"转变"。

　　构建公共安全为核心的城市风险管理体系,应当建立在现有的日常安全管理体系和应急管理体系基础之上,并对其进行大幅优化,成为一个能够做到事前科学地"防",事中有效地"控",事后能把影响降到最低、损失降到最少的"救"。五个"转变"的具体内容是:

（1）转变管理观念，从以事件为中心，转向以风险为中心。我们知道，具体事件不能预测，风险则是可以辨识的。为使风险降到最低，就必须克服围绕具体事件制定管理措施的局限，更为系统地审视城市风险，以风险分析作为政策和管理的依据。当前，尤其需要通过各种形式，加强对社会各界尤其是各级领导干部的城市风险意识教育。

（2）转变应对原则，从习惯"亡羊补牢"转向自觉"未雨绸缪"。所谓"人无远虑，必有近忧"，在当下的复杂环境下，我们不能存有任何侥幸心理，凡事都需重视潜在的问题，预估可能的后果，做好最坏的打算、争取最好的结果。政府财政投入应更多考虑"未雨绸缪"的工作，并做出制度性安排。

（3）转变工作重心，从以"事件为中心"转向"以风险为中心"。当城市进入风险管理阶段，除了日常安全管理、应急管理工作外，更需要关注事前和事中阶段。在市级层面应尽快设立城市运行风险预警指数分析和发布机制，运用大数据手段，对城市风险进行集成分析，实时预警可能发生的风险，及时采取应对措施。

（4）转变工作主体，从行政单方主导转向发挥市场作用，鼓励社会参与。城市风险管理，需要政府部门统一规划、引导支持，但绝不能由政府一家唱"独角戏"。面对纷繁复杂的风险带来的压力，仅凭政府单方的人力、物力、财力也难以支撑，必须充分发挥市场在资源配置中的决定性作用，并鼓励社会组织、基层社区和市民群众充分参与。例如，可以在前几年试点工作基础上，先期在工程建设、市政设施运维、交通运输等领域全面推行运用保险机制介入风险管理和实施第三方风险隐患评估的做法，降低事故发生的概率。

（5）转变政社关系，从被动危机公关转向主动引导公众。一旦发生危机事件，第一时间告知真相、引导舆论，是城市管理者的重要任务。随着互联网和社交媒体的迅猛发展，突发事件发生后的信息扩散已经不同以往，社会舆论的形成速度也远超过往。对此，城市管理应当尽快走出过去被动危机公关的状态，以更为主动、积极的姿态引导公众。要充分利用新媒体手段，在第一时间披露权威事实、核心信息，引导公众情绪；并在日常工作创新中综合运用社交媒体等手段，保持政府同公众间的有效沟通，引导公众成为城市风险管理的有力支持者、共同参与者。

1.4.4　城市风险管理体系

城市安全是国家安全的重要组成部分。对城市的风险防控，重在机制建设，可从三个维度入手：

一是培育社会意识。社会意识是城市风险防控的重要保障，正确的风险意识能显著地抑制和避免城市安全事件的发生，对城市风险防控有正向作用。目前，社会公众的危机意识、风险防范意识相对比较淡薄，自救互救知识较为欠缺，主动参与程度较低，因此，我们要把总体国家安全观融入城市建设与发展管理的各方面，并转化为全体市民的情感认同和行为习惯。党员干部更要带头，全面落实"全员参与，以防为主、防抗救相结合"的机制。

二是完善责任机制。十九大报告中强调，各级党委和政府要"树立安全发展理念，弘扬生命至上、安全第一的思想，完善安全生产责任制，坚决遏制重特大安全事故"。这迫切需要我们对城市风险的发展趋势拥有更前瞻性的把握,集成风险防控智慧。必须构建以政府管控为主导、多元力量参与的各司其职、各负其责的全覆盖式新责任体系。

三是加强能力建设。从理论维度看,风险防控体系的理论实力相对较弱,这要求我们必须尽快健全具有中国特色的公共安全体系。从制度维度看,需要增强风险防控体系的回应能力和提高风险治理的制度化能力。从现实维度看,我们要不断加强风险防控综合能力建设。

新时代的安全管理应该有工作评价、事故问责、民众安全感等新要求。就完善城市风险管理体系建设而言,应着力于一个理念、两个平台和三个机制。一个理念指的是居安思危,强化风险意识;两个平台是指搭建综合预警平台和健全综合管理平台;三个机制即指通过健全风险共治机制、创新精细化风险防控机制和构建多重保障机制来实现多元共治。

1. 两个平台——共享互通,统筹风险管理

一是搭建综合预警平台。构建集风险管理规划、识别、分析、应对、监测和控制于一体的全生命周期的风险评估系统,在统一规范的标准基础上,加强各行业与政府间的安全数据库建设,整合各领域已建风险预警系统,构建覆盖全面、反应灵敏、能级较高的风险预警信息网络,形成城市运行风险预警指数实时发布机制。

二是健全综合管理平台。在风险综合预警平台基础上,强化城市管理各相关部门的风险管理职能,完善城市管理各部门内部运行的风险控制机制,建立跨行业、跨部门、跨职能的"互联网+"风险管理大平台,并以平台为核心引导相关职能部门和运营企业进行常态化风险管理工作。

2. 三个机制——多元共治,完善风险体系

一是三位一体,构建风险共治机制。充分发挥政府、市场、社会在城市风险管理中的优势,构建政府主导、市场主体、社会主动的城市风险长效管理机制。政府主导城市风险管理,做好公共安全统筹规划、搭建风险综合管理平台、主动引导舆情等工作,同时对相关社会组织进行统一领导和综合协调,加大培育扶持力度,积极推进风险防控专业人员队伍建设;运营企业规范行业生产行为,提供专业技术和信息资源,充分发挥市场在资源配置方面的优势,形成均衡的风险分散、分担机制;社会公众主动参与,鼓励社会组织、基层社区和市民群众充分参与,如加强社区综合风险防范能力的建设,在已有的社区风险评估和社区风险地图绘制试点基础上,进一步推广和完善社区风险管理模式,真正实现风险管理社会化。

二是精细化管理,完善风险防控机制。实现风险的精细化管理,其一要完善城市风险源发现机制,通过社会参与途径多元化,结合移动互联等时代背景,应对城市风险动态化带来的管制难点,如补齐风险源登记制度短板,对责任主体、风险指数、应对措施做到"底数清""情况明";其二是促进低影响开发、智能物联网、人工智能等先进技术的推广应用,形成系统、适用的"互联网+"风险防控成套技术体系;其三是提升各领域的安全标准,建立统一规范的风险防控标准体系,为全市综合风险管理奠定基础。

三是多管齐下,健全风险保障机制。一方面完善法律法规保障机制,借鉴国内外城市安全管理经验,根据本市城市运行发展的新形势、新情况、新特点,加强顶层设计和整体布局,提高政策法规的时效性和系统性,建立高效的反馈机制,简化流程,提高效率,进一步强化城市建设、运行及生产安全的防范措施和管理办法。另一方面引入保险机制,创新保险联动举措,促进保险公司主动介入到投保方的风险管理中,防灾止损,控制风险,并通过保险费率浮动机制等市场化手段,形成监控结果与保险费挂钩的制度,要求企业和个人进行行业规范和行为约束,从而建立起以事故预防为导向的保险新机制,达到政府管理、保险公司、投保方"三赢"的效果。

1.4.5 相关研究及实践探索——以上海为例

在城市风险管理理念和体系下,上海市开展了市级层面、区域层面以及其他方面的探索和实践。在市级层面,梳理了上海市城市建设与运行的风险点,参考并借鉴国外特大型城市如纽约、伦敦和东京等的城市管理经验,提出了上海市城市建设与运行的风险预警防控措施;在区域层面,以徐汇区为例,探索上海对标全球卓越城市核心城区运行风险管理模式,以虹口区为例,探索研究住宅小区运行风险管理,以提升上海市社会治理精细化水平。在交通领域研究并建立了上海市省际客运行业安全监测平台的架构、平台运营机制,取得一定的成效并制订了对风险的防控措施。同时上海作为沿海城市,其港口运行风险管理也十分重要,上海港作为我国沿海的主要枢纽贸易港,研究其运行风险防控的综合机制具有重大意义。

1. 上海城市建设与运行的风险点及预警防控措施研究

上海作为超大城市,人口高度集聚,潜在风险繁多,城市的安全运行是实现发展目标的前提与基础。安全是一切工作的前提和底线,城市安全工作历来是上海市委市政府的重中之重。按照习近平总书记关于"城市管理要像绣花一样精细"的指示精神,近年来上海城市安全工作进一步强化问题意识、强化依法治理、强化技术支撑、强化社会参与,全力做好城市安全各项工作,为推动高质量发展、创造高品质生活提供坚强保障。在面向卓越全球城市规划愿景的建设过程中,上海将打造安全城市作为城市发展的重要目标,进一步强化城市安全防御体系,提升风险监测和应急处置能力。

现代城市风险是对危及城市本体的诸多复杂因素的叠加并在能量瞬间爆发后产生连锁负面效应的概括,城市风险与各种城市问题有密切的牵连。随着城市现代化的进展,城市所面临的风险不只是传统意义的自然灾害和人为灾害,而是当下的城市在建设和运行过程中面临的综合风险。建立城市潜在风险监测控制机制、完善城市风险综合防范的各类措施是加强城市综合风险管理的安全对策。因此,引入风险管理是时代对城市管理提出的迫切需求。基于上海市在建设与运行过程中的现状问题,强调在城市安全问题的管理问题中应从"应急管理"转向"风险管理"的理念,以此实现管理关口前移,改变原有的基于事件的管理模式,研究路线如图1-14所示。

根据研究对上海市城市建设与运行风险管理工作提出了如下建议:

加强顶层设计,编制《上海市安全风险白皮书》。从改善上海市城市建设与运行安全的管理现状出发,应按照《关于推进城市安全发展的意见》要求,强化城市安全责任体系,编制城市安全风险白皮书,及时更新发布。白皮书是预防和应对各类突发事件,推动城市安全发展,保护公众

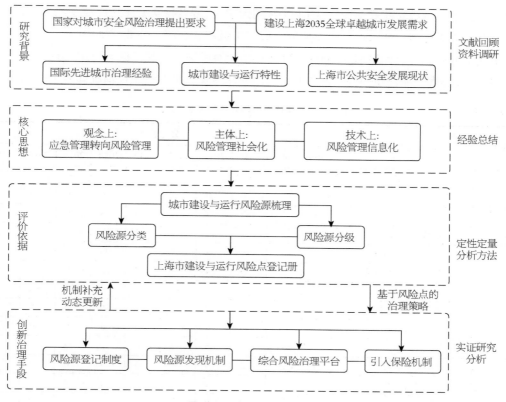

图 1-14 研究技术路线图

生命财产安全的指导文件,是推进城市安全发展的行动方案。其发布旨在增进公众对城市公共安全的认识和了解,动员和组织全市各方力量,打造安全和谐的生产、生活环境,提升公众的生活质量和幸福感,推动城市更长时期、更高质量、更可持续地科学发展、安全发展。

注重风险评估,搭建基于网格的城市安全风险管理平台。为了契合城市安全管理应从"亡羊补牢"转向"未雨绸缪"的理念,建议在网格化综合管理平台中加入风险源更新模块,通过居民热线、巡查上报和移动设备上传等途径完善风险源数据库,以事件发生频度、致灾程度对相应风险进行分类分级,并编码编入原有风险登记册进行动态更新和脆弱区域识别。

强化示范引领,推进社区安全风险精细化管理。上海是我国较早探索社区治理和风险防控的特大城市,然而近年来随着城市功能不断增加,社区公共设施维护保养、日常秩序和安全管理、小区环境治理等运行难题愈加凸显,给社区乃至社会的公共安全带来隐患,迫切需要以城市精细化管理为指导理念,组织相关领域的专家、学者对社区运行中所存在的风险和面临的瓶颈问题开展深入调研,在风险治理体系与机制创新、风险评估方法与流程、风险监控平台与管理指标体系等方面进行探索,为社区风险治理提供可复制、可推广的理论和实践参考。

2. 上海对标全球卓越城市核心城区运行风险管理模式研究——以徐汇区为例
徐汇区位于上海中心城区的西南部,是上海近代文明的发祥地之一。全境 54.93 km²,常住人口百余万人。区域文化底蕴深厚,明末文渊阁大学士、著名科学家徐光启曾在此立说,开启东西方文化交流之先河;今天,徐汇区发展成上海市市级商业、商务、公共活动中心。

根据上海应急办统计整理的 2008—2017 年历年突发事件和徐汇区网格中心提供的历年突发事件数据,自然灾害、事故灾难、公共卫生事件和社会安全事件等统计情况如表 1-2 所示。

表 1-2　　　　　　　　　　2008—2017 年徐汇区历年突发事件汇总表

分类	事件名称	发生次数									
		2008	2009	2010	2011	2012	2013	2014	2015	2016	2017
自然灾害	地震	—	—	—	—	—	—	—	—	—	—
	防汛防台	0	1	0	0	1	0	0	0	0	0
	气象灾害	10	3	7	3	1	5	5	0	3	3
	重特大植物疫情	—	—	—	—	—	—	—	—	—	—
事故灾难	火灾事故	98	135	97	64	84	114	99	91	64	91
	道路交通死亡事故	19	27	29	24	18	17	13	19	17	21
	内河交通事故	—	—	—	—	—	—	—	—	—	—
	危险化学品事故	1	0	0	0	0	0	0	0	0	0
	供气事故	6	6	6	0	0	0	1	0	0	1
	供水事故	9	11	7	5	1	0	2	2	5	0
	供电事故	8	6	2	0	0	13	1	0	0	4
	通信事故	—	—	—	—	—	—	1	0	0	0
	建筑工程事故	1	0	0	0	0	0	0	0	0	0
	特种设备事故	0	1	0	0	1	1	1	0	0	0
	旅游突发事故	—	—	—	—	—	—	—	—	—	—
	安全生产事故	11	7	8	6	7	7	6	5	6	5
公共卫生事件	突发性传染病疫情	5	4	1	2	2	3	0	0	2	3
	食品安全事故	1	1	0	0	0	0	0	0	0	0
	药品医疗器械不良事件	3	0	0	0	0	0	0	0	0	0
	一氧化碳中毒	1	0	0	0	0	0	0	0	0	0
	重大动物疫情	—	—	—	—	—	—	—	—	—	—
社会安全事件	重大刑事案件	218	234	168	182	172	207	168	157	182	124
	公共场所滋生事件	—	—	—	—	—	—	—	—	—	—
	教育系统突发事件	1	3	1	0	0	0	0	0	0	0
	群体性上访事件	144	311	248	260	158	206	195	217	260	171
	广播电视安全播出事件	—	—	—	—	—	—	—	—	—	—
	公共文化场所突发事件	0	0	0	1	0	0	0	0	1	0
	文化活动突发事件	—	—	—	—	—	—	—	—	—	—
	体育赛事突发事件	—	—	—	—	—	—	—	—	—	—
	劳动保障群体性事件	4	7	4	4	12	27	19	27	4	23
	其他群体性事件	23	22	10	9	7	2	4	11	9	7

从近 10 年的数据统计结果看,徐汇区历年公共突发事件主要以社会安全事件和事故灾难为主,其中社会安全事件总计 4 224 起,事故灾难总计 1 312 起,自然灾害与公共卫生事件偶尔发生,如图 1-15 所示。

(1) 自然灾害主要包括气象灾害和防汛防台突发事件。气象灾害发生次数波动较大,平均每年在 4 次左右。防汛防台突发事件只在 2009 年与 2012 年各发生过 1 次,如图1-16 所示。虽然发生的概率较低,但是特大台风造成的影响特别巨大,仍是区域重点防范的风险点。

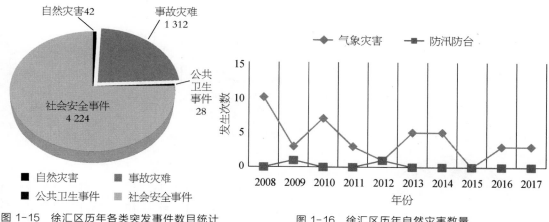

图 1-15　徐汇区历年各类突发事件数目统计　　　　图 1-16　徐汇区历年自然灾害数量

(2) 事故灾难。在事故灾难中,火灾事故发生次数所占比例较大,每年发生次数在 60～140 次,如图 1-17 所示。火灾事故在 2009 年和 2013 年出现了两个峰值,近年来事故数量整体呈明显下降趋势,2017 年略有回升。此外,事故灾难中虽然道路交通事故总体数量多,但引起死亡的交通事故数量较少,且近几年逐步下降,平均每年约 20 起,如图 1-18 所示。管线管道(供气、供水、供电)事故发生次数相对较少,基本呈逐年下降趋势,但供水、供电事故不稳定,突发性较强。根据网格中心数据,由于架空线坠落引起突发事件较多,占 2016 年总体突发事件的94%,如图 1-19、图 1-20 所示。安全生产事故发生次数较少,且近年来事故数量也呈逐年下降趋势,约每年 5 次,如图 1-21 所示。

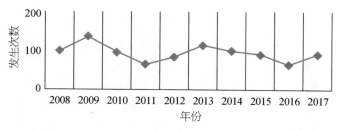

图 1-17　徐汇区历年火灾事故数量

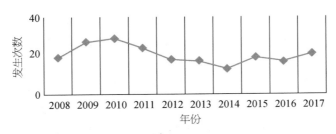

图 1-18　徐汇区历年道路交通死亡事故数量

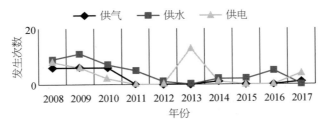

图 1-19　徐汇区历年管线管道事故数量

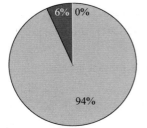

图 1-20　徐汇区网格化管理涉及的突发事件统计

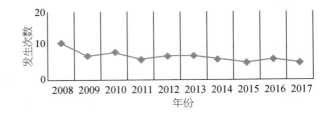

图 1-21　徐汇区历年安全生产事故数量

徐汇区网格化有关小区管理数据显示,有关小区管理的几类事件中,34%为违法搭建事件,32%为占用消防通道违章停车事件,两者数目接近略有差别;另外25%为群租引起的记录,比之前两项占比略低,但总体来看占比也十分大;损坏承重结构和改变房屋使用性质两项所占比例较小,发生次数少,如图 1-22 所示。

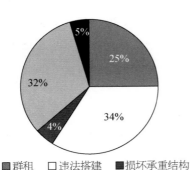

图 1-22　徐汇区网格化管理有关
小区管理的数据分析

(3) 公共卫生事件。从 2008—2017 年数据分析,突发性传染病是公共卫生方面的主要事件,其发生具有周期性。2010 年以后,食品安全事故、药品医疗器械不良事件和一氧化碳中毒事件发生次数为零,得到有效控制。

（4）社会安全事件。在社会安全事件中群体性上访事件和重大刑事案件发生次数较多。群体性上访事件平均每年有 200 起以上，整体来看数量逐渐下降；重大刑事案件数量近年来平均每年有 200 起左右，且数量趋于稳定；劳动保障群体性事件和其他群体性事件在徐汇区发生数量较少，如图 1-23 所示。

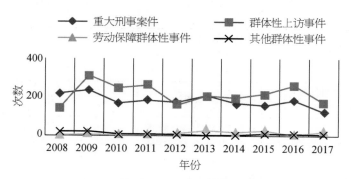

图 1-23　徐汇区历年社会安全事件数量

从徐汇区历年来对突发事件的应对处理来看，徐汇区应急管理机制基本建立，安全管理体系运行正常，运行安全状况总体平稳、受控，但仍有部分风险点需要特别关注。根据徐汇区历年区域突发事件统计分析结果，结合徐汇区调研分析，对徐汇区风险点进行梳理并汇总如表 1-3 所示。

从上海市和徐汇区运行风险管理模式看，自 2003 年 SARS 之后经过十多年的努力，已经构建了一套适合我国国情的应急管理体系，基本能够有效应对各类日常安全问题。然而对特大型城市特别是核心城区而言，对区域运行安全风险管理的完善没有止境，现有的城市安全风险管理体系有三方面值得反思。

一是重事后应急，轻事前预防，安全管理模式存在缺陷。在安全管理重心上，依然习惯于事后应急，预防性工作未得到有效落实，甚至缺乏必要的准备。在工作方式上，也更习惯于被动接受报警，主动关口前移的风险情报收集、数据分析、风险预测和预警等推进不够，有的甚至还处于空白。

二是大量机制"沉睡"，应急管理机制整合不力。目前全市多个条块都有各种安全风险管理机制，但这些机制缺乏顶层设计，未能系统化融合，处于各自独立的碎片化状态；许多应急机制甚至长期处于休眠状态，仅在突发事件出现后才临时启动，常常捉襟见肘。

三是集中于政府主导，安全管理的社会参与薄弱。长期以来，我们习惯于从政府管理角度去部署安排有关工作，在资源配置时也更注重加强政府内部条块力量，而对提升社区、社会组织以及市民个人的风险防范能力重视不足。市民的风险辨识、防范和应对能力相比国际知名城市有巨大差距；社会力量参与安全风险管理的意愿和能力也逊于其他领域。

对纽约、伦敦、东京等全球卓越城市风险管理模式总结归纳为以下五方面：一是转变管理观念，从应急管理转向风险管理；二是搭建风控平台，精准管控城市风险；三是构建共治机制，构建政府、市场、社会协同工作机制；四是引入风控机制，例如保险机制，以市场的方式和社会的力

表 1-3　　　　　　　　　　　　　　徐汇区调研风险点汇总

牵头单位	高危风险点	配合单位	相关应急预案	预案联动情况
区建交委	施工工地建设风险	区安全生产监督管理局、区公安分局	徐汇区建设工程安全监督站建设工程突发事件及伤亡事故应急处置预案	区建设工程安全监督站为协调机构
	市政管道管线故障(水、电、煤、油气)	区公安分局、区绿化市容局、区民防办、区卫生局、区民政局、区水务局	—	区应急指挥部协同各街道和各委办局的应急领导小组
	区管交通基础设施(桥梁、道路破损)	区公安部门、市政部门	—	
	地铁站点出入口(地面)客流	区民防办、区卫生局、区环保局、区公安消防支队、区民政局、区公安交警支队、各街道	—	"四长联动"机制
绿化市容局	店铺招牌倒塌	将主体责任归到店家门责范围之内	无专项应急预案(建议实行招牌相关设计导则)	—
	景观灯光光污染	属地分管	无专项应急预案(建议将光污染列入环评考核项目)	—
	渣土偷倒、乱倒	—	无专项应急预案	建议利用第三方监控平台和政府监管平台联合整治
区环保局	污水、大气、噪声、废渣	区公安分局、区民政局、区建交委、街道	徐汇区处置环境污染事故应急预案	以应急处置指挥部为主的应急联动机制
	餐饮油烟污染	城管执法、区民政局、街道	无专项应急预案	
	核辐射、危险化学品事故	区公安分局、区民政局、区建交委、街道	徐汇区核辐射、危险化学品事故及环境污染事故应急预案	以市级指挥部向下属部门指挥的应急联动机制
区民防办	地下室住人	小区物业、街道	无专项应急预案	—
	地下室电瓶车私拉电线	小区物业、街道	无专项应急预案	—
区房管局	高层住宅外墙脱落	公安分局、各街道、上海徐房集团	徐汇区处置房屋安全事故应急预案	—
区质监站/安监站	综合体(同步施工)项目	公安、工会和相关行业主管部门	建设工程突发事件及伤亡事故应急处置预案	—
	民生工程(老旧小区改造)	公安、工会和相关行业主管部门	建设工程突发事件及伤亡事故应急处置预案	—
区防汛办	台风、洪汛(风灾、洪灾)	建交委、区民政局等相关部门	徐汇区民政局防汛防台救灾工作应急预案	区防汛防台指挥部的统一领导的防汛防台救灾应急领导小组

量来承担整个社会的风险;五是创新保障机制,完善相关法律规制,为风险管理提供制度保障。

参考纽约、伦敦和东京等全球卓越城市风险管理模式,在徐汇区现有的日常安全管理体系和应急管理体系基础之上,从体制、机制、法制和应急预案四个方面提出区域风险管理模式构想如下:

(1)体制方面,在现有区域网格化管理制度的基础上,通过与第三方风控机构合作,共建基于网格化综合管理平台的风险数据库建设,包括风险类型、发生概率、影响程度、责任主体等,并监管整改的流程和采取的措施。此外,对于可以通过连续数据进行监测的高危风险点,构建第三方风险预警平台,对其进行集成、分析、建模、推演,发布预警。

(2)机制方面,转变政府职能,构建政府、企业和公众协同共治的风险管控机制。公众方面,通过社区居民座谈会和政府部门负责人进行沟通,发现社区风险点,从末端自下而上达到风险点精准治理;企业方面,一方面征集相关事故数据,另一方面以政府为主导进行行业监管,实现风险治理社会化;政府方面,通过引入保险机制,带动专业化的风险管控模式,同时以保险费率浮动机制激励从个人行为和企业运营末端的风险防治,以市场的方式和社会的力量来承担整个社会的风险。

(3)法制方面,无论风险点的排查、预警平台的建设,涉及各部门的协同配合,信息共享,尤其是保险的进入,涉及传统模式的颠覆,管理流程的再造,与现行法规、制度的冲撞,需要及时调整法律、规章,做出制度性安排。

(4)应急预案方面,结合风险管理登记制度和数据库建设,进一步补充完善现有应急预案,加强部门联防联控措施;基于风险点目录,实现风险源的差别化治理,防止应急预案流于形式。对部分难以管控的风险,可考虑结合第三方风险预警平台建设,基于实时数据的预警分级采取相应等级的应急措施,对突发事件不同阶段进行适时管控,进行全流程过程控制。

在提出的区域风险管理模式构想的基础上,以徐汇区地铁站出入口周边大客流风险管控为案例,对风险管理思路、风险监控平台、风险管控措施,以及引入保险制度等方面进行详细介绍。工作思路主要是:

(1)对轨道站点站外大客流疏散过程中的相关风险点进行识别,并进行分类分级;

(2)搭建地铁站点周边的风险预警平台,以大数据和移动互联等手段如手机数据、监控设备对人群的聚集风险进行区域可视化,识别在高峰期地铁站外的人群密度;

(3)同时对特定场站的重要节点如电梯、楼道、出入口等进行评价,评估站点脆弱性等;

(4)依据风险评估结果及预警等级的发布,提出差异化的风险管控措施,包括工程性改造建议、管理流程优化和管控平台建设等;将轨道站点出入口周边大客流风险引入"街道社区综合保险",为站外轨道交通大客流风险管控建立相关保险保障。

3. 虹口区"加强住宅小区运行风险管理提升社会治理精细化水平"
住宅小区是市民群众生活的基本场所,是城市管理和社会治理的基本单元,加强住宅小区运行风险管理,是提升社会治理精细化水平、完善社会治理体系建设的重要内容。

虹口区面积 23.45 km²,常住人口 79 万,区内现有住宅小区 826 个,截至 2017 年底,约 2 400 万 m²。其中,商品房小区 305 个,约 1 320 万 m²;售后房小区 382 个,约 900 万 m²;新旧里弄 139 个,约180 万 m²。虹口区委、区政府历来高度重视区域安全风险管理,不断健全体制机制,努力完善住宅小区安全防控体系,有效预防和妥善处置各类公共安全突发事件,在确保区域运行安全方面积累了相当丰富的实践经验。

1) 主要风险点

近年来,随着区域人口结构的不断变化,人们生活方式不断革新,融合历史因素等情况,住宅小区运行系统日益复杂,面临的风险挑战逐渐增多,一些传统"运行问题"已逐步演变为非传统"运行风险",一旦遭遇安全事件和灾害情况,危害更大,影响更广。

虹口区住宅小区中既有高档商品房小区,有一级资质物业服务企业,小区整体运行管理水平较高,同时也存在无人管理或管理不善的老旧住房,存在隐患发现不及时、预防处置不到位、协同响应能力弱、标准化程度不高、新兴领域防范缺位等现实问题。总体来看,虹口区住宅小区运行管理中主要存在安全风险、管理风险和服务风险三方面风险点,详见表 1-4。

表 1-4　　　　　　　　　　虹口区住宅小区主要运行风险梳理表

风险类别	风险载体	风险隐患
安全风险	空调外机支架、小区户外广告、雨棚、花盆等外墙悬挂物体	因气候变化、年久失修、安装使用不当等因素,造成高空坠落伤人毁物
	楼房屋面沿口水泥涂层	因气候变化、房屋老化等因素,造成高空大块水泥脱落,坠落伤人毁物
	住宅电梯	因设备老化、年久失修等因素,造成设备发生运行故障,导致乘客人身伤害
	裸露电线	因未能事先做好安全措施,一旦接触雨水,容易引发触电事故
	道路窨井盖	因年久失修破损,或因井口露天,对过往路人造成安全隐患
管理风险	部分小区的楼道、消防通道堆放杂物,停放非机动车	导致安全、消防通道间距变小,楼房消防安全设置发生变动,影响小区消防安全
	一些小区楼房住户,私拉电线,采用"飞线"为电瓶车充电	如果电线本身短路,可能引发触电事故;如果电线过热,擦出火星,可能引发火灾
	住户房屋群租	引发流动人口增加,导致小区内在安全控制难度增加
	违章搭建,拆除承重墙,破坏房屋结构	造成房屋结构变性,造成小区公共安全隐患
	住户没有规范、文明地饲养宠物	导致宠物扰民、伤人概率不断增加
服务风险	小区养老设施缺乏	给老人出行带来不便和风险
	小区无障碍设施缺乏	给残障人士出行带来不便和风险
	停车供需矛盾突出	争夺车位引发冲突

2）风险产生的原因

虹口发展已进入新的阶段，面临比以往更繁多、更复杂、影响更大的风险隐患，以往的突发事件管理已呈现为处于综合风险下的社会安全治理问题，因此住宅小区运行风险管理的重要性日益彰显。但目前的住宅小区运行管理在理念意识、体制机制、技术标准等方面的精细化水平还有待进一步提升，住宅小区运行管理的体系还有待进一步构建和完善。

（1）基于住宅小区运行风险的社会共识还不够强化

住宅小区运行中最大的风险，就是意识不到风险，即缺乏基于风险的社会共识。就虹口区住宅小区而言，体量巨大的公房、售后公房等老旧小区房屋年久失修、设施设备老化、房屋安全使用隐患、维修资金缺乏等传统安全运行风险依然突出；新式商品房小区楼与楼之间道路错综复杂、公共配套设施多且管理困难；保障房小区房屋出租情况突出。老龄化社会对居住区内养老设施要求提高等新型社会风险亦开始萌生。但基于各类住宅小区运行风险的社会共识还不够强化：

① 各类管理主体对住宅小区运行风险理解还不够深入；

② 小区居民风险防范意识薄弱。

（2）住宅小区运行风险发现、预警和管控机制还比较薄弱

① 风险识别和发现机制较为薄弱。绝大部分的虹口住宅小区，尚未建立完整的风险识别和发现机制，更多通过行政和命令等传统方式进行风险识别和防控，缺乏基于大数据分析的风险隐患排查系统，且社会参与风险辨识的意愿和能力较为薄弱。

② 风险预警和防范技术支撑体系还不到位。"重应急、轻预防"现象较为突出，更多依靠"人海"和"运动式"战术，特别是很多住宅小区建设初期考虑风险预警和防范不够，风险预测机制和常态下有效分析评估机制都还不健全，缺乏针对风险预测而储备的管理政策和应急措施。

③ 市场参与风险防控机制缺乏。住宅小区运行风险管理需要政府部门统一规划、引导支持，但绝不能由政府一家唱"独角戏"。目前虹口区住宅小区运行，受传统管理体制限制和居民观念影响，主要由政府、物业公司和居民自身来防控风险，保险等风险转移方式较少运用，市场参与风险防控机制仍较为缺乏，一旦发生安全事件，政府、物业企业和居民自身承担的风险程度较大，损失控制较难。

（3）住宅小区运行风险管理体制还有待进一步理顺

住宅小区运行风险具有系统性、复杂性、突发性、连锁性等特点，风险防控需要跨系统、跨行业、跨部门的专业合作与统筹协调。虹口区当前正处于建设更新期，住宅小区运行中政府、业委会、物业公司"三驾马车"依然存在各自为政、条块分割等碎片化、单方化的问题，系统性和协调性不足，直接影响住宅小区安全管理的效率和能力：

① 物业企业运营管理水平参差不齐，风险管理缺乏执行力；

② 业委会自治能力不强，风险管理社会参与薄弱；

③ 相关职能部门配合不够密切，综合协调运行机制不够畅通。

3）构建住宅小区运行风险防控体系

通过梳理住宅小区运行风险类别,分析住宅小区运行风险症结,需从理顺政府管理体制机制、提升物业行业管理水平、增强社区自治管理水平、建立运行风险预警机制、建立市场参与风险防控机制等几方面入手,发挥政府、市场、社区等各方力量,构建住宅小区运行风险防控体系,以有效规避、发现、管控风险。

（1）创新风险防控机制,探索建立"多元共治、精细防控、多重保障"机制

一是健全"三位一体"风险共治机制。充分发挥政府、市场、社区在住宅小区风险管理中的优势,构建政府主导、市场主体、社区主动的风险长效管理机制,完善运行有序有效的应急联动机制。政府主导风险管理,做好公共安全统筹规划、搭建风险综合管理平台、主动引导舆情等工作,同时积极推进风险防控专业人员队伍建设。市场充分发挥在资源配置方面的优势,形成均衡的风险分散、分担机制。社区要充分调动社区公众的主观能动作用,鼓励基层社区和市民群众充分参与,加强社区综合风险防范能力的建设,在已有社区风险评估和社区风险地图绘制试点基础上,进一步完善社区风险管理模式,真正实现风险管理社会化。

二是构建精细化的风险防控机制。首先,要完善住宅小区运行风险源发现机制,补齐风险源登记制度短板,全面开展风险点、危险源的普查工作,对所有可能影响社区公共安全的风险源、风险类型、可能危害、发生概率、影响范围等做到"情况清、底数明",防止"想不到"的问题引发的安全风险,在此基础上,编制社区安全风险清单;其次,要促进智能物联网、人工智能等先进技术的推广应用,形成"互联网＋"风险防控技术体系;最后,要提升各领域的安全标准,建立统一规范的风险防控标准体系,为综合风险管理奠定基础。

三是构建多重保障机制。一方面,完善法律法规保障机制,根据住宅小区运行发展的新形势、新情况、新特点,加强顶层设计和整体布局,提高政策法规的时效性和系统性,及时制定和修改相关规章制度,强化住宅小区运行风险的防范措施和管理办法;另一方面,引入第三方保险机制,以市场方式和社会力量分担住宅小区运行风险。

（2）搭建风险防控平台,健全综合预警平台、综合管理平台,实现风险管理统筹协调

一是搭建风险防控平台。构建集风险管理规划、识别、分析、应对、监测和控制的全生命周期的风险评估系统,在统一规范的标准基础上,加强相关安全数据库建设,整合各领域已建风险预警系统,构建覆盖全面、反应灵敏、能级较高的运行风险预警信息网络,形成住宅小区运行风险预警指数实时发布机制。

二是健全综合管理平台。在风险综合预警平台基础上,强化社区治理各相关部门的风险管理职能,完善各部门内部运行的风险控制机制,建立跨行业、跨部门、跨职能的风险管理大平台,并以平台为核心,引导相关职能部门进行常态化风险管理工作。

相关政府职能部门应积极发挥引导作用,立足于加强城市精细化管理,建立住宅小区运行风险目录清单和责任清单,细化业务流程和操作指导手册,推进住宅小区运行风险管理信息平台建设,明确相关部门、管理单位和水、电、气等专业服务单位在住宅小区综合管理中的职责,完

善综合协调运行机制,避免行政管理、服务止步于小区大门的现象。

住宅小区运行风险综合管理,关键在街镇和住宅小区层面。在区级层面,需要厘清区职能部门与街镇的职责分工,明确风险目录清单和责任清单,并完善双向考核制度;在街道层面,结合街道党政机构改革、职能部门力量下沉和基层"强身"的有利形势,整合街道层面相关管理资源,组建负责住宅小区及其社会治理、物业管理的综合管理机构,负责组织推进、协调服务和监督考核属地化小区综合管理的相关单位,可先行选择一个街道试点物业管理中心模式;在住宅小区层面,着重加强居民区层面小区综合管理联席会议制度的建设,进一步夯实在居民区层面的小区综合管理联席会议机制,并建立与绩效挂钩的监督考核机制,使其实体化、常态化运作,推动住宅小区运行风险综合管理能力不断提升。

(3)提升风险防控标准,提升住宅小区运行安全管理、服务水平

提升住宅小区运行安全管理,要有三方面的新要求。一是工作评价的新要求,新时代的安全管理工作,应由考核事故发生量,转向评价安全风险防控做得好不好。换句话说,安全管理工作应从粗放型向集约型转变。二是事故问责的新要求,事故发生后,应由点及面分析导致事故产生的技术、运行体制、管理机制等因素,从而避免类似事故再次发生。三是民众安全感的新要求,在新时代,住宅小区居民对运行风险防控提出了"精细化,全覆盖,无死角"的要求,应从细微之处抓起,真正解决应该解决但尚未解决的各类风险。

提升住宅小区物业管理、自我管理水平。一是要发挥市场资源配置作用,提升住宅小区物业管理水平,应建立物业服务企业"黑名单"制度,逐步培育形成"优胜劣汰"的市场竞争机制;应实施物业管理公众满意度第三方测评制度,帮助企业查找问题、改进服务并为达标补贴、奖励和企业黑名单等制度的陆续实施提供客观依据和参考;应通过继续探索物业服务联盟模式,扶持培育品牌企业,逐步形成以具有较强竞争力、较高品牌美誉度的企业为核心,以示范龙头企业为引领,中小企业协同发展的现代物业服务企业集群。

二是加强社区治理规范化建设。应推动实施"加强业委会规范化运作"的三年计划,提升业委会相关成员在业主自我管理领域的法律法规意识和依法依规办事能力,不断提高业主自我管理水平;应推动社区治理"三驾马车"形成合力,在居委会协调下,通过业主、业委会、物业企业积极配合,以"三会"制度——协调会、听证会、评议会为载体,畅通沟通渠道,调研民意,共同商讨,解决各类难题。探索在社区、居民区层面建立住宅小区综合管理协调机制,定期研究、协调解决住宅小区综合管理问题。

(4)保险兜底,把运行风险用市场手段和社会力量来分担

建立住宅小区综合保险制度,引入风险管理措施,完善风险控制机制,重新定位业委会、居委会、物业企业(风控机制)、居民和社区管理部门的各自作用,探索运用市场手段和社会力量,分担住宅小区各类运行风险。可以通过设计保险产品,平时进行风控管理,使小区运行处于受控状态,一旦发生事故,及时出险,进行理赔。住宅小区综合风险管理适用保险产品如表1-5所示。

表 1-5   住宅小区综合风险管理适用保险产品

保险类别	保险类别		说　明
物业、开发商或使用维护方投保险种	公众责任险	火灾公众责任保险	火灾公众责任保险是指被保险人在保险单载明的场所内依法从事生产、经营活动时,因该场所内发生火灾、爆炸造成第三者人身伤亡,应由被保险人承担的经济赔偿责任,保险人按照约定负责赔偿。投保人、被保险人可以为物业或开发商等
		物业管理企业责任保险	物业管理企业责任保险承保被保险人在物业管理区域内从事物业管理服务时,因过失所引起的第三者人身伤亡或财产损失,依法应由被保险人承担的经济赔偿责任。投保人、被保险人为参加物业管理责任保险的物业管理企业
		电梯安全责任保险	电梯安全责任保险承保在保单中列明的电梯在正常运行过程中发生事故,导致第三者遭受财产损失或人身损害,经国家有关行政部门组成的电梯事故调查组认定应由被保险人承担经济赔偿责任。被保险人为电梯的使用单位或维修保养单位。对电梯及其所载财物进行保障的"电梯安全综合保险",可由电梯使用单位或所有者投保
		机动车停车场责任保险	机动车停车场责任保险承保由于被保险人或其雇员的过失而致使行驶或停放在保险单所载经营性停车场区域范围内的机动车损毁或者全车丢失,依法应由被保险人承担的经济赔偿责任。被保险人为合法从事经营性机动车停放服务的停车场管理单位。根据停车场类别如社会停车场(库)、公共建筑配建停车场(库)、专用停车场(库)确定基本保费,通过每次事故每车赔偿限额、免赔等情况对基本保费进行调整
	雇主责任险		投保人、被保险人为物业、家政等服务经营者(法人)。雇主责任险用于承保被保险人的雇员因工伤、职业病或因工外出、上下班途中、工作期间受到伤害等情形导致的伤残或死亡,依法应由被保险人承担的经济赔偿责任。并依《工伤与职业病伤残赔偿比例表》中的伤残等级对应赔偿比例等要求计算赔偿。 对社区中进行志愿服务的人员,无法购买雇主责任险,通过"人身意外伤害保险"涵盖(此时由街道购买)
	财产一切险等		投保人、被保险人为物业、开发商等。保险标的为被保险人所有或负责的、经营管理或替他人保管的及其他与被保险人有经济利害关系的财产,如住宅大楼等。根据财产预估价值或成本法确定赔偿限额
家庭住户投保险种	财产险类		投保人、被保险人为家庭住户。保险标的为房屋、室内装潢、室内财产、便携式家用电器及现金等财产,在保险期间,由于火灾、爆炸、自然灾害、飞行物或空中运行物体坠落、其他建筑物倒塌等原因导致的保险标的的损失,保险人依保险合同约定负责赔偿。保险期间通常为 1 年,投保人在投保时可以选择自动续保
	人身意外险类	家庭人身意外伤害保险	投保人应为具有完全民事行为能力的被保险人本人、对被保险人有保险利益的其他人;被保险人为身体健康、共同居住的家庭成员。对被保险人遭受意外伤害且以此次意外伤害为直接原因导致的死亡、伤残,保险人按约定给付保险金。保险金额由投保人与保险人在投保时约定,保险期间通常为 1 年
		家庭火灾人身意外伤害保险	投保人应为具有完全民事行为能力的被保险人本人、对被保险人有保险利益的其他人;被保险人为个人及其家庭成员。本险种通常作为家庭人身意外伤害保险的附加险,被保险人在保单列明的住址内遭受火灾意外伤害事故,且以此次意外伤害为直接原因导致的死亡、伤残,保险人按约定给付保险金

（续表）

保险类别	保险类别		说　　明
家庭住户投保险种	责任险类	家政雇佣责任保险	投保人、被保险人为雇佣家政服务人员的雇主。本险种对被保险人雇佣的家政服务人员在从事家政服务过程中发生意外造成人身损害,依法应由被保险人承担的经济赔偿责任,保险人将在赔偿限额内负责赔偿。一般累计赔偿限额不超过 10 万元
		宠物犬主责任保险	投保人、被保险人为将犬作为家庭宠物并合法饲养的个人。本险种对由于被保险人合法饲养的犬造成第三者人身伤害(不包含财产损失),依法应由被保险人承担的经济赔偿责任,保险人将在赔偿限额内负责赔偿。一般累计赔偿限额不超过 5 万元
其他经营企业或管理部门投保险种	见义勇为救助责任保险		投保人、被保险人为各级政府相关管理部门。见义勇为救助责任保险承保的是自然人在保险单列明的行政区划范围内因见义勇为导致死亡或伤残,依法应由被保险人承担的救助金给付责任
	家政经营责任保险		投保人、被保险人一般为家政服务经营者。家政经营责任保险承保被保险人的家政服务人员在从事家政服务工作中,因过失行为致使第三者遭受人身损害或直接财产损失,依法应由被保险人承担的经济赔偿责任
	燃气用户综合保险及附加燃气用户人身意外伤害保险		被保险人为使用合法经营的煤(燃)气公司供应的燃气(包括人工煤气、天然气和液化石油气,下同)的家庭用户。对被保险人遭受民用燃气意外事故,且以此次意外伤害为直接原因导致的死亡、伤残,保险人依约定给付保险金

保险已开始成为综合性解决社区管理问题的良方。按照固有思路,用保险来解决社区管理难题,绕不开“保费”“赔款”。然而保险的功能不仅在于事后补救,更在于事前风险防范,前置风险控制,促使调解成为常规处理手段,推动社会和谐。

（5）打造风险防控运作模式,探索构建以“五方机制”为核心的住宅小区综合保险制度

建立相关工作机制,推动区政府相关部门、业委会、居委会、物业企业、小区居民五方形成合力,探索构建住宅小区综合保险制度。由业委会牵头批准方案,选择保险(风控)公司;由居委会和业主代表检查考核落实情况;由保险(风控)公司选择物业维保公司,投保费来自物业费和维修金;由人民调解和法律顾问协调相关纠纷;由公安、房管、消防、城管、民防、交通、民政、卫生等政府管理部门依法介入,行使相应管理。

通过对虹口区政府、虹口区房管局、耀江国际小区、天宝西路第一小区、彩虹湾蔷薇里等商品房、售后房、新旧里弄等实地走访,与相关政府职能部门、街道、居委会、物业公司、居民等进行调研,并充分借鉴国内外城市住宅小区运行风险管理经验做法,聚焦住宅小区运行风险管理中的难点和痛点,探索完善住宅小区运行风险管理体制机制,创新管理模式,提升居民的幸福感和获得感,并在此基础上形成可全市复制和推广的经验。

4. 上海省际客运行业安全监测平台

随着中国社会经济的高速发展,道路交通事故呈多发态势,2014 年,全国道路交通事故 390 多万起,死亡 6.5 万余人,其中由“两客一危”车辆造成的死亡事故人数占 40.2%,这为交通运输

行业的稳定健康发展带来了严峻挑战。2014 年,上海在省际客运行业引入保险业风险管理技术和资金,创建了上海省际客运行业安全监测平台(简称安全监测平台),这是全国交通运输行业首个第三方安全管理平台,是政府部门引入保险联动机制,应用"互联网 + 大数据"实施交通运输管理的创新举措,其运作极大提升了上海市道路运输系统安全水平和监管能级,是上海交通风险管控的全新实践。

1)安全监测平台的运作模式

省际客运安全监测平台遵循"1 + 1 + 3 + 1"的工作格局予以运作,即"1 张网络 + 1 项机制 + 3 份报表 + 1 套制度"。

一张全面覆盖实时动态监测网络。实时监测是安全监测平台运作的基础核心,是安全监测平台的重要模式。安全监测平台专业团队 365 天 24 小时不间断实行车辆各类动态数据追踪,通过实时报警监测记录及相关监控数据回放复核两种形式,安全监测平台对车辆行车过程中的超速、禁行时段行驶(2:00—5:00)、车载卫星定位系统离线、无线路牌出境、多次出境、疲劳驾驶、禁入区域、非指定道口出入境等要素进行追踪,全面落实"盯人盯车",实现安全运营监测全覆盖。

一项安全隐患实时预警机制。针对安全监测平台实时监测中发现的严重违规情况,即:时速超过 100 km/h 以上、设备离线 2 h 以上、禁行时段行驶 15 min 以上、超业务范围经营和无标志牌出境,安全监测平台工作人员将及时与运输企业安全管理人员进行电话/短信提醒,并要求企业及时回复处置情况。整个流程操作形成了完整的安全隐患预警机制,对企业起到了安全运营监管的警示作用,将事故隐患遏制在萌芽状态,同时有效强化驾驶员安全意识,降低事故发生率。

三份报表是日报(抓及时)、周报(抓重点)和月报(抓全面)。三份报表是安全监测平台工作的重要部分,这三份报表为运输管理部门在具体执行安全管理工作中提供了重要基础依据。日报主要汇总统计前 24 h 严重违规车辆和企业及时整改的相关信息;周报主要汇总统计一周内车辆违规的典型案例,按所属企业进行排名,同时对行业安全情况做出相应提示,这能有效监控安全异常、违规运营等情况,使运输管理部门及时把控安全态势,落实相关措施;月报侧重于行业安全运营数据统计和动态分析,通过车辆违纪情况的同比和环比,为运输管理部门实施宏观行业管理提供战略依据。

一套平台标准化运作管理制度。这一套标准化制度是安全监测平台运作管理的重要基础保障,也是平台能够良性、持久运作的核心关键。目前,安全监测平台已完成多套内控管理制度的编撰制定,包括团队培训制度、岗位责任制度、工作考核制度、操作管理制度、交接班制度、信息报表审核制度、工作例会制度等,并且严格遵循落实执行。同时,根据管理部门要求,安全监测平台不断优化调整相关流程与工作制度,真正实现安全监测平台的管理规范化、操作流程标准化、监控数据精准化、整体运行科学化。对于平台监测人员,安全监测平台定期实施标准化、专业化的培训,使安全监测平台的工作要求能在第一时间传递给工作人员,使安全监测平台的各项工作和服务质量不断提高。经过三年多的培养、实践和积累,监测团队已能从大量报警信息中,准确判别数据是否为误报,及时高效地与企业联系人、政府部门进行信息沟通,并能准确、专业地应对处置各类问题。

2)安全监测平台的服务效能

省际客运安全监测平台的建设及运作,对交通运输业和保险业皆有深远影响,更是意义重大:

第一,安全监测平台的建设运营是保险业深度参与城市交通治理的重要标志,为城市交通运输安全带来持续保驾护航作用。保险业建设运作安全监测平台,将更好地发挥其社会管理职能,各地交通安全管理态势持续好转,交通事故发生概率有效降低。以上海为例,平台建立后2014—2017年连续四年,上海省际客运承运人责任险报案数,同比下降超过70%,理赔金额下降超过80%;平台各项主要报警数同比下降超过65%。为了进一步提高安全,安全监测平台对企业进行实时监测效果,配合行业管理部门加强动态安全监测的权威性和有效性,安全监测平台建立安全管理和安全行车的激励及约束机制,行业管理部门根据安全监测平台的实时监测数据,探索构建承运人责任险费率浮动模型,形成安全与保费挂钩的长效考核制度。安全监测平台的运作,建立了以事故预防为导向的道路运输承运人责任险新机制,以增强企业法人的安全主体责任意识,强化驾驶员安全行车法制意识,促进了企业安全责任和措施的落实,进而提升全行业安全服务整体水平。上海保监局在其官网上专门提到安全监测平台的费率调整和保费奖励机制"有效实现全流程风险防范和理赔服务管控,切实保障投保企业和乘客的根本利益"。这一评价是从保险的角度,对安全监测平台建设与运作的高度认可。

第二,保险利用"互联网+风险防控",加速提高交通安全管理的科学化水平。交通运输行业的中小企业诸多,管理水平差异明显,具有安全监管难度大、安全态势不稳定的特点,通过安全监测平台运作模式的实施,能为行业安全的可管、可控奠定扎实基础,并有效提高行业安全管理综合能级:一是通过及时汇总收集车辆超速、禁行时段行驶、无线路牌出境等车辆动态情况,对数据进行科学分析,形成"交通运输大数据"模型,为运输管理部门制定管理政策提供科学依据;二是保险业运作安全监测平台,能在"不增企业成本,不增行业负担"的基础上,通过与保险的联动,降低企业保费成本支出,实现市场资源的最优配置;三是安全监测平台的运作促进了行业管理理念的多个"转变",实现了交通运输安全从"事后应急处置"向"事前事中风险预防"的转变,从"传统形态监管"向"数据精准监管"的转变,从"政府单向督导"向"开发社会资源"的转变。

3)综合效能

自安全监测平台运作以来,在行业管理部门的指导下,省际客运各企业进一步健全了自身的安全管理机制和安全违纪的整改制度,全行业的安全操作执行率稳步提高,主要表现在:

(1)安全态势日趋向好

2017年1—12月,安全监测平台依照规范要求对上海市"两客一危"及市内包车企业的车辆进行 24 h 实时动态监测,共监测全市运输企业 645 家,监测运输车辆约 20 200 辆,其中客运企业 322 家,客运车辆数约 13 470 辆,分别占总数的 50% 和 67%。市内包车是 2017 年新纳入监测范围的业态,共计 176 家,约 3 303 辆。

在实时监控期间共发生违规报警 689 681 次,日均 1 890 次,每辆车年平均发生次数 34.14 次,每月为 285 次。特别需要指出的是,客车违规报警数为 678 671 次,日均为 1 859 次。其中,超速报警 432 816 次,2:00—5:00 超速 33 262 次,疲劳驾驶 102 358 次,离线位移 8 600 次,未接入 17 次,车头牌违规出境 101 618 次,分别占客车违规数的 63.77%,4.90%,15.08%,1.27%,0.003%,14.97%,与 2014 年同比分别下降了 56%,71%,49%,27%,29%,37%。2016 年度全行业承运人责任险事故报案数 141 件,2017 年度报案数为 76 件,同比下降 46.1%;2017 年度事故赔付率较 2013 年度下降 37.3%。

(2) 企业自律有所提高

据环比数据统计显示,自 2015 年以来"两客一危"车辆违规报警次数持续降低,企业加强管理、规范经营,驾驶员安全值守、规范操作意识有所提高。800 km 接驳运输全年基本实现规范运作,安全营运,没有发生重大违纪和安全事故。

(3) 行业管理逐步加强

2017 年,安全监测平台根据严重超速、2:00—5:00 禁行时间运行、无业务牌擅自出境违规经营、禁行区域违规行驶等严重违章的情况,对各相关企业和车辆共实行了 234 824 次的紧急预警和电话实时提醒,其中电话 47 269 次,日均 130 次电话,短信 187 555 次,日均514 次,有效消除了"两客一危"行业重特大事故发生的隐患。

自安全监测平台建立以来,上海市已实现连续三年春运没有发生一起重大事故的良好安全态势,在 G20 峰会和有关重点交通运输时段,根据行业管理部门要求,提高实时监控等级,全面落实各项安全监控指标,按时发送各类监控信息,保障了相关运输业态的有序、合规、安全营运。同时根据交通执法总队的要求,自 2017 年以来,安全监测平台每月提供实时监测车辆的运行情况报告,为交通执法部门开展市场检查和企业安全管理考核,提供准确的营运监测数据;为行业管理部门加强安全管理、实现精准执法奠定了基础。

4) 安全监测平台的"上海模式"成功走向全国

安全监测平台显著的安全管理成效,引起了社会各界的强烈反响,新华社、解放日报、中国保险报、中国交通报、劳动报等主流媒体报刊相继报道安全监测平台的成功经验。此外,自 2016 年以来,来自全国多地的交通运输管理部门及企业,纷纷赴上海考察、调研安全监测平台的运作模式和经验,探讨商议安全监测平台在当地的发展应用。截至 2017 年年底,省际客运安全监测平台的"上海模式"已在江苏、广东、四川、江西、陕西、湖北、黑龙江、贵州、西藏自治区成功复制并运行。

5. 上海港港区运行风险防控综合机制

通常而言港口是指具有船舶进出、停泊、靠泊,旅客上下,货物装卸、驳运、储存等功能,具有相应的码头设施,由一定范围的水域或陆域组成的区域。港口可由一个或多个港区组成,因此港区是指连续界线形成的水域和陆域范围组成的港口区域。一个港口可以仅由一个港区构成,可以由多个各自独立的水域和陆域范围的港区组合而成。例如,上海港就是由黄浦江沿岸港区、外高桥港区、洋山港区等多个港区组成,而港区一般又由多个码头组成,可以说港口是大的集合范围,港区是子集,而码头则是元素。

上海港是我国沿海的主要枢纽贸易港,是中国对外开放,参与国际经济大循环的重要口岸,每年完成的外贸吞吐量占全国沿海主要港口的 20% 左右。上海港已连续多年作为全球集装箱吞吐量和货运吞吐量最大的港口,在我国和上海市的经济发展中起着十分重要的作用。

截至 2017 年年底,上海港外港码头总数共计 213 个,其中公用码头 22 个,专用码头 191 个;内河码头总数共计 464 个,全部为专用码头。外港码头总长度共计 106.1 km,其中公用码头长度 28.3 km,专用码头长度 77.8 km;内河码头长度共计 44.9 km。外港码头泊位总数共计 1 121 个,其中公用码头泊位数 213 个,专用码头泊位数 908 个;内河码头泊位总数共计 937 个。外港货物年通过能力 5.26 亿 t,其中集装箱年通过能力 1 983 万标准箱;内河码头货物年通过能力 1.07 亿 t。

上海港经过几十年的努力,每年在港区安全问题上投入大量人力和资金,努力将上海港打造成一个安全的风险发生概率极低的港口,从而保证上海国际航运中心的建设不受影响。在天津港爆炸危险品爆炸事故发生后,上海港的相关管理部门积极吸取事故经验教训,进一步加强港口危险货物的安全监管和隐患排摸整改工作,配备专门执法队伍进行日常安全监管,积极运用信息化手段提高管理效率,指导企业制定完善各类应急预案,配备齐全各类应急设施设备,定期开展各类应急演练演习等。但是由于港口企业安全管理涉及的企业、设备、场地、人员众多,上海港内仍有部分港口企业在安全管理上有待进一步优化,在管理力量、信息传递、应急处置等方面需要进一步强化。

港区由陆域部分和水域部分组成,陆域部分建有码头,岸上设港口、堆场、港区铁路和道路,并配有装卸和运输机械,以及其他各种辅助设施和生活设施。陆域是供旅客集散、货物装卸、货物堆存和转载之用,要求有适当的高程、岸线长度和纵深。水域部分分为港外水域和港内水域。港外水域包括进港航道和港外锚地。有防坡堤掩护的海港,在口门以外的航道称为港外航道。港外锚地供船舶抛锚停泊,等待检查及引水之用。港内水域包括港内航道、转头水域、港内锚地和码头前水域或港池。因此港区内的水域部分主要存在的风险有船舶碰撞、船舶沉没等,而陆域部分因为作业场所和人员的数量众多,作业环节多,存在的风险因素更多。鉴于上海港港区吞吐量庞大、情况复杂多变,也将不可避免地面临上述风险。

港区运行过程中面临的风险,除常见风险如火灾、爆炸、泄漏、偷盗等外,随着科技的发展和社会的进步,港区运行过程中也面临越来越多的非传统风险,如网络攻击、恐怖活动等。非传统风险一旦发生,造成的影响往往是无法估计的巨大损失,因此研究港区运行风险时,除传统风险外,必须聚焦非传统风险。传统风险包括火灾风险、爆炸风险、泄漏风险、偷盗风险,非传统风险包括恐怖活动风险和网络攻击风险。

港区风险的主要成因大致可分为自然因素和人为因素。其中,自然因素包括地质、气象、水文,人为因素可分为"运行机制欠佳、监管处置欠善、现场作业欠妥、职业操守欠足、初始设计欠精"等。

构建上海港港区运行风险防控综合机制的积极意义可以概括为以下几个方面:

第一,有利于打造更为安心的经商环境。上海是长三角世界级城市群的核心城市。一直以来,上海国际航运中心的建设是以建成国际经济、贸易、金融中心为目标,而长江流域的广阔地区是上海国际航运中心建设的重要经济腹地。加快建设上海国际航运中心,有利于促进长三角地区金融、贸易、信息、人才等资源的优势集聚。同时,航运经济也将服务于长三角地区的联动和融合发展,为加强与中西部地区乃至全国各省区市的优势互补、互利合作贡献力量。不仅如此,国务院相关文件也将"支持开展船舶融资、航运保险等高端服务"等,作为"国际航运中心建设的主要任务和措施"之一。

第二,有利于促动富有成效的社会共治。当前,我国社会主要矛盾已经转化为人民日益增长的美好生活需要和不平衡不充分的发展之间的矛盾。社会对于民主、法治、公平、正义和个人价值实现的愿望日益凸显,也更希望发挥自身力量,参与到公共事务的建设中去。在社会专业力量参与热情日益高涨的情况下,政府将积极转变自身职能,激励各方发挥建设性作用,增强市场的主体责任;不断创造条件,提供多元化平台,从而更好地落实自身监管责任,提高精细化管理水平。

第三,有利于起到追求平安的示范引领。在社会主要矛盾发生改变的今天,增进民生福祉是发展的根本目的,只有加强和创新社会治理,维护社会和谐稳定,才能确保国家长治久安、人民安居乐业。由此可见,社会公共安全管理的高效程度,同人民群众对美好生活的体验感、归属感、获得感息息相关;而上海港港区运行的安全与否,也不单涉及相关企业的经济利益,更与社会公众的安全感休戚与共。

通过实地调研和专题研究发现,上海港港区运行风险管理的发展,大致会经历三个阶段:被动应对突发风险的"脉冲处置阶段"、有普遍性管理和应急预案的"常态管理阶段"、有效防控风险的"实时预防阶段"。目前,上海港正从第二阶段向第三阶段过渡。在此期间,需要不断深化政府职能转变,充分借助社会力量,实现风险防控过程管理和事前预防的效能提升。为此,展开了研究和探索,深化了相关理论框架,并细化了具体实施方案。理论框架可以概括为 1 个"一"、2 个"二"、3 个"三"、4 个"四"、5 个"五",共 55 个要点。1 个"一"即转变政府职能,引入保险机制,实现风险管理化。2 个"二"即引导两个主体获得两类效益,分别为"共投体"和"共保体"。3 个"三"即运用三个险种,兼顾三个阶段,转变三个关系。4 个"四"即抓住四个环节,依据四个程序,强化四个机制,力求四个绩效。5 个"五"即引入五个机构,建立五个制度,落实五个责任,用好五个手段,固化五个行为。

上海港港区运行风险防控综合机制的实施路径,主要是秉持"转变政府职能、引入保险机制、实现风险管理社会化"的理念,综合运用上述框架理论中的要点,结合上海港港区运行风险防控的实际,按照"分工明确、制约有效、运行有序"的原则,构筑"政府主导、市场主推、社会主动"的风控格局,进一步"理顺责任关系、强化各方参与、聚焦风控措施",促进风险管理资源的统筹运用和全程可控,形成"覆盖全面、辨识精准、未雨绸缪"的港区运行风险防控新模式。其中,"港口危险品码头综合保险"的架构可分为三层,每层均实行保费费率浮动机制。立体风控机制的主体是企业、行业协会、政府或其指定的相关机构、共保体、第三方专业机构、监管部门,其核心是兼顾"事前、事中、事后"三个阶段,依托风控信息平台等科技手段,梳理各阶段风控步骤和举措,实现"事前科学预防""事中有效控制""事后及时救济"。

上海在探索引入社会力量共建共治,推进港区运行风险防控机制的建立上,进行了深入的研究,也形成了相应的框架理论和实施路径。若能依此推进,或可实现政府职能的高效转变,有效发挥社会共治力量作用,取得较好的社会效益和经济效益。经过研究,提出了以下三点改进建议:

第一,在基本框架基础上,加快构建立体风控机制,形成并优化风险源识别、等级划分、分析等数学模型,运用大数据等科技手段加强风控信息平台建设,构筑全方位风险管理体系。建议以行业通知等形式,出台港区运行风险防控综合机制的实施指南,将现有理论及方案中已付诸实践运用并将取得成效的要点相对固化;同时通过风控信息平台,整合各相关企业既有风控系统关键数据,指导未有风控信息化系统的企业按要求搭建软硬件平台,从而初步形成港区运行风险防控大数据,引导港区运行各相关企业风险管理的统一规范、有效开展、不断完善。

第二,进一步探索市场化配置风险管理资源,率先研究完善港口危险货物作业的"巨灾保险"方案设计及相应费率浮动机制,建立与诚信评价相结合的考核约束激励机制。盼望政府相关部门协调财政、保监等部门,在不断深入研究和实践的同时,及时沟通并取得共识。

第三,不断强化港口危险货物持证经营企业全方位、多角度主动参与港区运行风险防控的主体责任,在其完善自身风控软硬件投入的同时,落实风险防控机制的试点应用。政府相关部门将港口危险货物持证经营企业投保"安责险",作为考核其落实港区运行风险防控工作的重要环节;引导行业协会深化"统筹险"的方案设计和组织实施,使政府可从事无巨细的管理工作中抽离,将精力集中至更为重要的监管工作中,加速促进政府职能的转变。

2 城市风险识别与分析

作为城市风险预警工作的重要组成部分,风险识别是开展城市风险预警的前期基础性环节。风险识别是指通过对大量来源可靠的信息资料进行系统了解和分析,认清项目存在的各种风险因素,进而确定项目所面临的风险及其性质,并把握其发展趋势的行为。风险识别是一个系统、持续的过程,应尽可能详尽地分析项目信息,通过逻辑梳理有效识别可能影响工作目标的潜在风险。系统性地应用风险管理技术,准确识别、评估城市风险并采取恰当的风险防范措施,是城市安全管理的关键成功因素。风险识别的方法很多,如专家调查法、故障树分析法、WBS-RBS 分析法、核对表法、幕景分析法以及几种方法的组合,见表 2-1。

表 2-1 城市风险识别方法对比

序号	方法		优 点	缺 点	备注
1	专家调查法	头脑风暴法	不进行讨论和评判,想出大量的风险因素,通过最终结果使专家相互启迪,相互补充,从而使专家产生"思维共振",获得更多的未来信息,使预测结果准确而全面	容易受个人主观印象影响	定性
		德尔菲法	能较全面地分析风险因素,无须数据和原始资料,避免了专家的意见的相互影响,利用各领域专家的专业理论和丰富的实践经验,集思广益,做出比较全面的预测	过程比较复杂,花费时间较长,结果的科学性受到专家数量及人数的限制	定性
2	故障树分析法		层次分明、结构严谨,有很强的逻辑性,由因及果,有助于对项目本身及其外在影响因素的深刻认识,查明项目的风险因素,为风险评估提供定性与定量的依据,进而提供各种风险控制方法	对使用者的要求较高,操作过程复杂,要有充分的数据,对项目本身和环境有深刻认识	半定量
3	WBS-RBS分析法		适用于所有工程项目,使用简便易行,不增加工作量	操作过程复杂,需要管理者有大量的经验	定性
4	核对表法		识别风险源快速且简单	受到项目可比性的限制	定性
5	幕景分析法		应用广泛,能够把握风险因素未来的发展情况	依赖于大量的数据	定性

2.1 专家调查法

以城市信息化为例,介绍专家调查法的定义及应用案例。

2.1.1 方法介绍

由于城市信息化的复杂性,要想对其风险有一个完整、准确而又富有效率的识别,必须依靠与信息化相关的各领域专家。专家调查法是一种定性分析方法,普遍适用,尤其对于采用新技术无先例可循的项目,简单易行,能较全面地分析风险因素,但是结果的科学性受到专家数量及人数的限制。

专家调查法是一种利用各领域专家深厚的专业理论知识和丰富的实践经验,找出在城市信息化过程中的各种潜在风险并分析其成因、预测其后果的风险识别方法。

该方法的优点是在缺乏足够统计数据和原始资料的情况下,可以做出较为准确的估计,对城市信息化来说比较适用。因为城市信息化对一个城市来说往往是唯一的,但无论是哪一个城市的信息化建设,都是由一些基本要素构成的,如社会的、经济的、政治的、技术的等要素,只要充分利用好这些领域专家的智慧,就能够很好地将信息化的风险识别。目前专家调查法有几十种之多,下面两种是能够较好地在城市信息化风险识别中发挥作用的方法。

1. 头脑风暴法

头脑风暴法是一种刺激创造性、产生新思想、充分发挥集体智慧的一种风险识别技术。该方法通过专家之间的信息交流,产生智力碰撞,引起"思维共振",产生新的智力火花,形成宏观的智能结构,从而找出全局性风险因素。城市信息化风险管理人员根据风险识别的目的和要求,邀请和组织有关城市信息化方面的专家,如项目管理专家、信息化问题专家、风险管理专家、政府有关部门人员等,就信息化风险的识别召开专题会议,一般5~10人为宜,采用面对面的形式对城市信息化中的风险展开讨论分析,如存在哪些风险、风险程度多大等问题,最后由项目风险管理人员总结专家意见并做出判断,得出风险识别结果。

头脑风暴法的优点是专家们能够集思广益,思维发散,易于将隐藏较深的、不易察觉的风险源及风险事件识别出来;缺点是集体意见易受权威人士左右,形成"羊群效应"。该方法适用于目标明确、对象具体的风险识别。如果某一过程涉及的面太广、包含的可变因素太多,则应先对其进行分解,简化后再进行识别,例如将整个城市信息化风险分解为规划阶段风险和开发阶段风险来进行识别。

头脑风暴法的做法具体如下:

(1)确定议题:一个好的头脑风暴法从对问题的准确阐明开始。

(2)会前准备:为了使头脑风暴畅谈会的效率较高,效果较好,可在会前做一点准备工作。

(3)确定人选:一般以8~12人为宜,也可略有增减(5~15人)。

(4)明确分工:要推定一名主持人,1~2名记录员(秘书),主持人的作用是在头脑风暴畅谈会开始时重申讨论的议题和纪律,在会议进程中启发引导,掌握进程。

(5)规定纪律:根据头脑风暴法的原则,可规定几条纪律,要求参会者遵守。

(6)掌握时间:会议时间由主持人掌握,不宜在会前限定死。

2. 德尔菲法

德尔菲法起源于20世纪40年代末期,最初由美国兰德公司首次提出并使用,很快就在世界上盛行起来。如今这种方法的应用已遍布经济、社会、工程技术等各个领域。德尔菲法具有广泛的代表性,较为可靠,并且具有匿名性、统计性和收敛性的特点。

在应用此法时,风险管理人员应首先将城市信息化的风险调查方案、风险调查内容、风险调查项目等做成风险调查表,然后采用匿名或"背靠背"方式将调查表函寄,最好是电邮(因为电邮既方便快捷又便于统计分析)给有关专家,一般20~50人,将他们的意见予以综合、整理、归纳,形成新的风险调查表,然后将新的风险调查表再一次反馈给有关专家。经过多次反复,最后得到一个比较一致且可靠度也高的集体意见。

德尔菲法具有匿名性和反馈性。匿名性是指各参与专家之间相互匿名,不发生横向联系,各专家并不清楚参与此次风险调查的专家人数,是哪些专家。这样专家们在回答风险调查表时不必考虑其他人的意见,不受权威的诱导,能够比较真实地表达自己的看法,从而能将自己的专业优势真正发挥出来,达到风险调查的目的。德尔菲法的反馈性是指风险调查的组织者将新一轮的风险调查表送交有关专家时,其实已经将其他专家的看法、观点、思考的角度等内容反馈给他。这样该专家就可以充分利用他人的智慧来弥补自己的不足,激发自己的创造性,在一个更高水平的平台上进行新一轮的风险分析。通过多次调查专家对问卷所提问题的看法,经过反复征询、归纳、修改,最后汇总成专家基本一致的看法,作为预测的结果。

使用德尔菲法时应注意,由于城市信息化涉及相当多的专业领域,既有社会、政治、经济领域,也有工程、管理、质量领域,一个专家不可能在所有的领域都具有良好的风险识别和判断能力。不同专业领域的专家,对同一种风险的认识水平并不相同,风险调查组织者在对各专家的观点进行综合、统计时应给予不同领域的专家以不同的权重系数,解决专业领域差异所带来的问题。

用德尔菲方法进行项目风险预测与识别的过程是由项目风险小组选定与该项目有关领域的专家,并与这些适当数量的专家建立直接的函询联系,通过函询收集专家意见,然后加以综合整理,再匿名反馈给各位专家,再次询问意见。这样反复经过4~5轮讨论,逐步使专家的意见趋于一致,作为最后预测和识别的依据。

2.1.2 应用案例

某地下铁路项目基坑最大挖深为8 m,基坑围护结构可采用排桩和水泥土搅拌桩墙(Soil Mixing Wall, SMW)工法桩组合方式。该项目风险管理者组织了相关专家分析工程风险情况。通过函询收集专家意见然后加以综合整理,反复函询,直到专家们的意见相对收敛、一致。最终,专家得出深基坑工程的风险结论如下:

主要风险因素包括施工风险、监理风险、监测风险、环境影响风险和人员安全风险。

一是施工风险:包括组合SMW工法桩施工风险、钻孔桩施工风险,如基坑渗漏、支撑系统失稳、坑底隆起、围护结构折断或大变形、内倾破坏、设备非正常工作风险。

二是监理风险:缺乏相应的监理资质、监理设备,未履行好监理职责。

三是监测风险:未安排监测或者监测内容不合格、监测工作形同虚设。

四是环境影响风险：围护结构变形过大引起的路面开裂、噪声污染、水污染、空气污染、固体废弃物污染、生态环境污染。

五是人员安全风险：包括操作失误、突发事故、高空坠落、人为穿越铁路、人员触电、非施工人员进入等。

2.2　故障树分析法

以城市信息化为例介绍故障树分析法及应用。

2.2.1　方法介绍

故障树分析法(Fault Tree Analysis，FIA)是系统安全分析方法中应用最广泛的一种。该方法首先由美国贝尔电话研究所的 H. A. Watson 博士于 1961 年为研究民兵式导弹发射控制系统时提出来的，用于系统风险分析。1974 年，美国原子能委员会运用 FIA 对核电站事故进行了风险评价，并发表了著名的《拉姆逊报告》，该报告有效地应用了故障树分析法，受到了广泛的重视，迅速在许多国家和企业得到应用和推广。故障树是由一些节点及它们之间的连线所组成的，每个节点表示某一具体故障，而连线则表示故障之间的关系。编制故障树通常采用演绎分析法，把不希望发生的且需要研究的事件作为顶上事件放在第一层，找出造成顶上事件发生的所有直接事件列为第二层，再找出第二层各事件发生的所有直接原因列为第三层，如此层层向下，直至最基本的原因事件为止。

故障树分析法是一种半定量分析方法，一般用于技术性强、较为复杂的项目，用演绎推理的方式查找风险因素，层次分明、结构严谨，但是由于方法本身的复杂性，对使用者的要求也较高。该方法从结果出发，分析导致事故发生的风险因素的最小割集，并可以计算这些风险事件对顶上事件发生的重要度，根据最小割集和割集重要度分析事故原因，采取有效的应对措施，进而预防事故。

故障树又是一种交流工具，可向不直接接触项目的人员提供一种直观的图解。迄今为止，人工建树仍优先于自动建树，故障树定性分析也优先于定量分析，故障树在项目风险分析上主要是找出风险模式而不是概率，即发现风险环节及时改进它，而不仅仅是算出它。但是，要对引发顶事件发生的全部原因考虑周全几乎是不可能的，也是不必要的。画出全部重要顶事件的故障树是一项非常复杂的工作，无法保证分析中无遗漏，只求通过分析识别主要风险，并在事前帮助提供对策。这需要一定数量专家和管理人员的共同努力，要有充分的数据、对项目本身和环境的深刻认识，特别要有丰富的经验。

在城市信息化风险识别中运用故障树分析法时一般需要遵循下述步骤：

(1)熟悉城市信息化系统。即风险识别人员必须要确实了解整个城市信息化建设情况，包括组织情况、工作程序、各种重要参数、信息化进度等。必要时画出信息流程图和布置图，故障树的生成在很大程度上是依据工艺流程图或作业图来完成。

（2）调查事故。风险管理人员需要在过去事故实例或其他信息化建设有关事故统计基础上，尽量广泛地调查所能预想到的事故，即包括已发生的事故和可能发生的事故。

（3）确定顶事件（TOP）。所谓顶事件，即城市信息化最担心的风险事件，该事件对城市信息化建设来说具有巨大的影响或带来巨大的损失。对城市信息化发生风险事故的损失和频率大小进行分析研究，从中找出后果严重，且较容易发生的事故，作为分析的顶事件。

（4）确定目标。根据以往的事故记录和同类城市信息化的事故资料，进行统计分析，求出事故发生的概率（或频率），然后根据这一事故的严重程度，确定要控制的事故发生概率的目标值。

（5）调查原因事件。调查造成信息化事故的所有原因事件和各种因素，包括规划的失败、政策的变迁、设备故障、机械故障、操作者的失误、管理和指挥错误、协调的失败、环境因素的改变等，尽量详细查清原因和影响。

（6）画出故障树。根据上述资料，从顶事件起进行演绎分析，逐级地找出所有直接原因事件，直到不能或不可以，再将原因继续分割，然后按照其逻辑关系，画出故障树。

（7）定性分析。根据故障树结构进行化简，求出最小割集，确定各基本事件的结构重要度排序。所谓割集是指导致顶事件发生的底事件组合，而最小割集则是顶事件发生的最少底事件组合。

（8）计算顶事件发生概率。首先根据所调查的情况和资料，确定所有原因事件的发生概率，并标在故障树上。根据这些基本数据，求出顶事件（最大风险事故）发生概率。

（9）进行比较。要根据可维修系统和不可维修系统分别考虑。对可维修系统，把求出的概率与通过统计分析得出的概率进行比较；如果二者不符，则必须重新研究，看原因事件是否齐全，故障树逻辑关系是否清楚，基本原因事件的数值是否设定得过高或过低等；对不可维修系统，求出顶事件发生概率即可。

（10）定量分析。定量分析包括下列三方面的内容：当事故发生概率超过预定的目标值时，要研究降低事故发生概率的所有可能途径，可从最小割集着手，从中选出最佳方案。利用最小割集，找出根除事故的可能性，从中选出最佳方案。找出各基本原因事件的临界重要度系数，对需要治理的原因事件按临界重要度系数大小进行排序，或编出安全检查表，加强控制。

2.2.2 应用案例

以市政公路工程施工中可能存在的高处坠落为该故障树的顶事件，通过事故调查，得出该类事故的故障树图（图2-1）。对于该系统而言，故障树中"或门"较多，整个系统的危险因素多，故障树的最小割集较多，已通过简化进行计算，从最小割集和最小径集两方面分析该事故系统。

1）最小割集的求解

割集是导致顶事件发生的基本事件的集合，割集中引起顶事件发生的充分必要条件的基本事件集合为最小割集。它表明这些基本事件发生（不论其他事件发生或不发生），都会引起顶事

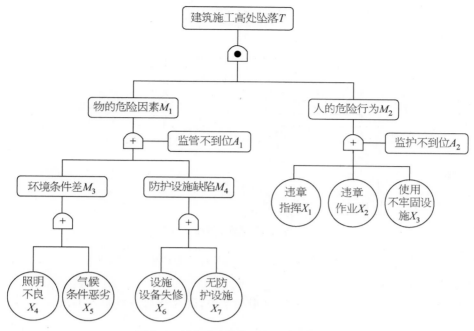

图 2-1　某市政建筑施工高处坠落故障树

件发生,反映系统的危险性。从这个意义上讲,最小割集越多,说明系统的危险性越大。为了降低系统的危险性,对包含基本事件少的最小割集应优先考虑采取安全措施。一个最小割集对应着事故发生的一种模式。

故障树的结构函数为

$$T = X_1X_4 + X_2X_4 + X_3X_4 + X_1X_5 + X_2X_5 + X_3X_5 +$$
$$X_1X_6 + X_2X_6 + X_3X_6 + X_1X_7 + X_2X_7 + X_3X_7$$

从而得到最小割集:

$\{X_1, X_4\}$, $\{X_2, X_4\}$, $\{X_3, X_4\}$, $\{X_1, X_5\}$, $\{X_2, X_5\}$, $\{X_3, X_5\}$, $\{X_1, X_6\}$, $\{X_2, X_6\}$, $\{X_3, X_6\}$, $\{X_1, X_7\}$, $\{X_2, X_7\}$, $\{X_3, X_7\}$

利用布尔代数求得该故障树的最小割集有 12 个,说明该事故有 12 种发生模式。

2) 最小径集的求解

最小径集是顶事件不发生所必需的最低限度的基本事件集合。它表示这些基本事件不发生,顶事件就不会发生,反映了系统的安全可靠性。有几个径集就会有几种消除事故的途径,从而为选择消除事故的措施提供了依据。

求故障树最小径集的方法是利用它与最小割集的对偶性,将故障树中的"与门"(执行"与"运算的基本逻辑门)换成"或门"(执行"或"运算的基本逻辑门)、"或门"换成"与门",便将故障树换成了成功树(图 2-2),在求出成功树的最小割集,就是原故障树的最小径集。

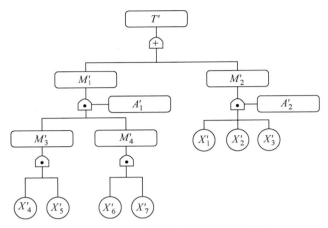

图 2-2　某市政建筑施工高空坠落成功树

成功树的结构函数 $T' = X'_1 X'_2 X'_3 + X'_4 X'_5 X'_6 X'_7$，从而得到最小径集 $P_1 = \{X_1, X_2, X_3\}$，$P_2 = \{X_4, X_5, X_6, X_7\}$。

从所求出的最小径集中，可以重新审视事故系统，研究从哪一方面入手，控制其中一组，便可使事故不发生。

3）结构重要度的求解

结构重要度分析，是从故障树结构上分析各基本事件的重要程度。基本事件结构度越大，它对顶事件的影响程度就越大，反之亦然。

$$I_\Phi(1) = I_\Phi(2) = I_\Phi(3) = 1/3 = 0.333\ 3$$
$$I_\Phi(4) = I_\Phi(5) = I_\Phi(6) = I_\Phi(7) = 1/4 = 0.25$$

因此可得到各基本事件结构重要度的排序：

$$I_\Phi(1) = I_\Phi(2) = I_\Phi(3) > I_\Phi(4) = I_\Phi(5) = I_\Phi(6) = I_\Phi(7)$$

通过以上分析，造成某市政建筑施工高处坠落事故原因的大小依次为违章作业、违章指挥、使用不牢固设施、照明不良、气候条件恶劣、设施设备失修、无防护设施等。

4）结果分析

第一方案 $\{X_1, X_2, X_3\}$ 是最佳方案，只要能杜绝人的不安全行为，做到不违章作业，不违章指挥，使用安全牢固的设施，不攀坐不安全位置，注意各种危险警告，不冒险进入危险区，建筑施工高处坠落事故就能有效避免。第二方案 $\{X_4, X_5, X_6, X_7\}$ 也较为有效，如改善照明条件，不在气候恶劣的条件下作业，排除危险作业面，经常检修设施设备，完善防护措施，按要求使用防护设备，采用合理设计的防护措施等，也能有效地避免事故的发生。

2.3　WBS-RBS 分析法

WBS-RBS 分析法应用到项目风险辨识领域，为项目风险识别提供了新的分析工具。运用

WBS-RBS 辨识项目风险需要解决两个基本问题:一是判断风险是否存在;二是判断风险因素向风险事件和风险事故转化的条件。为了解决这两个问题,WBS-RBS 风险辨识应从项目作业和项目风险两个角度分别进行分解,然后构建作业分解树和风险分解树。在此基础上,把两者交叉构建 WBS-RBS 矩阵,按照矩阵元素逐一判断风险是否存在及其大小程度,从而系统、全面地辨识风险。WBS-RBS 风险辨识方法是一种既能把握项目风险全局,又能兼顾风险细节的项目风险辨识方法。

2.3.1　方法介绍

WBS-RBS 分析法属于定性分析方法,采用工作分解结构(Work Breakdown Structure, WBS)与风险分解结构(Risk Breakdown Structure, RBS),引用 WBS 的思想,将整个待风险评估的工程项目按照工程分部进行分解,分解到足以具体分析所产生风险的程度。利用同样的思想,针对业主关心的风险内容,将评估范围内的工程风险进行风险结构分解,然后结合 WBS 和 RBS 进行对号入座,将 RBS 中的具体风险与 WBS 中的工程部位一一对应,识别出具体风险发生的工程部位和范围,并对可能发生的风险进行因果分析和描述,从而达到识别风险因素的目的。这种方法普遍适用于所有工程项目,简单易行。

其中,WBS 是以信息论、控制论、系统工程、工业工程为理论基础,在长期的大型项目组织实施中逐步积累、总结、升华的结果。它是项目管理最重要的工具与内容之一,也是项目管理的核心工具。它组织并定义了整个项目范围,未列入工作分解结构的工作将排除在项目范围之外。WBS 处于计划编制的中心,也是制订进度计划、资源计划、成本预算、人员需求、质量计划编制、风险分析等的基础。因此,在风险识别中利用这个已有的现成工具并不会给项目班子增加额外的工作量。

作为项目管理的核心工具,项目 WBS 的建立必须体现项目本身的特点和项目组织管理方式的特点,必须遵从整体性、系统性、层次性和可追溯性的原则。项目完整的 WBS 并不是一开始就能建立完成的,而是随着项目的推进逐步扩展完善而形成的。

在应用 WBS-RBS 分析法进行风险辨识时,大致要经历 5 个步骤:

(1) 确定风险识别的对象。在进行风险识别之前,应根据项目风险管理的要求,明确风险辨识的对象和范围。

(2) 进行工作分解,形成工作分解结构(WBS)。按照各层次作业包在施工工艺和工程结构上的关系,将作业逐级分解,一直分解到出现最佳的风险辨识单元为止。最佳的风险辨识单元就是最底层的作业包规模与风险辨识相适应,能够借鉴其他类似项目的子作业包的风险分析资料和经验,对目标项目进行风险识别。

(3) 进行风险分解,形成风险分解结构(RBS)。根据项目的风险状况,预测可能存在的风险,将风险逐步分解,细化到各类风险的属性类似为止。

(4) 构建风险识别矩阵。把作业分解结构的最底层作业包和风险分解树的最下层风险分别作为矩阵的行和列,构建风险识别矩阵。

（5）判断风险的存在性和风险转化的条件。按照风险辨识矩阵元素，逐一判断第 i 个作业包的第 j 种风险是否存在，若存在则为"1"，若不存在或风险较小，可以忽略则为"0"。

2.3.2 应用案例

以地铁工程为例，地铁工程需要识别的风险载体很多，因此在进行作业分解时，有选择地进行确定作业分解的细化程度即分解级次。第一级分解成四个方面：土建工程、轨道工程、信号工程和供电工程，如图 2-3 所示。

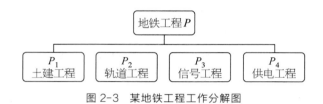

图 2-3 某地铁工程工作分解图

其次，在分解风险过程中，必须以某一工作包为对象分解它的潜在风险。该工程主要风险来自工程设计环节、施工单位的技术水平与资质、施工现场管理和各个工种施工的接口衔接。这几个环节的细化，最终形成风险分解树。

最后，依据 WBS-RBS 矩阵进行该工程的风险识别。把工作包作为矩阵的列，而风险分解树的最底层的风险作为矩阵的行，建立 WBS-RBS 矩阵。这里的风险分成"有"和"无"两种。若 WBS-RBS 矩阵元素取值为"0"，则代表第 i 项工作的风险不存在，或者其不具备影响力；若取值为"1"则代表第 i 项工作的风险存在。经过判断，最终工程的一级工作分解的风险识别结果如表 2-2 所示。

表 2-2　　　　　　　　　　地铁工程的一级工作分解的风险识别矩阵

项目	R_{11}	R_{12}	R_{21}	R_{22}	R_{31}	R_{32}	R_{41}	R_{42}
P_1	1	1	1	0	1	0	0	1
P_2	1	1	1	1	0	1	1	1
P_3	0	1	0	0	0	1	1	0
P_4	0	1	1	0	1	1	0	0

2.4 核对表法

核对表法是一种定性分析方法，核对表是基于以前类比项目信息及其他相关信息编制的风险识别核对图表，适用于有类似或相关经验的项目。核对表一般按照风险来源排列，很容易操作。利用核对表进行风险识别的主要优点是快而简单，缺点是受到项目可比性的限制。

2.4.1 方法介绍

核对表（Check List）法，是管理中用于记录和整理数据的常用工具。用于风险识别时，就是将以往类似项目中经常出现的风险事件列于一张汇总表上,供识别人员检查和核对,判别某项目是否存在以往历史项目风险事件清单中所列或类似的风险。目前此类方法在工程项目的风险识别中已得到大量采用。

核对表一般根据项目环境、产品或技术资料、团队成员的技能或缺陷等风险要素,把经历过的风险事件及来源列成一张核对表。核对表的内容可包括:以前项目成功或失败的原因;项目范围、成本、质量、进度、采购与合同、人力资源与沟通等情况;项目产品或服务说明书;项目管理成员技能;项目可用资源等。项目经理对照核对表,对本项目的潜在风险进行联想,相对来说简单易行。这种方法也许揭示风险的绝对量要比别的方法少一些,但是这种方法可以识别其他方法不能发现的某些风险。

核对表法对项目风险管理人员识别风险起到了开阔思路、启发联想、抛砖引玉的作用。其缺点是该方法主要依赖于专家的知识和经验,存在潜在的严重缺陷:核对表不能揭示风险源之间重要的相互依赖关系;对识别相对重要的风险的指导力不够;对隐含的二级、三级风险识别不力;若表格和问卷设计不周全,则可能遗漏关键的风险,对单个风险源的描述不够充分。因此,在项目不太复杂的情况下,才可选用此方法。

2.4.2　应用案例

以高速公路扩建施工案例介绍核对表法的应用。首先根据评价主体和目标构造树状层次的方法确定评价指标,确定了高速公路扩建施工安全性评价的指标体系,如图 2-4 所示。

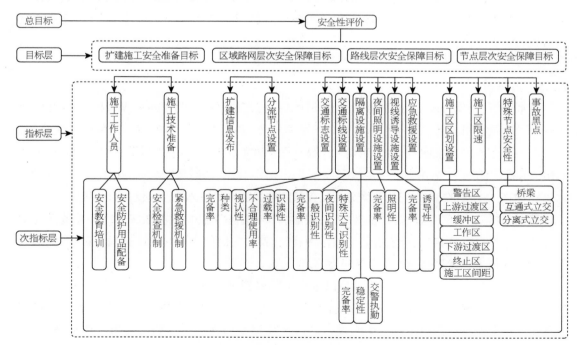

图 2-4　高速公路扩建施工安全性评价指标体系结构

核查人员利用安全检查表逐项鉴别工程中存在的不安全因素,提出修改建议,给出评价结果,写成核查报告。运用安全核对表法对高速公路扩建施工安全性进行评价,以工作人员、施工技术准备、交通标志三项评价指标为例,风险核查如表 2-3 所示。

表 2-3 高速公路扩建施工安全准备工作安全核对表

评价对象	评价指标	改进建议
工作人员	施工工作人员是否接受过安全教育培训,满足工作安全要求	不满足要求者必须重新接受相关安全教育,进行安全技术考核,并合格上岗,同时定期进行安全考核
	工作人员是否按规定穿戴安全防护用品	随时检查工作人员安全防护用品穿戴情况,及时补发所缺用品。不按规定穿戴安全防护用品的人员不得上岗
施工技术准备	是否建立了安全监测机制	相关单位应预先制定安全监测机制,包括流量监测、设施监测、事故黑点监测等
	是否建立了应急救援机制	事先成立应急系统,针对施工区常发交通安全问题做好紧急救援措施,联合多部门保证紧急救援联动的正常运行
……	……	……

2.5 幕景分析法

幕景分析法是一种适用于对可变因素较多的项目进行风险预测和识别的系统技术,其在假定关键影响因素有可能发生的基础上,构造出多重情景,提出多种未来的可能结果,以便采取适当措施防患于未然。

2.5.1 方法介绍

幕景分析法(Scenarios Analysis)是由 SHELL 公司的科研人员 Pierre Wack 于 1972 年提出的一种定量分析方法。它是根据发展趋势的多样性,通过对系统内外相关问题的系统分析,设计出多种可能的未来前景,然后用类似于撰写电影剧本的手法,对系统发展态势做出自始至终的情景和画面的描述,适用于大型工程项目。当一个项目持续的时间较长时,往往要考虑各种技术、经济和社会因素的影响,可用幕景分析法来预测和识别其关键风险因素及其影响程度。

幕景分析法对以下情况是特别有用的:提醒决策者注意某种措施或政策可能引起的风险或危机性的后果;建议需要进行监视的风险范围;研究某些关键性因素对未来过程的影响;提醒人们注意某种技术的发展会给人们带来哪些风险。

幕景分析法从 20 世纪 70 年代中期以来在国外得到了广泛应用,并产生了目标展开法、空隙添补法、未来分析法等具体应用方法,能够把握风险因素未来的发展情况,但是依赖于大量的数据。一些大型跨国公司在对一些大项目进行风险预测和识别时都陆续采用了幕景分析法。因其操作过程比较复杂,目前此方法在我国的具体应用还不多见。

2.5.2 应用案例

以 M 水库投饵网箱养鱼项目累积影响评价进行案例介绍。

1. 项目简介

M 水库位于我国北方地区某城市东北方向,库区跨越 A,B 两河,现为城市饮用水水源地。M 水库 1990 年投饵网箱养鱼面积近 2.5 hm²,当地政府拟将网箱养鱼面积扩大至 4.677 hm²。

2. 累积影响识别

影响因素包括:

(1) 面积扩大至 4.677 hm² 的拟议网箱养鱼项目(2.177 hm²)将与过去和现在的网箱养鱼的影响进行累积,加重对水库水质的影响。

(2) 假定 M 水库周边某乡镇计划在 M 水库开展面积为 1.0 hm² 的其他网箱养鱼活动,此项目与拟议网箱养鱼项目对水库水质产生同样的影响,并产生累积效应,上游来水水质和水量是决定水库水质的重要因素。

(3) 网箱养鱼分布于 M 水库的多个库湾内,是空间分散的人类活动。时间上重复发生、空间上分散的网箱养鱼活动会产生一定的累积效应。累积影响识别见表 2-4。

表 2-4　　　　　　　　　　　　　　累积影响表

影响因素	环境资源	拟议网箱养鱼项目	其他网箱养鱼	上游地区人类行动	累积影响
水体	水质	*	*	*	**
	底层水质	*	*	*	*
	水生生物	+	+	*	+
社会经济	就业	+	+		+
	相关产业	+	+		+
	交通运输	+	+		+
	居民收入	+	+		+
	税收	+	+		+
	水产品市场	+	+		+
供水	源水水质	*	*	*	**
	水厂运行费	*	*	*	**
健康	市民健康	*	*	*	*
	医疗费用	*	*	*	*

注: * 轻微不利影响; ** 中等不利影响; + 有利影响。

3. 幕景设定

从 A,B 河流流入水质和水库网箱养鱼规模两个方面来设定多种幕景。

A,B 河流流入水质设定为四种水平:①A,B 河流流入水质采用 1991 年实际监测数据作为基线水平,代表水库来水水质在 2015 年前保持不变的情况;②A,B 河流流入水质采用 2000 年预测值,代表 A,B 河流流入水质受到上游地区人类活动所新增污染负荷(2000 年预测情况)影响时的情况;③A,B 河流流入水质采用 2010 年预测值;④A,B 河流流入水质采用 2015 年预测值。

M 水库网箱养鱼规模设定为三种情况:①水库网箱养鱼规模保持现状 2.5 hm²;②拟议网箱养鱼项目(2.177 hm²)实施后,水库网箱养鱼规模为 4.677 hm²;③拟增的网箱养鱼项目都实施后,水库网箱养鱼规模为 5.677 hm²。

将四种 A,B 河流流入水质和三种网箱养鱼规模进行组合,可得到 a,b,c,d 四个系列共 12 种幕景,见表 2-5。

表 2-5　　　　　　　　　　　用于累积影响分析的 12 种幕景

网箱养鱼规模	流入水质			
	a	b	c	d
①	幕景 1a	幕景 1b	幕景 1c	幕景 1d
②	幕景 2a	幕景 2b	幕景 2c	幕景 2d
③	幕景 3a	幕景 3b	幕景 3c	幕景 3d

12 种幕景的含义如下:

(1) 幕景 1a,2a,3a:代表水库来水水质不变,网箱养鱼规模保持现状(2.5 hm²),拟议网箱养鱼项目(2.177 hm²)实施后,拟议网箱养鱼项目(2.177 hm²)和将来可能的其他网箱养鱼项目(1.0 hm²)实施后的水库水质,反映不同规模网箱养鱼项目对 M 水库水质的累积影响。

(2) 幕景 1b,1c,1d:代表水库网箱养鱼规模保持现状,A,B 河流入水质变化时的水库水质情况,反映上游地区将来人类活动对水库水质的影响。

(3) 幕景 2b,2c,2d:代表同时考虑拟议网箱养鱼项目(2.177 hm²)和 M 水库上游地区人类活动情况下的水库水质情况,反映下游地区将来人类活动和拟议网箱养鱼项目对水库水质的累积影响。

(4) 幕景 3b,3c,3d:代表同时考虑拟议网箱养鱼项目(2.177 hm²)、将来可能的其他网箱养鱼项目(1.0 hm²),以及 M 水库上游地区将来人类活动情况下的水库水质情况,反映评价空间范围内人类活动(包括过去、现在和将来的人类活动)对 M 水库水质的全面累积影响。

4. 累积影响评价

将各幕景的流入水质、水量、流出水量、水库春季水质和天气等数据输入 WQRRS(Water Quality for River-Reservoir System)模型进行模拟,得到该幕景一年中各月份的水质情况。采用 M 水库 1991 年水质监测数据对 WQRRS 模型系数进行了标定,并用 1992 年水质监测数据对模型进行了验证,选用了温度、DO,NH_4-N,NO_3-N,NO_2-N 和 PO_4-P 等几种主要水质参数对模型进行标定和验证。标定和验证结果表明,WQRRS 模型及确定的系数能够较好地模拟 M 水库的水质变化情况。由于预测结果数据繁多,在此仅就 11 月份水质预测结果表 2-6 进行分析。由于 M 水库在秋末发生翻库,因此 M 水库 11 月份水质表层、中层和底层水质一致。

表 2-6　　　　　　　　　　　M 水库 11 月份水质预测结果

幕景	DO	NH₄-H	NO₃-N	NO₂-N	PO₄-P
幕景 1a	8.2	0.070	0.972	0.021	0.022
幕景 2a	8.1	0.083	0.928	0.025	0.024
幕景 3a	8.0	0.089	0.910	0.027	0.026
幕景 1b	8.0	0.080	0.929	0.024	0.024
幕景 2b	7.9	0.092	0.890	0.028	0.027
幕景 3b	7.9	0.098	0.871	0.029	0.028
幕景 1c	8.0	0.083	0.926	0.025	0.025
幕景 2c	7.9	0.094	0.887	0.028	0.027
幕景 3c	7.9	0.101	0.867	0.030	0.028
幕景 1d	8.0	0.084	0.926	0.025	0.025
幕景 2d	7.9	0.095	0.887	0.029	0.027
幕景 3d	7.8	0.101	0.868	0.030	0.029

将 11 月份水质预测结果与水质标准比较:

(1) 各种幕景下,DO,NH₄-N,NO₂-N 和 NO₃-N 均符合水质标准。

(2) 幕景 1a,1b,1c,1d,幕景 2a,PO₄-P 符合标准,而幕景 2b,2c,2d 和幕景 3a,3b,3c,3d,PO₄-P 超标,说明单独考虑拟议网箱养鱼项目或上游将来人类活动新增的污染负荷,对 M 水库水质均无重大影响。而考虑其他将来的网箱养鱼项目(幕景 3a)后,或考虑上游地区新增的污染负荷(幕景 2b,2c,2d)后,或综合考虑其他将来的网箱养鱼项目和上游地区新增的污染负荷(幕景 3b,3c,3d)后,累积影响导致水库 PO₄-P 超标,M 水库换水周期较长,P 作为持久性物质,将在水库中随时间累积。由于 M 水库为 P 限制性水体,PO₄-P 的累积将加速水库的富营养化进程,从而使水库水质无法满足城市饮用水水源地的功能要求。因此,尽管拟议网箱养鱼项目本身对 M 水库水质无重大影响,但考虑到累积影响后,拟议网箱养鱼项目对 M 水库水质的影响是重大的。

5. 累积影响消减措施

根据累积影响评价结果,在 M 水库流域范围内采取针对性的累积影响消减措施,主要包括:①提高饲料效率;②回收残饵和鱼类排泄物;③建议网箱养鱼区设于距离水库出水口足够远的库湾内;④建议该网箱养鱼项目分期分批实施,根据前面一期实施后水库水质变化情况,决定后续项目是否实施,不能超出 M 水库对网箱养鱼活动的承载力;⑤建议在网箱中搭配养殖滤食性鱼类或在设箱水域增放一定数量的滤食性鱼类;⑥采取有效措施,减少上游地区农业和生活污染负荷;⑦加快水库上游地区水源保护林建设。

3 城市风险评估

各类风险源的危害特性不一,单一的评估方法不能适用所有的风险源类型,需要结合各类风险源的事故特点以及可以收集到的风险源信息,选择适用的定性、定量风险评估方法,对各类风险源进行风险评估,并结合城市的安全监管模式和现有法规标准,针对各类风险源特点分别制定风险分级标准,确定风险大小。

3.1 城市风险评估内容

城市公共安全风险包罗万象,决定了其评估会面临很多复杂的难题。要有效摆脱困境,就应深化认识,筑牢城市公共安全风险评估的"地基";实行"开放透明"评估,将一元主导的行政化评估转型升级为多元化评估;完善评估体系,提高风险评估的科学性;动态化、精准化追踪风险,切实做到"应评尽评";建立健全评估结果应用机制,避免评估报告"束之高阁"。一些城市对风险评估进行了积极实践并取得了一定经验。

3.1.1 专项风险评估

国内一些城市如上海、天津、广州等早在 20 世纪 90 年代就组织专业团队或第三方机构对城市安全进行专项风险评估(如火灾风险)。近年来主要集中在社区灾害和安全生产两个领域。

(1) 社区灾害风险评估。2009—2011 年,上海市民政局探索建立上海市社区综合风险评估模型,包括社区风险评估模型的开发以及社区风险地图的绘制两部分。社区风险评估模型的开发主要包括社区脆弱性评估、社区致灾因子评估以及社区减灾能力评价三部分。社区风险地图包括危险源、重要区域、脆弱性区域、安全场所以及应对措施五类内容。

(2) 安全生产领域。天津港"8·12"爆炸事故后,2015 年 11 月天津市滨海新区启动城市安全风险评估。2016 年 8 月完成全区城市安全风险评估,形成滨海新区《城市安全风险评估报告》"城市安全风险电子地图"以及多套方案。《城市安全风险评估报告》主要对滨海新区的危险化学品工业风险单元、危险品运输风险单元、人员密集场所风险单元、其他风险单元四大类 35 小类的城市安全风险源进行了定性定量分析,在风险评估的基础上对各类风险源进行了分级,评估了各区域中各类安全风险的安全分布。根据评估结果,制作形成了滨海新区城市安全风险电子地图,将各类、各级别的风险源绘制在一张电子地图上。

2017 年 8 月，天津市安全生产监督管理局发布《天津市城市安全风险评估工作指导意见》，提出到 2017 年年底，全市各区分别完成辖区内城市安全风险辨识和评估分级，建立区级城市安全风险清单和风险数据库，明确落实每一处安全风险的安全管理和监管责任，上报区域城市安全风险评估报告和安全风险"一张图"。在此基础上，到 2018 年，完成全市城市整体性安全风险评估，形成全市城市安全风险评估报告和城市整体性安全风险"一张图"。

广州市安监局历时 1 年时间于 2016 年 6 月完成《广州城市安全风险评估》，这是全国范围内首次针对城市级别安全生产全领域开展的风险评估工作。评估将广州市的城市安全单元分解为工业风险单元、城市人员密集场所单元、城市公共设施单元三类风险单元 34 种风险源进行了风险评估和分级，辨识出各种风险源中的一级特别高风险单元和二级高风险单元，并采用科学的方法评估了广州市城市整体和各区的安全风险水平，明晰了重大事故风险构成，并绘制了广州市城市安全风险地图。

3.1.2 大型公共活动风险评估

风险评估作为一种有效的管理手段，在最近几年我国大型公共活动中得到了广泛运用。

2008 年，北京奥运会首次引入了风险评估，形成了 73 份风险评估报告。北京奥组委依据这些风险评估报告，构成了多层次、全方位的"五个一"（一个根本、一个原则、一个机制、一个保障、一个关键）的奥运风险管理体系。

2010 年，上海世博会的风险评估也卓有成效，评估分为自然灾害、事故灾害、公共卫生、社会安全和新闻管理五大类，每一大类都内含若干小类。专业管理部门根据自身的职责范围，开展专项的风险识别和评估。例如，上海气象局完成了《上海世博会气象灾害风险初始评估报告》《上海世博会恶劣天气风险评估报告》《世博轴阳光谷气象灾害安全评估报告》《上海世博会开幕式恶劣天气风险评估报告》等风险评估报告，为相关部门及时整改提供依据。

2011 年，第 26 届世界大学生夏季运动会在深圳市举办。按照统一部署，各区、各部门和单位针对辖区和工作领域范围内各类风险进行全面排查，分析评估，深圳市气象部门全面开展气象灾害风险评估。大运会主赛区龙岗赛区委员会组织专门的科研学术机构对赛区内各类风险和重大危险源（点）进行了全面调查和深入分析，对可能发生的 30 种风险进行评估，完成了《龙岗赛区突发事件风险评估报告》；医疗卫生指挥部形成《大运会突发公共卫生事件风险评估技术报告》；其他专项指挥部和赛区均开展了风险分析和评估工作，为总指挥部的决策提供了有力支持。

针对大型公共活动风险评估工作，政府相关监督管理部门应制定大型公共活动风险评估指导文件，规范大型活动的安全风险评估行为，通过大型公共活动风险评估，从活动本身风险、活动举办地风险、主办方管控能力和应急能力系统性分析和开展大型公共活动风险管理，制定风险管理措施，将风险概率降到最低。

3.1.3 重大事项风险评估

重大事项的风险评估纳入在社会稳定风险评估范围内，是指与人民群众利益密切相关重大工程建设项目、与社会公共秩序相关的重大活动等重大事项在制定出台、组织实施或审批审核前,对可能影响社会稳定的因素开展系统的调查,科学地预测、分析和评估,制定风险应对策略和预案,从而有效规避、预防、控制重大事项实施过程中可能产生的社会稳定风险,落实防范、化解和处置措施,更好地确保重大事项顺利实施。评估程序为:

(1)确定评估事项,制定评估方案。评估前,由评估责任主体牵头,组织有关部门和单位,成立专门评估小组,根据评估的要求、原则和评估事项的特点,制定评估方案,明确评估具体内容、方法步骤和时限要求,保证工作有效开展。

(2)广泛听取意见。评估工作启动后,采取召开座谈会、重点走访、问卷调查、民意测评、公告公示等多种方法,广泛听取利益各方和广大群众的意见建议。对专业性较强的评估事项,按照有关法律法规的规定,组织相关群众和专家进行听证论证。

(3)分析评判预测风险。在收集掌握各方面情况的基础上,对评估事项可能引发的社会矛盾所涉及的人员、范围和剧烈程度进行稳定风险分析预测和等级评估。分析研判预测风险,应当邀请矛盾化解部门、风险处置部门等部门参与,必要时可以吸收有关利益方参与。对特别重大或专业性强的评估事项,应当组织有关专家参与分析,提高分析预测的准确性、科学性。

(4)做出评估结论。在充分评估论证的基础上,就重大事项、风险分析、评估结论方面,由评估小组形成评估报告,提出评估意见,责任主体部门或单位对评估报告进行审核。

(5)制定风险化解方案。制定风险化解方案,落实工作责任和措施,对存在的矛盾隐患进行有效化解,同时,要针对实施过程中可能出现的风险,制定处置预案,做好应对准备。

(6)跟踪督查督办。有关责任部门、单位要全程跟踪掌握重大事项风险化解和预案落实情况,对评估事项在实施过程中出现的新矛盾、新问题,主管责任部门要及时研究并完善应对措施,确保将各类隐患消除在萌芽状态和初始阶段。

重大事项的主管部门可以委托符合条件的第三方评估机构进行风险预测评估和咨询服务。第三方机构出具的评估意见(评估报告)作为做出评估结论的参考。

3.1.4 城市公共安全风险评估

城市公共安全风险评估是人们对可能遇到的各种风险进行识别和评价,并在此基础上综合利用法律、行政、经济、技术、教育与工程手段,通过全过程的灾害管理,提升政府和社会安全管理、应急管理和防灾减灾的能力,有效地预防、回应、减轻各种风险,从而保障公共利益以及人民的生命、财产安全,实现社会的正常运转和可持续发展。城市公共安全风险评估对象一般包括自然灾害、事故灾害、公共卫生和社会安全类风险因素,当进行城市公共安全风险评估分析时,主要考虑城市脆弱性和抗灾能力两个方面,构建双维度评估指标体系。

2012年10月,深圳启动全市公共安全评估工作,成为我国最早开展城市公共安全评估的城市。深圳市应急办组织四家专业机构,对全市自然灾害、公共卫生、事故灾害、社会安全等公共安全领域进行评估,于2013年4月完成了各类别评估报告、《城市公共安全白皮书》的编制工作。对识别出的每一项风险,综合分析风险发生的可能性和后果严重性,对照风险矩阵图,评定风险等级,确定风险大小。风险发生的可能性,由低到高分为低等级、中等级、高等级、极高等级四级。评估结果是共识别公共安全风险源 138 项,其中,中、低等级风险 87 项,高等级风险 46 项,极高等级风险 5 项,全市公共安全总体风险为中等偏高水平,在洪涝灾害、地质灾害、火灾事故、交通事故、生产安全事故、群体性事件等方面,面临较高风险。

2017 年,深圳市安全管理委员会牵头开展了城市安全风险评估,重点聚焦城市工业危险源、人员密集场所、公共设施和其他需要关注的城市危险源,以各区政府为主体进行危险源辨识、评估、分级,落实风险管控措施,形成 10 个区域安全风险评估报告及风险分布电子地图。

3.1.5 案例介绍

1. 中德灾害风险管理合作项目试点风险评估

国家行政学院和有关地方政府通过项目试点,引入了德国等发达国家在风险评估工作中的先进做法,并且将国外经验本土化,从风险评估参数体系、各参数临界值设定、风险发生可能性判定到风险矩阵图标绘,形成了一整套适应试点地的风险评估体系。公共风险治理与预案优化子项目于 2010 年 12 月在重庆市九龙坡区启动,九龙坡区对辖区内自然灾害类、事故灾害的风险点、危险源进行全面排查、识别和登记。另一个子项目于 2011 年 10 月在深圳市宝安区启动,形成了宝安区的风险评估模型。该模型将整个风险管理流程有机串联起来,而且在风险损害计量中充分考虑各类影响,创新提出风险值和风险图谱概念。

自 2010 年 11 月份试点工作全面启动以来,九龙坡区已圆满完成项目准备、风险识别、隐患排查、风险分析、风险评估等阶段工作任务,并形成了较为完整的应急预案体系。两年来,九龙坡区共开展了两次全面的灾害风险源隐患排查,共排查出灾害风险隐患点 166 处,同步完成风险评估后,编印了《九龙坡区灾害风险隐患排查资料汇编》2 卷;根据突发事件风险评估规范,重点完成了九龙坡区地质滑坡、水库溃坝、危化品爆炸等 11 处典型隐患点、33 个场景描述,形成了《重庆市九龙坡区灾害风险管理合作项目风险分析案例》1 卷。在此基础上,九龙坡区相关部门还建立了区域隐患风险反馈机制,每年对风险评估反映出的典型隐患点予以积极整治,防患于未然。

在中德项目试点工作有序推进的同时,九龙坡区应急应战指挥平台和突发事件预警信息发布平台也基本完成,国家行政学院已正式批复九龙坡区开展国家区域应急管理 GIS 一张图试点建设。目前,九龙坡区国家区域应急管理 GIS 一张图系统骨架已基本形成,中德项目成果经验已全部纳入,区域基础地理、企业危险源、商业企业、医疗机构、保障队伍等基础数据采集已全面展开,突发事件预警信息发布平台相关功能已实现全面整合。

2. 中新天津生态城区域风险分级管控体系建设

中新天津生态城占地面积 150.58 km²,是中国和新加坡两国政府的战略性合作项目,目前初步形成了文化创意、互联网、高科技及金融服务四个特色产业体系。随着中新天津生态城建设进程的快速推进,楼宇建设批量化、人口密集化、产业发展园区化和地下管网复杂化,给经济社会发展注入了活力,但是相应的安全风险也日趋增大,安全生产面临新情况、新特点,城市安全风险由传统行业领域向城市交通、建设、消防和运行维护等行业领域及特殊地区(社区、园区)转移。实现中新天津生态城运行安全和生产安全,任务艰巨。

2017年8月起,中新天津生态城积极推进区域风险分级管控体系建设,开展风险辨识、风险评估和分级、风险控制、风险预警、风险应急处置、监督检查等工作,在城市安全风险动态监控方面取得重大进展。

按照研究先行、信息化跟进和安监局全程参与的模式,中新天津生态城有序推进城市安全风险评估工作。中新天津生态城安监局与国家安全监管总局研究中心组织的专家队伍,对生态城特点进行研究,确认安全风险较大的行业领域、区域和关键环节,合理划分评估单元,明确评估方法,编写安全风险评估报告,绘制城市、行业领域和企业三级安全风险四色空间分布图。

中新天津生态城安监局将安全风险评估单元划分为危险化学品和工矿、建筑施工、商业办公楼宇、学校、酒店旅游设施、居住小区、公共设施、危化品运输等八个板块,并对各板块的所有企业或场所进行风险辨识与评估。城市安全风险评估项目组选择不同行业领域的40多个典型评估点进行实地考察,辨识安全风险,查找安全隐患,实施风险管控措施。

同时,中新天津生态城安监局委托专业软件公司将安全风险评估成果进行信息化处理,实现了城市安全风险的信息化和可视化,构建了城市安全风险动态监控平台,确保安监部门、相关行业部门和企业能够实时了解安全风险现状与变化情况。

现有城市安全风险评估方法包括直接判定法、定量分析法和半定量分析法等。直接判定法随意性较强,部分定量分析法采用了复杂的模型,非专业机构难以掌握。

针对目前我国城市安全风险评估中存在的数据上报困难、评估方法不规范和风险评估周期长等问题,中新天津生态城安全风险评估工作组积极探索,按照企业、行业领域和生态城整体三个层次展开安全风险评估,创建了基于行业领域和事故风险的安全风险评估模式,实现了真正意义上的动态评估。

中新天津生态城安全风险评估工作组通过确认评估单元的事故风险清单,根据各种事故风险进行叠加获得评估单元的整体风险。

评估单元的安全风险由基准风险和可变风险组成,基准风险根据5年以上的行业领域事故资料或安全专家的建议确定。可变风险主要由安全管理水平、危险源或危险作业数量与规模、关键设备设施的安全等级和受影响人员数量等因素确定。

中新天津生态城安全风险评估工作组将影响因素转化为数值不等的调节系数,通过调节系数与基准风险相乘获得动态风险值,将各事故风险值相加获得评估单元的整体动态风险值。在单元安全风险评估的基础上,采用算术平均法,获得行业安全风险值。最后,根据各行业领域对中新天津生态城安全生产的影响程度,确定行业领域权重,通过加权平均法获得整体风险值。目前,中新天津生态城八个板块的安全风险评估工作已经完成。

3.2　城市风险等级标准

风险等级的划分有助于更好地对风险进行评估。本节结合国内外相关风险管理标准规范,介绍风险等级的划分和等级的确定标准。

1. 风险等级划分

自 20 世纪 90 年代始,一些发达国家和组织陆续制定了各自的风险管理标准,如澳大利亚/新西兰在 1995 年颁布了全球第一部国家级风险管理标准《风险管理标准》(AS/NZS4360:1995);2004 年澳大利亚/新西兰对 1995 年的《风险管理标准》进行了修订。这些标准和规范对风险影响程度、风险可能性的等级划分标准、风险等级的确定方法与划分标准,以及风险的接受准则都做出了相应规定。在建设风险管理领域,国际隧道协会(International Tunnelling Association, ITA)发布了《隧道风险管理指南》。国外风险管理标准的具体内容可见表 3-1。

表 3-1　　　　　　　　　　国外风险等级划分标准与接受准则汇总表

时间	发布者	标准名称	编　号	标准内容
2000 年	英国	项目管理第三部分:与项目风险相关的经营管理指南	BS 6079-3:2 000. Project management guide to the management of business related project risk	风险等级划分为低、中、高三个等级
2002 年	国际隧道协会(ITA)	隧道风险管理指南	Guidelines for tunnelling risk management: international tunnelling association, working group NO. 2	风险等级划分为不可接受、不愿接受、可接受、可忽略四个等级
2004 年	澳大利亚/新西兰	风险管理标准(修订)	AS/NZS4360:2004	风险等级划分为非常高、高、中、低四个等级
2004 年	澳大利亚	职业健康安全风险管理手册	HB 205—2004	风险等级划分为非常高、高、中、低四个等级

我国于 2012 年 1 月 1 日发布实施了首部国家风险标准《城市轨道交通地下工程建设风险管理规范》(GB 50652—2011),该规范参照了国际风险管理标准流程,包括风险界定、风险辨识、风险估计、风险评价和风险控制等过程。2014 年 6 月,国家颁布实施了《大中型水电工程建设风险管理规范》(GB/T 50927—2013)。这两大规范对国内风险事故的损失、可能性,风险等级的划分方法与标准,风险的接受准则都做出了相应的规定。具体内容可见表 3-2。

国务院安委会办公室发布了《关于实施遏制重特大事故工作指南构建双重预防机制的意见》(以下简称《意见》),《意见》指出:企业要对辨识出的安全风险进行分类梳理,参照《企业职工伤亡事故分类》,综合考虑起因物、引起事故的诱导性原因、致害物、伤害方式等,确定安全风险类别;对不同类别的安全风险,采用相应的风险评估方法,确定安全风险等级。安全风险评估过

表 3-2 国内风险等级划分标准与接受准则汇总表

时间	标准名称	标准内容
2012 年 1 月	《城市轨道交通地下工程建设风险管理规范》(GB 50652—2011)	风险等级划分为Ⅰ—Ⅳ四级,其中Ⅰ级最大,Ⅳ级最小
2013 年 4 月	《建筑工程施工质量安全风险管理规范》(DB31/T 688—2013)	风险等级划分为 5 个等级:5 级风险(最高),4 级风险(较高),3 级风险(一般),2 级风险(较低),1 级风险(最低)
2014 年 6 月	《大中型水电工程建设风险管理规范》(GB/T 50927—2013)	风险等级划分为Ⅰ—Ⅳ四级,其中Ⅰ级最大,Ⅳ级最小

程要突出遏制重特大事故,高度关注暴露人群,聚焦重大危险源、劳动密集型场所、高危作业工序和受影响的人群规模。安全风险等级从高到低划分为重大风险、较大风险、一般风险和低风险,分别用红、橙、黄、蓝四种颜色标示。其中,重大安全风险应填写清单、汇总造册,按照职责范围报告属地负有安全生产监督管理职责的部门。要依据安全风险类别和等级建立企业安全风险数据库,绘制企业"红橙黄蓝"四色安全风险空间分布图。

2. 风险等级划分的应用

根据国际隧道协会(ITA)定义,风险是对人身安全、财产、环境有潜在损害和对工程有潜在经济损失或延期的不利事件发生的频率和影响结果的综合。根据这一定义,可将风险表达为

$$R = f(P, C) \tag{3-1}$$

式中　　P——风险事件发生的可能性(概率);

　　　　C——风险事件发生对工程项目的影响结果,可用人员伤亡、费用损失、工期延误、环境影响等来表示。

风险事件的风险等级由风险发生概率等级和风险事件发生后的损失等级的关系矩阵确定。

以《城市轨道交通地下工程建设风险管理规范》(GB 50652—2011)为例,介绍工程建设风险等级标准的划分。

1)风险概率等级

风险事件发生的概率可分为五级,具体描述及等级如表 3-3 所示。

表 3-3 风险事件发生可能性等级标准

等级	1	2	3	4	5
可能性	频繁的	可能的	偶尔	罕见的	不可能的
概率或频率值	>0.1	0.01~0.1	0.001~0.01	0.000 1~0.001	<0.000 1

2)风险损失等级

风险损失等级标准按损失的严重程度划分为五级,如表 3-4 所示。

表 3-4 风险损失等级标准

等级	A	B	C	D	E
严重程度	灾难性的	非常严重的	严重的	需考虑的	可忽略的

风险损失包括工程建设人员和第三方伤亡、环境影响、工程本身和第三方经济损失、工期延误、社会影响等,其等级划分标准如表 3-5—表 3-9 所示。

表 3-5 工程建设人员和第三方伤亡等级标准

等级	A	B	C	D	E
建设人员	死亡(含失踪)10人以上	死亡(含失踪)3~9人,或重伤10人以上	死亡(含失踪)1~2人,或重伤2~9人	重伤1人或轻伤2~10人	轻伤1人
第三方	死亡(含失踪)1人以上	重伤2~9人	重伤1人	轻伤2~10人	轻伤1人

表 3-6 环境影响等级标准

等级	A	B	C	D	E
影响范围及程度	涉及范围非常大,周边生态环境发生严重污染或破坏	涉及范围很大,周边生态环境发生较重污染或破坏	涉及范围大,区域内生态环境发生污染或破坏	涉及范围较小,邻近区生态环境发生轻度污染或破坏	涉及范围很小,施工区生态环境发生少量污染或破坏

表 3-7 工程本身和第三方直接经济损失等级标准

等级	A	B	C	D	E
工程本身	1 000万元以上	500万~1 000万元	100万~500万元	50万~100万元	50万元以下
第三方	200万元以上	100万~200万元	50万~100万元	10万~50万元	10万元以下

表 3-8 工期延误等级标准

等级	A	B	C	D	E
长期工程	延误大于9个月	延误6~9个月	延误3~9个月	延误1~3个月	延误少于1个月
短期工程	延误大于90 d	延误60~90 d	延误30~60 d	延误10~30 d	延误少于10 d

表 3-9 社会影响等级标准

等级	A	B	C	D	E
影响程度	恶劣的,或需紧急转移安置1 000人以上	严重的,或需紧急转移500~1 000人	较严重的,或需紧急转移安置100~500人	需考虑的,或需紧急转移安置50~100人	可忽略的,或需紧急转移安置小于50人

3)风险等级划分

根据风险发生概率等级和风险损失等级,工程建设风险等级标准划分为Ⅰ、Ⅱ、Ⅲ、Ⅳ四个等级,如表 3-10 所示。

表 3-10   风险等级矩阵表

可能性等级 \ 损失等级		A	B	C	D	E
		灾难性的	非常严重的	严重的	需考虑的	可忽略的
1	频繁的	Ⅰ级	Ⅰ级	Ⅰ级	Ⅱ级	Ⅲ级
2	可能的	Ⅰ级	Ⅰ级	Ⅱ级	Ⅲ级	Ⅲ级
3	偶尔的	Ⅰ级	Ⅱ级	Ⅲ级	Ⅲ级	Ⅳ级
4	罕见的	Ⅱ级	Ⅲ级	Ⅲ级	Ⅳ级	Ⅳ级
5	不可能的	Ⅲ级	Ⅲ级	Ⅳ级	Ⅳ级	Ⅳ级

3.3 城市风险评估的方法

　　城市风险评估包含多种方法,常用的有主观评分法、等风险图法、层次分析法、PERT 法、决策树法、蒙特卡罗模拟法等,本节具体介绍层次分析法、模糊综合评价法、专家评审法、贝叶斯网络评估法和人工神经网络法等。

3.3.1　层次分析法

1. 基本概念

　　层次分析法(Analytical Hierarchy Process, AHP),又称 AHP 法,是一种定性和定量相结合的、系统化的、层次化的分析方法。它是将半定性、半定量问题转化为定量问题的一种行之有效的方法,可以使人们的思维过程层次化。通过逐层比较多种关联因素来为分析、决策、预测或控制事物的发展提供定量依据,特别适用于那些难于完全用定量进行分析的复杂问题,为解决这类问题提供一种简便实用的方法;通过将复杂问题划分为若干个组成因素,并按支配关系将组成因素构建成有序的递阶层次结构,根据定性问题定量化的思维对同一层次因素之间两两比较,形成决策矩阵确定各因素的相对重要性,再对决策矩阵进行综合比较判断,从而得出各因素的相对重要性。因此,层次分析法在市政、建筑、资源分配、排序、政策分析、军事管理、冲突求解及决策预报等领域都有广泛的应用。

2. 使用步骤

　　运用层次分析法,一般有以下四个步骤:

　　(1)首先,分析系统中各因素之间的关系,建立系统的递阶层次结构。一般层次结构分为三层:第一层为目标层,通常只有一个元素,位于结构顶层;第二层为准则层,位于目标层下,用于解释目标或者目标的构成元素;第三层为方案层,也称措施层,是实现目标所采用的各种方案、措施或者决策项,位于结构最底层。结构示意如图 3-1 所示。

　　(2)构造两两比较矩阵(判断矩阵)。运用层次分析法进行研究时,最重要的是获得各元素

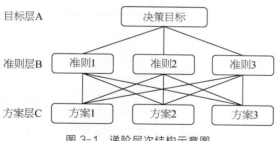

图 3-1 递阶层次结构示意图

的权重,通过两两比较矩阵计算得来,对于同一层次的各因素关于上一层中某一准则(目标)的重要性进行两两比较,构造出两两比较的判断矩阵;然后,由比较矩阵计算被比较因素对每一准则的相对权重按表 3-11 对本层因素进行两两比较打分,得到判断矩阵。

$$\boldsymbol{A} = (a_{ij})_{m \times n} = \begin{bmatrix} a_{11} & a_{12} & \cdots & a_{1n} \\ a_{21} & a_{22} & \cdots & a_{2n} \\ \vdots & \vdots & \vdots & \vdots \\ a_{m1} & a_{m2} & \cdots & a_{mn} \end{bmatrix}, \text{要满足 } a_{ij} = \frac{1}{a_{ji}}$$

表 3-11   相对权重打分标度法表

标度	含义
1	因素 i 与 j 比较,具有同等重要程度
3	因素 i 与 j 比较,i 比 j 稍微重要
5	因素 i 与 j 比较,i 比 j 明显重要
7	因素 i 与 j 比较,i 比 j 强烈重要
9	因素 i 与 j 比较,i 比 j 极端重要
2,4,6,8	取上述两相邻判断的中值
以上数值的倒数	因素 i 与 j 比较值为 a_{ij},则因素 j 与 i 比较值为 a_{ji},$a_{ji} = \dfrac{1}{a_{ij}}$

(3)计算方案层对目标层的组合权重和组合一致性检验。由于风险因素的复杂性,各位专家判断风险因素的标准不同,判断过程中存在主观和客观的差异性,很难一次性构造出满足一致性要求的矩阵,因此需要对不满足要求的矩阵进行修改、调整,最终达到一致性的要求。一致性指标 $CI = \dfrac{\lambda_{\max} - n}{n - 1}$,$\lambda_{\max}$ 为矩阵 $\boldsymbol{A}$ 的最大特征值;一致性比率 $CR = \dfrac{CI}{RI}$,若 $CR < 0.1$,则判断矩阵一致性检验通过,否则需要继续调整判断矩阵的值,直到通过一致性检验为止。

(4)最后进行层次总排序,依次沿递阶层次结构由高层到底层逐层对单排序权值合成计算,计算同一层次中所有因素相对于总目标的相对重要性排序权值。

例如,利用层次分析法构建高层建筑火灾危险性评价指标体系,如表 3-12 所示。

表 3-12   高层建筑火灾危险性评价指标体系

目标层	准则层	权重	方案层	权重
高层建筑火灾危险性评价指标体系	高层建筑主动防火能力 U_1	0.306	灭火系统 U_{11}	0.352 2
			火灾自动报警及消防联动系统 U_{12}	0.215 9
			消防电梯 U_{13}	0.284 1
			防排烟防火系统 U_{14}	0.147 8
	高层建筑被动防火能力 U_2	0.222	建筑的总平面布局 U_{21}	0.2130
			建筑材料及构件的防火性能 U_{22}	0.453 7
			防火分隔 U_{23}	0.333 3
	安全疏散能力 U_3	0.289	安全疏散路线设计合理性 U_{31}	0.243 7
			疏散和引导设施完备性 U_{32}	0.287 4
			疏散应急预案可靠性 U_{33}	0.411 6
	安全管理能力 U_4	0.183	规章制度的建立与执行 U_{41}	0.287 4
			安全检查 U_{42}	0.312 6
			安全教育 U_{43}	0.156 3
			应急救援 U_{44}	0.243 7

3.3.2 模糊综合评价法

在工程项目风险评价中,有些现象或者活动界限是模糊的,有的则是清晰的。对于这些具有不确定性和模糊性的事件,采用模糊合集来描述,应用模糊数学进行风险评价。

1. 基本概念

模糊综合评价法是将模糊数学方法与实践经验结合起来对多指标的性状进行全面评估。在风险评估实践中,有许多事件的风险程度是不可能精确描述的。如风险水平高,技术先进,资金充足,"高""先进""充足"等均属于边界不清晰的概念,即为模糊概念。诸如此类的概念与事件,既难以有物质上的确切含义,也难以用数据准确地表达出来,这类事件就属于模糊事件。模糊综合评价法就是从多目标决策中划分出来的一种数学方法,它将一些边界不清、不易定量的因素定量化,采用模糊关系合成的原理,从多个因素对评判事物隶属度等级状况进行综合评判的一种方法。当影响事物因素较多又有很强的不确定性和模糊性时,采用此方法进行量化分析具有明显的优越性。

模糊综合评价的过程如下:

(1) 确定评价对象的因素集。因素集 U 划分为 $U=\{U_1, U_2, \cdots, U_n\}$,称为第一级因素集;$U_i = \{u_1, u_2, \cdots, u_k\}(i=1, 2, \cdots, k)$,$\sum_{i=1}^{n} U_i = U$ 称为第二级因素,k 表示各指标层因素的数量。

(2) 确定评价集。评价集表示为 $V=\{V_1, V_2, \cdots, V_m\}$,每一个等级可对应一个模糊子集,评价集包括评价人对评价对象做出的评价结果。不论评价的层次有多少,评价集只有一个,m 通常大于 4 不超过 9,常取奇数。

(3) 建立单因素评价矩阵 $\boldsymbol{R}$,$R_j = (r_{j1}, r_{j2}, \cdots, r_{jm})$,$j=1, 2, \cdots, k$。

(4) 确定评价指标权重向量。进行综合评价时,需要给出各因素的权重,权重代表各因素的重要程度,确定单因素的权重向量 $A_i = (a_{i1}, a_{i2}, \cdots, a_{in_i})$,$\sum_{k=1}^{n_i} a_{ik} = 1$ 且 $a_{ik} \geqslant 0$。

（5）选择合成算子。合成算子表明在获得评价结果时所采用的耦合方式,主要有 4 种算子: $M(\wedge, \vee)$ 算子,$\wedge$ 表示取小,$\vee$ 表示取大;$M(\cdot, \vee)$ 算子,$\cdot$ 表示相乘;$M(\wedge, \oplus)$ 算子,$\oplus$ 表示相加;$M(\cdot, \oplus)$ 算子。

（6）合成模糊综合评价结果。将权向量矩阵 $\boldsymbol{A}$ 与模糊关系矩阵 $\boldsymbol{R}$ 合成得到模糊综合评价结果向量 $\boldsymbol{B}$,即 $\boldsymbol{B} = (b_1, b_2, \cdots, b_m) = (a_1, a_2, \cdots, a_k) \begin{bmatrix} r_{11} & r_{12} & \cdots & r_{1m} \\ r_{21} & r_{22} & \cdots & r_{2m} \\ \vdots & \vdots & & \vdots \\ r_{k1} & r_{k2} & \cdots & r_{km} \end{bmatrix} = \boldsymbol{A} \cdot \boldsymbol{R}$。

（7）由于模糊综合评价集 B 是评价集 V 上的模糊子集,采用最大隶属度法,即取 V 中与 $\text{Max}(b_j)$ 最为接近的元素 v 作为评价结果。

2. 应用案例

以某公路工程风险评价为例。公路工程风险大致可分为交通安全风险、工程技术风险、职业健康及安全风险三大类。

1）确定评价集并确定隶属度评价集

确定评价集并确定隶属度评价集 $V = (V_1, V_2, V_3, V_4, V_5) = \{$高风险,较高风险,一般风险,较低风险,低风险$\} = (9, 7, 5, 3, 1)$,指标等级介于两级之间的,相应值取 $8, 6, 4, 2$。

2）确定评价因素集

因素集 $U = (U_1, U_2, U_3) = \{$工程技术风险,交通安全风险,职业健康及安全风险$\}$。子因素集 $U_1 = (U_{11}, U_{12}, U_{13}, U_{14}) = \{$桥梁工程风险,地道工程风险,道路工程风险,地下工程风险$\}$;$U_2 = (U_{21}, U_{22}, U_{23}) = \{$盖梁施工风险,箱梁施工风险,车辆混行风险$\}$;$U_3 = (U_{31}, U_{32}) = \{$施工安全风险,职业健康风险$\}$。

3）建立模糊关系矩阵

通过专家调查的形式,对评价指标体进行评价,对调查结果进行整理统计,得到单因素模糊判断矩阵,用 $\boldsymbol{R}$ 表示,R_1,R_2,R_3 分别对应因素集 U_1,U_2,U_3 的模糊评价矩阵。

$$\boldsymbol{R}_1 = \begin{bmatrix} 0.100 & 0.260 & 0.367 & 0.200 & 0.067 \\ 0.067 & 0.067 & 0.367 & 0.400 & 0.100 \\ 0.167 & 0.433 & 0.267 & 0.100 & 0.033 \\ 0.067 & 0.200 & 0.500 & 0.167 & 0.067 \end{bmatrix}$$

$$\boldsymbol{R}_2 = \begin{bmatrix} 0.067 & 0.300 & 0.333 & 0.233 & 0.067 \\ 0.033 & 0.100 & 0.333 & 0.400 & 0.133 \\ 0.100 & 0.500 & 0.233 & 0.133 & 0.033 \end{bmatrix}$$

$$\boldsymbol{R}_3 = \begin{bmatrix} 0.033 & 0.333 & 0.433 & 0.133 & 0.067 \\ 0.033 & 0.100 & 0.433 & 0.367 & 0.067 \end{bmatrix}$$

4）确定各级指标权重

运用层次分析法确定因素层相对于目标层权重,可得出总权重 $\boldsymbol{A} = (0.237, 0.335, 0.428)$。同理,可以得到子因素层指标权重分别为

交通安全风险 $A_1 = (0.263, 0.171, 0.358, 0.208)$;

工程技术风险 $A_2 = (0.331, 0.243, 0.426)$;

职业健康及安全风险 $A_3 = (0.410, 0.590)$。

5）模糊层次综合评价结果

根据模糊层次分析模型,先进行低层次的综合评价,得到低层次的模糊矩阵,$B_i = A_i \cdot R_i$, $B_1 = A_1 \cdot R_1 = (0.111, 0.276, 0.359, 0.192, 0.060)$, $B_2 = A_2 \cdot R_2 = (0.073, 0.337, 0.191, 0.231, 0.069)$, $B_3 = A_3 \cdot \dot{R}_3 = (0.033, 0.196, 0.433, 0.271, 0.067)$。

由综合评价模型可得到该项目风险目标层对评价集 $\boldsymbol{V}$ 的隶属矩阵为

$$\boldsymbol{R} = \begin{bmatrix} 0.111 & 0.276 & 0.359 & 0.192 & 0.060 \\ 0.073 & 0.337 & 0.191 & 0.231 & 0.069 \\ 0.033 & 0.196 & 0.433 & 0.271 & 0.067 \end{bmatrix}$$

则得到该项目风险因素层指标对评价集 $\boldsymbol{V}$ 的隶属向量,再进行高层次综合评价,得 $\boldsymbol{B} = \boldsymbol{A} \cdot \boldsymbol{R} = (0.033, 0.196, 0.433, 0.271, 0.067)$。

6）评价结果

由模糊综合评价结果得到目标层评价指标 U 对于评语集 V 的隶属向量 $\boldsymbol{B} = \{B_1, B_2, \cdots, B_n\}$,可以计算:$\boldsymbol{W} = \boldsymbol{B} \cdot \boldsymbol{V}^{\mathrm{T}} = (0.065, 0.262, 0.334, 0.239, 0.066) \cdot (9, 7, 5, 3, 1)^{\mathrm{T}} = 4.872$。

由最终计算结果可知,此高速公路工程项目的总体风险值介于3~5,说明该项目风险程度为较低风险。同时,通过计算也可以得到各风险因素权重的大小,通过对权重大小进行排序,管理人员即可以判断风险的级别,然后针对高级别的风险制定应对的减免策略,对低级别的风险则加以忽略,从而实现对整个项目风险的控制。

3.3.3 专家评审法

1. 基本概念

专家评审法是一种定性描述定量化的方法,它首先根据评价对象的具体要求选定若干个评价项目,再根据评价项目制定出评价标准,聘请若干代表性专家凭借自己的经验按此评价标准给出各项目的评价分值,然后对其进行结集。专家评审法的特点如下:简便,根据具体评价对象,确定恰当的评价项目,并制定评价等级和标准;直观性强,每个等级标准用打分的形式体现;计算方法简单,且选择余地比较大;将能够进行定量计算的评价项目和无法进行计算的评价项目都加以考虑。

2. 应用案例

市政地铁工程方面的专家通过对该市政地铁工程项目、工程承包商本身的特点和竞争对手

的分析,可知影响承包商对某个市政铁路进行投标的因素有很多,这些因素即构成了影响投标决策的评价指标,主要可以归纳为以下 5 项指标:

(1) 管理的条件:指能否抽出足够的、相应水平的管理工程的人员(包括工地项目经理和组织施工的工程师等)参加该工程项目。

(2) 工人的条件:指工人的技术水平和工人的工种、人数能否满足该项目的要求。

(3) 设计人员条件:视工程项目对设计及出图的要求而定。

(4) 机械设备条件:指该工程项目需要的施工机械设备的品种、数量能否满足要求。

(5) 工程项目条件:对该工程项目有关情况的熟悉程度,包含对工程项目本身、业主和监理情况、当地市场情况、工期要求、交工条件等。

运用专家评审法进行决策的决策步骤如下:

(1) 确定权数。市政公路工程方面的专家根据各指标对各个承包商完成该招标项目的相对重要性,分别确定其权数,且权数之和为 1。

(2) 划分等级。专家将每个指标划分多个等级,并为各等级赋予定量数值,用于判断本承包商的各指标在本次投标活动中所占等级。如可划分为最好、好、较好、一般、较差、差、最差 7 个等级,可按 1、0.8、0.6、0.5、0.4、0.3、0.1 打分。

每一个等级对应一个分值。这样,每一个权数刚好对应一个等级的分值。当然,也可以划分为 2 个等级(好、差)、3 个等级(好、一般、差)……9 个等级(最好、更好、好、较好、一般、较差、差、更差、最差)等。

(3) 计算投标机会总分。将每项指标权数与对应的等级分别相乘,求出该指标得分。各项指标得分之和即为此工程项目投标机会总分。

(4) 决策。将机会总分与该施工单位过去其他投标情况进行比较和承包单位事先确定的准备接受的最低分相比较,如果大于最低分值,则可以参加投标,否则不参加投标。

表 3-13 中给出一个承包商在对该市政公路工程时,进行的投标决策的分析过程,承包商的期望得分值为不低于 60%。

表 3-13 专家打分结果

序号	投标考虑的指标	权数	等级							得分
			最好	好	较好	一般	较差	差	最差	
1	管理的条件	0.20	—							0.15
2	工人的条件	0.20			—					0.16
3	设计人员的条件	0.15	—							0.05
4	机械设备的条件	0.20						—		0.13
5	工程项目的条件	0.25			—					0.15
	合计	1								0.64

通过表 3-13 的计算得出,此次投标的机会分值为 64%,大于预期的机会分值 60%,所以可以进行该市政施工项目投标活动。

3.3.4　贝叶斯网络评估法

1. 贝叶斯网络法概述

贝叶斯网络(Bayesian Network, BN),又称信度网络(Belief Networks),是基于概率推理的图形化网络,能直观地表示一个因果关系,可将复杂的变量关系表示为一个网络结构,通过网络模型反映问题领域中变量的依赖关系,是目前不确定知识表达和推理领域最有效的理论模型之一。贝叶斯网络是一种表示变量间概率分布及关系的有向无环图(Directed Acyclic Graph, DAG)模型。在此网络中,每个节点代表随机变量,节点间的有向边(由父节点指向其后代子节点)代表了节点间的依赖关系,每个节点都对应一个条件概率表(Conditional Probability Table, CPT),表示该变量与父节点之间的关系强度,没有父节点的用先验概率进行信息表达。贝叶斯网络的推理实质上是通过联合概率分布公式,在给定的结构和已知证据下,计算某一事件发生的后验概率 $P(X|E)$。由于贝叶斯网络已经有很成熟的算法,用于计算节点的联合概率分布和在各种证据下的条件概率分布,因而在构建了系统的贝叶斯网络后,就可以很方便地进行概率安全评估。

贝叶斯网络是一种以贝叶斯理论为基础,可以将相应领域的专家经验知识和有关数据相结合的有效工具。贝叶斯网络具备很强的描述能力,既能用于推理,还能用于诊断,非常适合于安全性评估。基于贝叶斯网络的风险评估方法能够有效地将专家经验、历史数据以及各种不完整、不确定性信息综合起来,提高建模效率和可信度,节省安全性信息获取的成本。

以基于贝叶斯网络方法构建建筑施工安全风险概率评估模型为例,主要的步骤如下:

1)构建施工安全风险贝叶斯网络结构

贝叶斯网络节点分为风险事件、风险状态、风险因素三层,以大型建筑物"幕墙损坏"为例,贝叶斯网络的各个节点分为风险事件节点和三层的风险因素节点。风险事件为"幕墙损坏",第一层风险因素为风险事件的直接原因,如"胶合材料破坏""玻璃自爆"和"固定连接件破坏";第二层风险因素为造成第一层风险因素的原因,如强度降低、变形过大和老化失效等;第三层风险因素为造成第二层风险因素的原因,如持续高温、火灾和温差过大等。

2)构建安全风险贝叶斯网络条件概率表(CPT)

贝叶斯网络的节点分为两类:一类是与其父节点之间存在逻辑"与"或者逻辑"或"的关系,当其父节点发生或不发生时,该节点发生的可能性为 0% 或 100%,即发生或者不发生,称为 M 类节点,M 类节点的 CPT 可以直接通过逻辑分析得到;另一类是其父节点的综合作用导致该节点的发生,当其父节点发生或不发生时,该节点发生的可能性的区间为 [0%,100%],称为 N 类节点,N 类节点的 CPT 需要通过数据训练或者根据专家经验给出。

对 M 类节点,节点之间的关系分为逻辑"与"和逻辑"或"两种关系。在 A、B 与 C 之间为逻

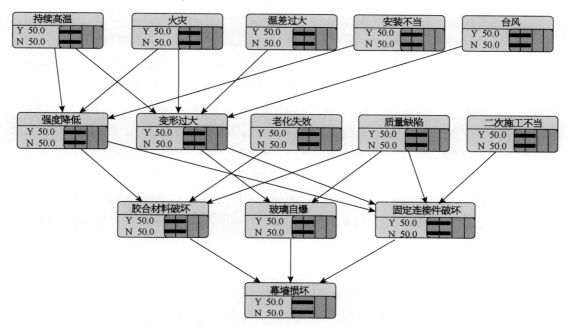

图 3-2　大型建筑物"幕墙损坏"风险事件贝叶斯网络模型

辑"与"关系中,只有当 A、B 都发生时,C 才能发生;在 A、B 与 C 之间为逻辑"或"关系中,只要 A、B 中有一个发生,C 就会发生(图 3-3、图 3-4)。

图 3-3　贝叶斯网络结构　　　　图 3-4　逻辑"与"和逻辑"或"

对 N 类节点,主要采用专家问卷调研的方式获得 N 类节点的条件概率表,参考联合国政府间气候变化专门委员会(Intergovernmental Panel on Climate Change, IPCC)提出的概率表述,以七档分级的风险发生概率语言变量及相对应的概率数值,详见表 3-14。

表 3-14　　　　　　　　　　　　IPCC 的概率定性描述

概率范围	表述语句	概率范围	表述语句
<1%	不可能	66%～90%	较大可能
1%～10%	很小可能	90%～99%	很大可能
10%～33%	较小可能	>99%	肯定发生
33%～66%	中等可能		

3）评估建筑安全风险因素的发生概率

构建完成风险贝叶斯网络以及子节点的 CPT 之后，需要对风险贝叶斯网络中没有父节点的风险因素层的发生概率进行评估。采用问卷调研的方式确定风险因素的概率值，步骤如下：

（1）设计调查问卷，向专家咨询各类安全风险贝叶斯网络中风险因素的概率水平，概率的提问形式与 IPCC 表一致，对专家的风险概率水平进行平均处理。

（2）将风险因素的概率输入到贝叶斯网络中，得到风险事件发生概率，并将结果反馈给专家检验结果的合理性，做出相应调整。

（3）确定最终概率，得到根据专家主观经验评估的各类风险发生的概率水平。

城市风险管理是动态过程，通过基于贝叶斯网络的风险因素、权重的动态监控和评估，跟踪风险事件发展态势，实现风险事件的动态评估，从而进行针对性的风险预控和风险跟踪，提高风险管理效率。

2. 应用案例

贝叶斯网络的概率推理即是利用建立的贝叶斯网络模型解决实际问题的过程，主要有因果推理、诊断推理和支持推理三种推理模式。三种推理模式为平行关系，可独立应用。

1）因果推理

因果推理，即由原因推知结论，是由顶向下的推理。已知一定的原因（证据），使用贝叶斯网络推理计算，求出在该原因发生的情况下结果发生的概率。

在建立了工程风险贝叶斯网络后，通过评估项目的工程风险管理能力，得到该项目工程风险管理能力的数值，将这一后验信息代入工程风险贝叶斯网络的最上层"管理能力层"，则可推断知道在这样的管理能力下，工程风险事件发生的可能性（概率）。通过不同工程风险发生概率大小的比较，可以获知整个工程风险事件发生可能性的排序。

2）诊断推理

诊断推理，即由结论推知原因，是由底向上的推理。目的是在已知结果时，根据贝叶斯网络推理计算，得到造成该结果发生的原因概率。

通过控制贝叶斯网络最底层"风险事件层"的概率，将其"YES"状态的概率调为 100％，即假设该风险事件发生，则通过贝叶斯网络各个节点的变化可以分析造成该风险事件的原因最大的可能是哪些因素，同时也可以看出对该风险事件影响最大的管理能力是哪些，从而为找出事故的发生根源、整顿管理水平、提高管理能力提供思路。

例如，当项目上发生了"脚手架失稳倒塌"这一安全事故时，需要对造成事故的原因进行排查，采用贝叶斯网络推断可以对事故排查起到辅助作用。

如图 3-5 所示，将"脚手架整体失稳倒塌"这一节点"Y"状态的发生概率调整为 100％，其子节点的概率都随之改变，这样即可以推断造成脚手架倒塌的直接原因排序为"脚手架安装不合理"87.3％、"脚手架设计不合理"58.6％、"脚手架上荷载过大"44.4％。造成脚手架整体失稳倒塌的根本原因排序如表 3-15 所示，得出风险因素发生可能性的排序之后，可以对事故原因调查给出参考。

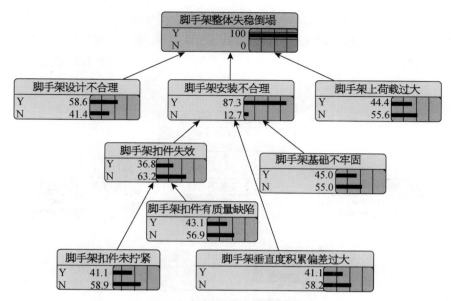

图 3-5　脚手架整体失稳倒塌原因推断

表 3-15　　　　　　　　　　　导致脚手架倒塌的风险因素发生概率排序

排序	导致事故发生的因素	可能发生的概率
1	脚手架设计不合理	58.6%
2	脚手架基础不牢固	45.0%
3	脚手架上荷载过大	44.4%
4	脚手架扣件存在质量问题	43.1%
5	脚手架垂直度积累偏差过大	41.8%
6	脚手架扣件未拧紧	41.1%

3）支持推理

支持推理,提供解释以支持发生的现象,目的是对原因之间的相互影响进行分析。该推理是贝叶斯网络推理中的一种合理、有趣的现象。

通过控制工程风险因素各层次中某个节点的概率,可以分析该节点代表的因素或状态对于其他因素和状态的影响大小。这样在项目的日常检查中发生了某项风险因素或状态时,可以很快地分析得到造成该因素或状态可能是哪些因素引起的,以及一旦发生,该因素或状态会引发哪些状态或事件。这对于项目的日常管理有着重要的意义。

例如,当政府部门监督机构或者监理部门发出了整改意见中有"脚手架安装不合理"这一条目时,造成脚手架安装不合理的原因有哪些,会造成什么样的后果,这些都可以通过贝叶斯网络的推断功能实现。

如图 3-6 所示,将"脚手架安装不合理"这一节点"Y"状态的发生概率调整为 100%,其子节点和父节点的概率都随之改变,这样既可以根据各个节点概率值的变化得到造成"脚手架安装不合理"的原因可能性排序,同时还能得到当发生了"脚手架安装不合理"这一风险状态时,发生"脚手架整体失稳倒塌"的可能性提高到多大,这为项目上的风险管理和风险监控提供了有效信息。

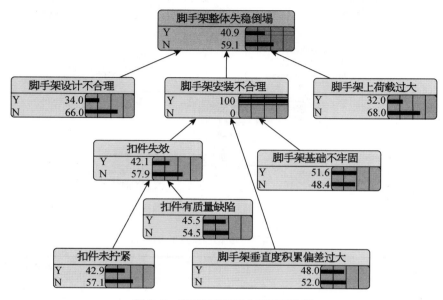

图 3-6 脚手架安装不合理原因推断

3.3.5 人工神经网络法

1. 基本概念

人工神经网络(Artificial Neural Network,ANN)是从信息处理角度对人脑神经元网络进行抽象,建立某种简单模型,按不同的连接方式组成不同的网络。它是由大量神经元组成的非线性动力学系统,是由大量的、同时也是很简单的处理单元(神经元)广泛地相互连接而形成的复杂网络系统。人工神经网络模拟人的大脑活动,具有极强的非线性逼近、大规模并行处理、自训练学习、容错能力以及外部环境的适应能力。

BP(Back Propagation)网络是一种按误差逆传播算法训练的多层前馈网络,在 1986 年由 D.E. Rumelhart 和 J.L.Mc Celland 为首的科学家小组提出,是目前应用最广泛的神经网络模型之一。标准神经网络模型由输入层、中间层、输出层组成,中间层可扩展为多层,如图 3-7 所示。

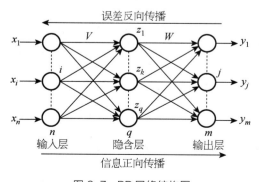

图 3-7 BP 网络结构图

相邻层之间各神经元进行全连接,而每层各神经元之间无连接,网络按监督方式进行学习,当一对学习模式提供给网络后,各神经元获得网络的输入响应产生连接权值。然后按减小希望输出与实际输出误差的方向,从输出层经各中间层逐层修正各连接权,回到输入层。此过程反复交替进行,直至网络的全局误差趋向给定的极小值,即完成学习的过程(图3-8)。

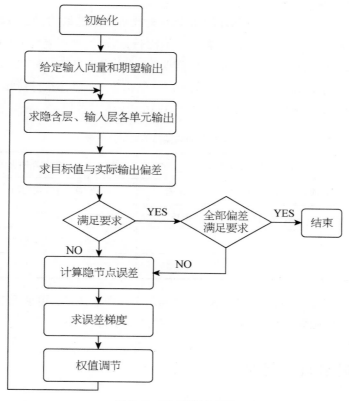

图3-8　BP算法流程图

2. 应用案例

目前,人工神经网络法在高层建筑火灾风险预测与评价、地质灾害预报预警、项目施工风险评价等领域开展了广泛有效应用。以BP神经网络在某城市火灾预测中的应用为例。

现有某市1985—2001年火灾事故发生次数数据,分为高峰时期(春节期间)和非高峰时期(非春节期间),通过Matlab中的人工神经网络工具箱为工具编程对城市火灾事故进行预测。

(1)在BP神经网络中,神经元的变化函数是S形函数,其函数的特性要求其输入信息节点的数据必须转化为[-1,1]区间的数值,因此对原始样本进行数据初始化,转化为分布在[-1,1]区间范围内的数值,初始化方法采用参加训练的样本各指标原始值与参加训练样本各指标原始值的最大值之比。

（2）确定初始权值为（-1,1）之间的随机数,保证神经元权值可在S形函数变化最大处进行调节。

（3）修正模型权值和阈值,将1999—2001年的数据作为预测样本,得到一个预测误差,如果没有达到所要求误差值,或没有达到要求的训练次数,继续训练,直到满足预测误差,满足误差后得到最优权重和阈值。

（4）期望误差值是通过对不同期望误差的网络对比训练来选取的,如选取较小的误差值要通过增加隐含层节点数和训练时间,经过多次训练比较,选取期望误差为0.001,最大训练频数为20 000,学习率为0.01,动量系数为0.1。按照误差要求,多次筛选,得到最优的BP神经网络结构。高峰期的网络结构为7-7-1,非高峰期的网络结构为6-6-1,同时得到最优权值和阈值矩阵,可对1999—2001年火灾事故进行预测,如表3-16所示。

表3-16　　　　　　　　　　1999—2001年预测值与实际值结果及误差分析

年份	高峰期火灾次数			非高峰期火灾次数		
	实际值/次	预测值/次	误差	实际值/次	预测值/次	误差
1999	273	272	0.35%	1 868	1 861	0.37%
2000	335	338	0.88%	2 065	2 052	0.62%
2001	378	379	0.27%	2 196	2 203	0.32%

从表3-16中可看出,预测的精度较高,能够满足实际需求,因此,可预测未来3年的火灾事故发生趋势,为防灾资源配置和城市应急安全预案的制定提供参考。

3.4　城市风险管理后评估

城市风险管理的后评估指在先前存在的不确定性已经明确后,对前期的风险识别、风险分析与评估,实施过程中为应对风险而制订的风险管理计划,以及计划的监督实施这一整个过程进行一个系统、客观的事后分析评估。通过对城市风险管理活动实践的检查总结,来判断前期的风险识别是否准确、风险分析与评估是否合理、实施过程中风险管理的预期目标是否实现。通过风险管理的事后分析评估找出成败的原因,总结成功经验,并通过及时有效的信息反馈,为将来同类型的风险事件的风险管理提供借鉴的依据。

风险管理后评估的基本思路,就是通过查阅风险管理资料档案、现场调查,对照城市风险管理原定的目标和指标,找出城市风险管理实施过程中的变化和问题;通过对变化和问题的分析,找出内部和外部的原因;通过对原因的分析,提出对策建议;通过全面总结和有效的后评估信息反馈,提出可供借鉴的经验教训。由于风险管理在我国城市风险管理中的实际应用尚处于起步阶段,风险分析的实际应用严重滞后于决策的客观需要,缺乏规范的分析框架和成熟的评价体系,因此,在这种客观情况下要进行系统全面的风险管理后评估工作,条件尚不成熟。目前阶段宜根据实际情况选择做一些基础性的工作,从以下方面开展城市风险管理的后评估工作,以积累和建立起适合我国国情的城市风险管理经验与模式。

3.4.1 前后对比法

此处所谓的前后对比法,是指将工程项目前期风险识别、分析与评估所形成的风险预测资料与工程项目的施工建设过程完结或中止后,项目实施过程中记录的实际发生的风险事件资料进行前后对比,找出项目实施过程中风险预测结果与实际风险发生情况之间的偏差。运用前后对比法进行项目前期风险识别、风险分析与评估成效的后评估,可按以下步骤进行:第一步,收集整理项目前期风险预测资料;第二步,收集整理项目施工建设过程中实际发生的风险事件记录资料;第三步,对以上两步收集的资料进行比较分析,找出项目实施过程中发生的对项目目标实现有重大影响的风险事件,并通过前后资料的对比,来分析前期风险识别、风险分析与评估的成效,对产生的偏差进行原因分析,形成专家组结论意见;第四步,对后评估成果资料进行归档整理,以便后续类似项目的借鉴参考。

3.4.2 实施效果成功度评价法

从以上风险管理计划方案的一般形式可以看出,其具体的执行过程包含多方面内容。对项目进行过程中风险管理计划方案实施效果的后评估,应根据其对工程项目的投资、质量、进度、安全等方面风险因素实际的控制情况,进行系统综合评估。目前后评估方法很多,通常采用成功度评价的方法。

1. 成功度评价法简介

成功度评价法是依靠评价专家或专家组的经验,根据项目各方面的执行情况并通过系统准则或目标判断来评价项目总体的成功程度,对项目的成功程度做出定性的结论。成功度评价是以用逻辑框架法分析的项目目标的实现程度和经济效益分析的评价结论为基础,以项目的目标和效益为核心所进行的全面系统的评价。

2. 项目成功度的标准

进行成功度分析时,首先确立项目绩效衡量指标,然后根据如下的评价体系将每个衡量指标进行专家打分。具体的成功度标准分为以下五个等级:

(1)完全成功的(AA):工程项目的各风险都已全面实现控制;工程项目质量、投资及安全目标超预期实现。

(2)成功的(A):项目大部分风险得到有效控制;工程项目质量、投资及安全目标达到预期要求。

(3)部分成功的(B):项目实现了原定的部分质量、投资及安全目标;工程项目只取得了一定的效益和影响。

(4)不成功的(C):项目实现的质量、投资及安全目标非常有限;工程项目几乎没有产生什么正效益和影响。

（5）失败的(D)：项目的质量、投资及安全目标是不现实的，无法实现；项目不得不终止。

针对风险管理的后评估，应重点评价风险识别与风险分析是否明确、风险评估是否精确、风险应对和处置方案是否得到落实并合理有效，分别制定风险识别与分析、风险评估、风险应对措施的成功度评价等级及标准，进行专家打分，计算后评估综合评定系数，判断风险管理的完成情况，后评估综合评定系数越低，则表示风险管理工作完成度越低，越需要改进。

4　城市风险应对及处置

　　在我国,城市风险防控理念还是一个新命题。这是基于城市发展进入新阶段、面临新情况、迎接新挑战应运而生的。进入新时代,城市管理面临着传统和非传统叠加的风险。在多个方面面临挑战,深层次的问题更应该及早关注重视。

　　城市已经发生了"某种程度"的显著变化。当今城市建设与更新、产业结构、社会关系、资源状况、管理方式、组织运行以及城市所处的新的国际环境等与 10 年或 30 年前相比,其特点已发生了显著变化。但在应对城市风险的观念、制度、技术和方法等方面,仍主要采取安全应急的思路,即在从"1 到 N"的既有轨道上水平渐进。这其中的一个显著标志是,城市安全管理上的从属性、事后性、运动式和行政式的特点变化不大,城市安全管理手段和城市的发展需求不匹配。

　　与错综复杂的城市现状相比,如何能够从安全应急的思维扩展转化为风险管理的全面视角,如何能够做到风险管理与城市发展并重、全面参与风险管理以及内外部同等重视风险管理,是城市管理从"0 到 1"的本质变化及要求。目前存在的突出问题是:

　　(1) 政府和社会还缺乏风险意识及紧迫性,有回避和否认风险状况的现象发生;

　　(2) 风险管理体系不够健全,缺乏顶层设计与协调配合;

　　(3) 尚未对城市风险开展系统性的识别、分析和评价,缺少数据、信息和对基本规律的把握;

　　(4) 过度依赖行政管理和财政手段,还没有建立科学的城市风险分担机制;

　　(5) 在"风险分散管理、责任集中承担"的旧模式下,政府往往成为整个城市风险的承担者;

　　(6) 忽略了市场机制——专业风险管理机构和保险的作用等。

　　新形势下,城市建设和运行面临各种风险,需要与时俱进建立城市风险应对及处置的新机制。

4.1　风险应对方法

　　城市风险应对是指城市管理者在确定了城市建设和运营中存在的风险后,分析出城市风险概率及其风险影响程度,根据风险性质和决策主体对风险的承受能力制订规避、自留、转移或者分担风险等相应防范计划。风险应对方法主要包括风险规避、风险自留和风险转移等。

4.1.1　风险规避

风险规避是在考虑到某项活动存在风险损失的可能性较大,采取主动放弃或加以改变等策略,以避免与该项活动相关的风险发生。当风险潜在威胁的可能性极大,并会带来严重后果且损失无法转移又不能承受时,风险规避是一种最有效的风险管理方式。

4.1.2 风险自留

顾名思义,风险自留就是将风险留给自己承担。风险自留与其他风险对策的根本区别在于,它不改变风险的客观性质,既不改变风险的发生概率,也不改变风险潜在损失的严重性。风险自留适用于概率小、后果小的事件。

风险自留可分为非计划性风险自留和计划性风险自留两种类型。

1. 非计划性风险自留

由于风险管理人员没有意识到某些风险的存在,或者不曾有意识地采取有效措施,以致风险发生后只好保留在风险管理主体内部,称为非计划性风险自留。

以建设工程非计划性风险自留为例。由于项目参建各方风险管理人员没有意识到建设工程某些风险的存在等原因导致风险发生后只好由自己承担。这样的风险自留就是非计划性的和被动的。导致建设工程非计划性风险自留的主要原因有以下几种:

(1)缺乏风险意识。这往往是由于建设资金来源与建设工程业主的直接利益无关所造成的,这是我国过去和现在许多由政府提供建设资金的建设工程不自觉地采用非计划性风险自留的主要原因。此外,也可能是由于缺乏风险管理理论的基本知识而造成的。

(2)风险识别失误。由于所采用的风险识别方法过于简单和一般化,没有针对建设工程风险的特点,或者缺乏建设工程风险的经验数据或统计资料,或者没有针对特定建设工程进行风险调查等,都可能导致风险识别失误,从而使风险管理人员未能意识到建设工程某些风险的存在,而这些风险一旦发生就成为自留风险。

(3)风险评价失误。在风险识别正确的情况下,风险评价的方法不当可能导致风险评价结论错误,如仅采用定性风险评价方法。即使是采用定量风险评价方法,也可能由于风险衡量的结果出现严重误差而导致风险评价失误,结果将不该忽略的风险忽略了。

(4)风险决策延误。在风险识别和风险评价均正确的情况下,可能由于迟迟没有做出相应的风险对策决策,而某些风险已经发生,使得根据风险评价结果本不会做出风险自留选择的那些风险成为自留风险。

(5)风险决策实施延误。风险决策实施延误包括两种情况:一种是主观原因,即行动迟缓,对已做出的风险迟迟不付诸实施或实施工作进展缓慢;另一种是客观原因,某些风险对策的实施需要时间,如损失控制的技术措施需要较长时间才能完成,保险合同的谈判也需要较长时间等,而在这些风险对策实施尚未完成之前却已发生了相应的风险,成为事实上的自留风险。

事实上,风险管理人员几乎不可能识别所有的工程风险。从这个意义上讲,非计划性风险自留有时是无可厚非的,因而也是一种适用的风险处理策略。但是,风险管理人员应当尽量减少风险识别和风险评价的失误,要及时做出风险对策决策,并及时实施决策,从而避免被迫承担重大和较大的风险。总之,虽然非计划性风险自留不可能不用,但应尽可能少用。

2. 计划性风险自留

计划性风险自留是主动的、有意识的、有计划的选择,是风险管理人员在经过正确的风险识别和风险评价后做出的风险对策,是整个风险对策计划的一个组成部分。也就是说,风险自留不能单独运用,而应与其他风险对策结合使用。在实行风险自留时,应保证重大和较大的风险已经进行了保险或实施了损失控制计划。

计划性风险自留的计划性主要体现在风险自留水平和损失支付方式两方面。

所谓风险自留水平,是指选择哪些风险事件作为风险自留的对象。确定风险自留水平可以从风险量数值大小的角度考虑,一般应选择风险量小或较小的风险事件作为风险自留的对象。计划性风险自留还应从费用、期望损失、机会成本、服务质量和税收等方面与保险比较后才能得出结论。

损失支付方式是指在风险事件发生后,对所造成的损失通过什么方式或渠道来支付。计划性风险自留应预先制订损失支付计划,常见的损失支付方式有以下几种。

1)从现金净收入中支出

采用这种方式时,在财务上并不对自留风险作特别的安排,在损失发生后从现金净收入中支出,或将损失费用记入当期成本。实际上,非计划性风险自留通常采用的都是这种方式。因此,这种方式不能体现计划性风险自留的"计划性"。

2)建立非基金储备

这种方式是设立了一定数量的备用金,但其用途并不是专门针对自留的风险,其他原因引起的额外费用也在其中支出。例如,本属于损失控制对策范围内的风险实际损失费用,甚至一些不属于风险管理范畴的额外费用。

3)自我保险

这种方式是设立一项专项基金(亦称自我基金),专门用于自留风险所造成的损失。该基金的设立不是一次性的,而是每期支出,相当于定期支付保险费,因而称为自我保险。

4)母公司保险

这种方式只适用于存在总公司与子公司关系的集团公司,往往是在难以投保或自保较为有利的情况下运用。从子公司的角度来看,与一般的投保无异,收支较为稳定,税负可能得益(是否按保险处理,取决于国家的规定);从母公司的角度来看,可采用适当的方式进行资金运作,使这笔基金增值,也可再以母公司的名义向保险公司投保。

以建设工程风险自留为例,这种方式可用于特大型建设工程(有众多的单项工程的单位工程),或长期有较多建设工程的业主。建设工程计划性风险自留至少要符合以下条件之一才应予以考虑:

(1)别无选择。有些风险既不能回避,又不可能预防,且没有转移的可能性,只能自留,这是一种无奈的选择。

（2）期望损失不严重。风险管理人员对期望损失的估计低于保险公司的估计，而且根据自己多年的经验和有关资料，风险管理人员确信自己的估计正确。

（3）损失可准确预测。在此仅考虑风险的客观性。这一点实际上是要求建设工程有较多的单项工程和单位工程，满足概率分布的基本条件。

（4）企业有短期内承受最大潜在损失的能力。由于风险的不确定性，可能在短期内发生最大的潜在损失。这时，即使设立了自我基金或向母公司保险，已有的专项基金仍不足以弥补损失，需要企业从现金收入中支付。如果企业没有这种能力，可能因此而被摧毁。对于建设工程的业主来说，与此相应要具有短期内筹措大笔资金的能力。

（5）投资机会很好（或机会成本很大）。如果市场投资前景好，则保险费的机会成本就显得很大，不如采取风险自留，将保险费作为投资，以取得较多的投资回报。即使今后自留风险事件发生，也足以弥补其造成的损失。

（6）内部服务优良。如果保险公司所能提供的多数服务完全可以由风险管理人员在内部完成，且由于他们直接参与工程的建设和管理活动，从而使服务更方便，在某些方面质量也更高。在这种情况下，风险自留是合理的选择。

4.1.3 风险转移

风险转移是指设法（通过合同或非合同的方式）将风险的结果连同对风险应对的权利和责任转移给另一个人或单位的一种风险处理方式。风险转移一般适用于概率小、后果大以及概率大、后果大的事件。

转移风险并不会减少风险的危害程度，它只是将风险转移给另一方，风险损失由另一方承担。风险转移者和接受风险者优劣势不一样，对风险的承受能力也不一样，在某些环境下，会取得双赢。在某些情况下，转移风险可能造成风险显著增加，这是因为接受风险的一方可能没有清楚意识到他们所面临的风险。

一般说来，风险转移的方式可以分为非保险转移和保险转移。

（1）非保险转移是指通过订立经济合同，将风险以及与风险有关的结果转移给别人。在经济生活中，常见的非保险风险转移有租赁、互助保证、基金制度等。

（2）保险转移是指通过订立保险合同，将风险转移给保险公司（保险人）。个体在面临风险时，可以向保险人交纳一定的保险费，将风险转移。一旦预期风险发生并且造成了损失，则保险人必须在合同规定的责任范围内进行经济赔偿。

由于保险存在许多优点，所以通过保险转移风险是最常见的风险应对方式。需要指出的是，并不是所有的风险都能够通过保险来转移，因此，可保风险必须符合一定的条件。

以施工企业的风险转移政策为例。由于目前我国建筑市场"僧多粥少"的严峻形势，发包方长期处于有利地位，承包商往往是被动的，过多地承担一些不该承担的风险，这些风险给承包商带来了许多不必要的损失。如在相当多的国内施工合同中,业主利用有利的竞争地位和起草合同条款的便利条件,在合同协议中通过苛刻的条件把风险隐含在合同条款中。

保险转移是施工企业对付风险行之有效的一种方法。它主要有两方面的意义,从经济角度来讲,施工企业投保灾害事故损失是一种财务安排,其投保意义在于能够将损失风险转移给保险公司,由于保险公司集中了大量同质风险,所以能借助大数法则正确预见损失发生的金额,并据此制定保险费率,通过向所有成员收取保险费来补偿少数成员遭受的意外事故损失。从法律意义上讲,保险合同就是保险单,对施工企业而言,可以通过购买保险单将风险损失转移给保险人。例如,根据合同约定,承包人对已完成的工程负有保修义务,此时,承包人可以投保"工程质量责任保险",将其可能承担保修责任的风险转移给保险公司。

4.2　风险控制

从动态上看,城市的发展面临前所未有的机遇,比如移动信息技术、共享经济模式和社会多元治理理念等,城市社会的急速转型将产生前所未有的危机。

现代社会中,由于人和制度所造成的增量风险,如利益冲突、组织缺陷与责任风险等显著增加。从计划和约束状态下获得(追求)极大发展与自由的人、社会和市场,会因为风险管理的缺失(包括制度、机制、能力和方法上的缺失)或缺少风险转移的渠道而面临背负更大风险、更多风险的可能性。

4.2.1　风险控制的目的

城市面临越来越复杂的风险状况。社会学家普遍认为,人类已经进入了"风险社会"。这不是特指一种全新社会形式的出现,而是重在强调与传统社会"相对稳定"的状态相比较,现代城市面临更严峻的风险挑战。

风险包含了两层含义:一是风险发生的概率;二是风险事件导致的损失。因此风险控制可从两方面入手,风险管理者采取各种措施和方法,消灭或减少风险事件发生的各种可能性,或者减少风险事件发生时造成的损失。正如其定义一样,风险控制的目的是采取措施降低风险事件发生的概率或减少风险事件可能带来的损失。风险控制适用于概率大、后果小的事件。

4.2.2　风险控制的措施

城市风险控制一方面指的是依据风险现状,完善城市风险管理制度,即要有适合的组织、主体、机制、目标、监督考核等;另一方面指的是依据风险状况,形成更加科学的风险管理方法和工具,开展专业的风险评估、风险处置和包括保险在内的风险转移,以实现风险控制的目标。

风险控制的措施如下：

（1）通过立法和制度建设,使城市安全风险管理范围做到全覆盖。从内容上,现代城市安全不仅要覆盖传统的工业生产领域,更要重视现代服务业和社会生活领域；从对象上,城市风险管理不仅要重视城市社会风险,更要重视城市政府自身的风险,这其中包括城市政府在决策、建设和管理等过程中的风险意识；从机制上,除传统的条线组织管理模式外,建议政府设立最高风险管理长官及委员会制度,加强跨行业、跨部门横向合作,重视以社区等基层单位为末梢的城市风险服务网络建设。

（2）城市风险管理公共化。要把风险管理作为城市管理工作中的重要组成部分,明确政府各有关部门,以及社会和市场各方面的风险管理责任,改变城市风险管理责任由安全应急部门"一家扛",或政府部门"一家担"的现状,使城市风险管理多元治理的公共性体现出来。

（3）城市风险管理服务专业化。要建立健全城市风险管理机制,要可以政府购买服务的方式,聘请城市风险管理顾问,让风险管理专业机构参与城市风险管理和服务。调整计划体制下形成的"一揽子"行政管理方式,需要注重协调运用经济和社会手段,调动各方面的资源共同应对城市风险。要在宏观上把握城市风险管理的相关政策和提供必要的公共服务,实现向公共服务型政府职能的转变。

（4）城市风险管理多元化。建立机制,促使城市将地方重要行业、领域、人群以及社会公众关注的安全问题等一些重要风险事项,采取招投标等方式,委托专业化的公司进行承担,建立相应的保险机制分散风险,控制损失分担成本。政府应当是城市风险管理的主体,但是,政府不应成为整个风险的承担者。一旦发生事故或灾害,由政府全部来管理并承担全部损失的做法不利于社会主动规避风险和提高管理风险意识,也不利于提高政府风险管理的水平和能力。

（5）不断提升保险业参与城市治理的能力与水平。作为一种有效的制度安排,保险具有普适性特征和内在协调功能,有利于减少社会的交易成本,激励和促进个人和组织从事生产活动。通过保险机制,不仅分散了风险、提供了经济补偿,而且可以在服务国家治理体系和治理能力方面发挥重要支柱作用,在更广泛的层面上为增进社会福利做贡献,成为政府改进公共服务、加强社会管理的有效工具。

4.3 案例分析——美国地震灾害风险应对及处置

美国是一个易发地震的国家,50个州有43个处在地震高风险地带。地震每年给美国造成的经济损失约44亿美元。

从19世纪以来,经过200多年的发展,美国凭借雄厚的经济实力和先进的科学技术水平,在地震灾害管理方面研究取得了丰硕的成果和实践经验,形成了一套相对完善的突发灾害应急管理体系,包括完善的应急管理体制、规范的法律法规体系、完备的应急管理机构和规划以及专业的应急管理队伍和教育培训机制。

4.3.1 完善的应急管理体制

1. 应急管理体制

美国应急管理体制经历了从无政府到联邦政府支持和政府间协同合作的过程,不断在灾后总结经验教训、修正提高,在百余年的灾害管理过程中得到发展和完善。

1979 年,时任总统的吉米·卡特将多个与灾害相关的联邦机构合并成了联邦应急管理署(Federal Emergency Management Agency, FEMA),统一协调灾害管理。FEMA 也吸收了其他机构:联邦保险署、国家防火灾控制局、国家气象服务社预备计划处、联邦总服务预备处及住房与城市发展部的联邦灾害救援署。

在接下来的 15 年里,FEMA 协助州和地方政府做出灾害响应,并且帮助政府负责民防工程。FEMA 直接受美国总统领导,是美国进行重大突发事件时进行协调指挥的最高领导机构,署长由总统直接任命。

FEMA 的中心任务是保护国家免受各种灾害,减少财产和人员损失。这些灾害不仅包括飓风、地震、洪水、火灾等自然灾害,还包括恐怖袭击和其他人为灾难,最终形成一个建立在风险基础上的综合性应急管理系统,涵盖灾害预防、保护、反应、恢复和减灾各个领域。

FEMA 的合作伙伴为州和当地应急管理机构、27 个联邦机构和美国红十字会。FEMA 的目标是保障人民的生命财产安全并且要有利于灾后的恢复重建工作。FEMA 的任务包括:制定国家应急预案及其预案演练;人员培训;信息共享;建立社区和家庭安全预案。

FEMA 在全国划分了 10 个应急区,区内设立办事处,是 FEMA 的派出机构,其职能是联邦政府规定的职责。这些地区的州政府设置应急管理办公室,每个办公室也都有内定的灾种和界定重点防灾区。办事处工作人员直接与责任区内各州合作,协助制定防灾和减灾计划,并在重特大灾害发生时向各州提供支持。

除了 FEMA 这个大的机构框架外,FEMA 还下设许多协调管理部门,相关机构职责明确界定,工作紧密联系。FEMA 署长办公室下设 7 个机构:

(1)应急准备与复原局(联邦协调官员处),内设应急处、复原处、行政处。

(2)联邦保险与减灾局,内设灾害地点测定处、工程科技处、减灾计划与传送处、规划财务和产业关系处、风险信息传送处、索赔、谅解与保险运营处。

(3)联邦消防管理局,内设国家消防学院、国家消防规划处、国家消防数据中心、支持服务处、培训处和城市搜索救援队。其中,城市搜索救援队在"9·11"事件中表现特别出色。

(4)外部事务局,内设以国会与政府间事务处、公共事务处和国际事务处。

(5)信息技术服务局,内设以信息与资源管理处,企业经营处和系统规划与开发处。

(6)管理和资源规划局,内设人力资源处、财务与采购管理处、设施管理与服务处和气候紧急运营处。

(7)地区协调局,负责协调在华盛顿、纽约、芝加哥等城市设立的 10 个地区办公室的行动。

2. 应急规划

完备的应急组织机构设置为应急反应计划的实施提供了保障。美国总结多年的突发事件应急管理经验和教训,已经建立了基于各个管理层级的、覆盖各种突发灾害的应急反应计划。

从地震方面看,早在 1977 年,在美国《联邦应急反应计划》框架下制订了国家地震灾害减轻计划(National Earthquake Hazards Reduction Program, NEHRP),该计划的原则是:在联邦范围内采取联合的应急行动支持和增强州和地方政府在一次灾害性地震发生后的紧急反应活动能力。

"9·11"事件后,联邦政府将 22 个机构合并,组建成现在的国土安全部,在整个国家层面上对应急体系中的组织管理体系、机构设置、指挥协调体系、法律和规范标准体系、应急预案体系、应急平台体系和应急救援队伍体系等进行了统一规划和规范。FEMA 被纳入国土安全部(应急准备和反应分部),是该部四大部门之一,总部设在华盛顿,在全国各地设有办事处,FEMA 刚成立时共有 4 000 名职工,随时待命应对灾害。

4.3.2 规范的法律法规体系

经过几十年的实践和发展,美国在应急管理方面已经形成了完善而规范的法律法规体系,如表 4-1 所示。

表 4-1　　　　　　　　　　　　　美国应急管理的相关法律法规

序号	时间	规范名称/事项	意义及作用
1	1950 年	地震灾害救济法	自 1950 年开始着手制定关于地震灾害的法律。本法的颁布和实施标志着美国拥有了较为完善的地震应急管理规范
2	1950 年	联邦赈灾法案	由美国国会颁布,将赈灾写入联邦政府的永久职责范围。其中一个重要的决定是把救灾的决策从国会移至白宫
3	1953 年	小企业法案	由国会颁布,把灾后资助范围扩大到私有企业,私有企业可以向小企业管理署申请低息贷款,居民也可以申请房屋贷款
4	1974 年	修订《联邦赈灾法案》	进一步提高了联邦政府的参与力度,扩大了扶助范围
5	1977 年	1977 年地震灾害减轻法	美国的第一部地震法规
6	1980 年	地震灾害减轻和火灾预防监督计划	本法是对《1977 年地震灾害减轻法》的修改和完善;美国的地震灾害减轻计划由 FEMA 负责
7	1990 年	随着地震灾害减轻计划的实施使得美国进一步推动了地震减灾的立法工作,重新审定了地震灾害减轻计划的内容	至此,美国逐渐形成了以联邦反应计划为主体的突发事件反应机制
8	1992 年	美国联邦灾害紧急救援法案	一部极具权威性的法律,以大法的形式规定了美国灾害紧急救援管理的基本原则、灾害救助的范围和形式、政府各部门、军队、社会组织和公民等在灾害紧急救援中应承担的责任和义务,并明确了美国政府与州、郡政府的紧急救援权限,对灾害救援资金和物质的保证也做出了明确规定,为灾害紧急救援提供完备的法律保障

4.3.3　专业的应急管理队伍和教育培训机制

在现场救援方面，美国实行多层次梯队体系，包括应急响应队、应急支持队、灾害医疗协助队、城市搜救队在内的十余支专业应急队伍，每支队伍都具有突出的专业特色。且均配备拥有丰富救援经验的人员和先进的设备，并通过日常演习提高救援队的素质。政府的领导层主要侧重于政策、策略及重大决策，形成应急管理队。

美国的应急管理培训工作深入县、市，要求应急各类岗位应由专业、称职的人员担任。此外，美国在学校应急安全教育和自救技能心理救助能力教育方面也是非常重视，联邦政府每年为此投入六七千万美元的经费。这些教育和宣传为全民参与救援的意识提高和震后应急工作顺利进行提供了基础和保障。

以纽约市为例，为了应对恐怖袭击、大停电、自然灾害等，市政应急包括三个层面：

第一层面是"应急反应部队（First Responders）"，包括警察、消防和紧急医疗救助，负责指挥和救助。

第二层面是政府各部门如交通、医院、卫生等，及私立企业（Private Sector）共 150 个单位，统一由应急管理办公室（Office of Emergency Management，OEM）指挥。

第三层面是州长或市长与各局局长，负责政策层面的决策，与联邦政府沟通，主要负责根据需要启动国民自卫队（National Guard）等投入应急工作中。

5 城市风险监测

　　城市风险监测是监控城市建设或运营过程中风险变化的行为,是城市风险防控的一项重要工作。城市风险识别不是最终目的,风险识别的目的是为了风险监控和预警。风险监测作为风险管理的重要环节,在识别出城市风险后,需对这些风险进行实时监测,为风险预警和应急提供基础数据。

5.1　城市风险监测目的和内容

　　20世纪七八十年代,德国学者乌尔里希·贝克提出了人类已经进入了"风险社会"。他指出,工业化的发展引发了很多不确定性的因素,技术带来便利的同时也会带来技术失控面临的风险。如2011年日本的"3·11"地震海啸造成了福岛核泄漏的事故,当核泄漏风险失控的时候,会对人、环境和城市的生存空间造成非常大的冲击。此外,自然灾害频繁发生,也为城市带来了巨大的风险。如果2008年"5·12"汶川特大地震发生在人口更加密集的城市区域,造成的危害将不可估量。合理的风险监测在城市发展过程中占有举足轻重的地位。

5.1.1　城市风险监测目的和作用

　　城市风险监测的目的在于采取某种方法和手段,及时监控城市风险,避免风险事件的发生,积极消除或减小风险事件的后果。

　　城市离不开水、电、气、路等资源,它们无限交织,为城市运转提供源源不断的资源。随着城市的发展以及大数据、人工智能等新技术的应用,在城市逐渐形成了一张巨大的无形之网——数据。数据资源成为城市最重要的资源,城市风险监测能有效获取并运用这些数据以实现城市的风险管理和智慧决策,不断检查、监督、严格观察或确定城市建设、运营中某个参数或指标的动态变化情况,以核对策略和措施的实际效果是否与预见的相同;寻找机会改善和细化风险规避计划,获取反馈信息,以便将来的对策更符合实际;对新出现及预先制定的策略或措施失效或性质随着时间推移而发生变化的风险进行控制。

　　城市风险监测可利用丰富的城市数据资源,对城市进行全局的即时分析,有效调配公共资源,不断完善社会治理,推动城市可持续发展。通过城市地理、气象信息等自然和经济、社会、文化、人口和其他人文和社会信息挖掘,为城市建设和运营提供强大的决策支持,以加强科学性和前瞻性的城市风险管理。

　　城市风险监测前应组建专业机构或委托第三方服务机构,提供第三方技术服务。建设工程风险监测组织架构如图 5-1 所示。

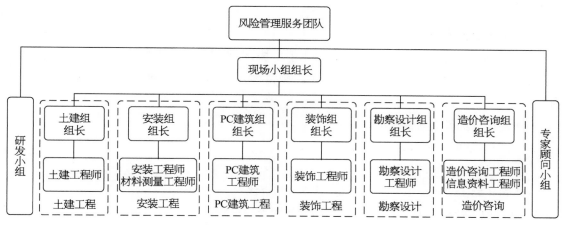

图 5-1　第三方服务机构的组织架构图

5.1.2　城市风险监测内容——以基坑工程风险监测为例

　　城市是以人为主体、以自然环境为依托、以经济活动为基础、社会联系极为紧密的有机体,它不仅是建筑物的群集,更是各种密切相关并经常相互影响的各种功能的复合体。随着政治、经济、文化不断向城市转移,城市也越来越多地承载着人类社会愈加复杂的功能,各类风险也接踵而来。城市风险监测作为城市管理者的"眼睛",为城市风险管理提供数据,在城市风险防控中发挥重要作用。

　　城市风险监测包括城市建设风险监测和城市运营风险监测等方面的内容,如建设工程风险监测、人或车辆流动监测、重要设施安全监测、公共场所安全监测、自然与环境条件监测、信息数据安全监测等。以下介绍基坑工程风险监测。

　　基坑监测可对基坑支护结构及周边环境安全状态进行检查,以便及时发现并反馈险情隐患,采取必要措施予以消除。为确保基坑工程现场施工的稳定性与安全性,应构建完善的基坑工程安全施工监测机制。

1. 基坑工程监测内容

　　(1)水平垂直位移的量测。主要目的是用于观测地下管线、围护墙顶以及邻近建筑物的水平位移及沉降。

　　(2)测斜。在基坑四面围护桩内埋置测斜管,观测基坑开挖过程中围护墙身位移。

　　(3)支撑内力的测试。根据工程设置的支撑数量,选择一定的支撑杆件测量轴力,每个截面都要布置传感器,用于测量基坑在开挖期间的支撑轴力的变化。

　　(4)地下水位的观测。设置坑内外地下水位观测井,监测坑内外地下水位的变化情况。

(5) 地面沉降观测。若工程基坑周边环境较为复杂,对基坑开挖产生的沉降、变形控制要求较高,基坑周围有河道、道路管线需要重点保护。因此,应沿基坑周边及道路两侧、影响范围内的建筑物、河道驳岸等设置沉降观测点,根据观测结果反馈设计、施工,确保周边道路安全和基坑工程顺利实施。

2. 地下管线监测

由于施工影响引起地下管线的垂直及水平位移,市政道路路面下的地下管线设置适量的监测点,采用精密自动安平水准仪和经纬仪测量地下管线位移。地下管线主要监测以下内容:

(1) 距离基坑最近的管线;

(2) 硬管线(如上水、煤气等);

(3) 埋设管径最大的管线;

(4) 每条路上尽可能取一条最重要、最危险的管线。

在进行地下管线监测时,监测点尽可能设置在管线出露点。

3. 周边建(构)筑物监测

在基坑施工期间,为及时有效掌握基坑周围的邻近建(构)筑物的变形沉降情况,按照规范及部门要求在基坑周围建筑物设置沉降监测点。在基坑边缘以外 1～3 倍开挖深度范围内需要保护的建(构)筑物等作为监测对象,在建(构)筑物周边及拐角每 10～15 m 处或每隔 2～3 根柱基设置监测点,且每边不少于 3 个监测点;在一些特殊位置处宜增加埋设观测点。

在基坑开挖前,应有专人对基坑周围的建(构)筑物进行详细全面的调查,包括建(构)筑物内外墙,并对已存在的裂缝、下陷等不良情况进行编号,画出位置,拍照片保存,并在照片上记录时间。在基坑开挖过程中,每天对基坑周围邻近建(构)筑物进行肉眼巡视,密切关注新裂缝的产生,并做好详细记录。

4. 围护体系监测

1) 桩顶垂直及水平位移监测

对桩顶的水平及垂直位移的监测,监测点应根据均匀、对称、重要性、预测位移较大等因素进行设置,并根据所测的结果及时监测围护桩顶的垂直及水平位移的变化情况。

2) 桩身及坑外土体的监测

随基坑开挖深度的增大,监测围护桩桩身水平位移的变化速率及最大位移值也在变大,做到及时预警,确保基坑整体稳定及其周围环境的安全。

3) 桩身应力监测

对于围护桩随基坑开挖深度的增加以及施工工况变化的情况,了解围护结构后水土压力传来的侧向荷载引起围护体的位移和变形,围护桩体沿深度方向应力的变化情况。使用应力计导线,在桩身表面用软绳统一固定在桩身上,引出地面,在桩身顶部用钢套管保护好,避免被施工破坏。

4）支撑轴力监测

及时掌握支撑轴力随施工工况变化的情况,确保围护体系在墙后水土压力传来的侧向荷载作用下的安全稳定。可在支撑轴力监测断面上,根据要求在每个断面布置传感器,动态监测其轴力的变化情况。

5）立柱桩垂直位移监测

由于基坑开挖所导致的坑内大量土体卸荷后,引起支撑立柱的回弹量,立柱桩垂直位移监测为围护体系的安全稳定性分析提供可供参考的有效数据。

6）坑内、外地下水位监测

地下水位的监测可采用在钻孔内设置水位管的方法进行监测。

坑外水位监测:在基坑围护桩外侧四周土体中布设水头观测孔。

坑内水位监测:主要观测施工降水效果。

7）坑底回弹监测

基坑开挖时,由于基坑上部大量土体相继被挖走,导致坑底土体因为卸载产生回弹。为准确掌握土体回弹量,可采用埋设分层沉降管来监测基坑开挖过程中坑底土体的回弹量。

5.2　城市风险监测方法

城市风险监测方法可以分为传统监测方法和新型监测方法。把传统方法和新技术结合运用,可以快速、全面地进行城市风险监测。

5.2.1　传统监测方法

传统监测方法主要应用于地质灾害监测、食品安全监测以及传染病监测。

1. 地质灾害监测

地质灾害监测是通过采用多种观测设备对地质灾害的发生、发展过程进行不间断的长期量测,在获得一定的监测数据基础上,通过详细的分析、处理与计算,判断地质灾害的稳定状况及其发展趋势。其目的是为了充分认识地质灾害的变形发展规律,及时捕捉到地质灾害发生的前兆信息,提升防灾减灾水平。

地质灾害监测内容主要包括成灾条件、成灾过程及防治效益反馈监测,其时空分布特征决定了监测必须在不同的空间尺度条件下进行,且随时间演化的不同阶段,突出重点,从而实现对地质灾害体的全方位立体监测。

由于地质灾害具有群发性、诱发性等特征,因此需要综合考虑监测工作的整体性与系统性要求,在不同的时间域内,监测网的布置应有所不同。如长期监测应立足于地质灾害成灾背景、机理的研究,中期监测满足工程治理设计需要,短期监测则服务于地质灾害预警。

2. 食品安全监测

食品安全监测包括日常监督监测和食品安全风险监测。食品安全日常监督监测主要是执法人员对食品安全生产加工经营单位的日常监督检查和抽样检测等。

食品安全风险监测，是指食品安全监管部门系统和持续地收集食源性疾病、食品污染以及食品中有害因素的监测数据及相关信息，并进行综合分析和及时通报的活动。

做好餐饮环节的食品安全风险监测，有助于了解餐饮单位中食品的主要污染物及有害因素的可能来源，及时发现食品安全隐患。监管部门通过食品安全风险监测提供的数据可以客观评价餐饮单位污染控制水平与食品安全标准的执行效力，采取有针对性的监管措施，并且指导餐饮单位在重点环节、重点区域做好食品安全管理工作。

3. 传染病监测

传染病的监测工作主要由卫生行政部门、疾病预防控制中心和医疗机构三方面完成。

1）卫生行政部门

卫生行政部门的机构性质决定其在整个传染病监测和预警系统中的领导、行政地位，所以作为各地各级卫生行政部门的主要职责就在于领导和管理整个辖区的传染病监测和预警系统，确保系统的正常运行，保障系统运行的效率和效果。简而言之，卫生行政部门担负的主要职责包括以下三个方面：

（1）根据当地具体情况制定相应的传染病信息报告管理工作方案及奖惩制度，并决定是否增加传染病疫情报告病种和内容；

（2）管理辖区内的传染病报告工作，并对传染病报告工作开展督导和检查；

（3）建设、完善和维护传染病监测和预警网络报告系统。

2）疾病预防控制中心

作为传染病监测和预警的主体部门，疾病预防控制中心既需要接受卫生行政部门的领导，还要对承担传染病报告的医疗机构或个人进行管理和技术指导。

不同层次的疾控中心职责有所不同，县级疾控中心职责主要分为以下部分：

（1）组织实施并管理传染病疫情报告工作，具体包括传染病疫情资料的收集、核实和分析，并定期向卫生行政部门提交报告。

（2）动态监测传染病疫情报告的信息和传染病暴发流行事件，及时发现异常情况并进行核实并报告。

（3）对疫情报告机构或个人开展技术指导、人员培训、疫情报告质量评价和报告工作考核评估。

（4）根据需要制定单位内部网络直报管理办法并协调与网络报告相关的部门之间的联系，做好联防联控工作。

（5）传染病监测和预警系统的维护和数据的备份，确保报告数据安全。

3）医疗机构

医疗机构或个人(乡村医生)担任着传染病监测和预警系统中最一线的工作,因此其工作的及时性、准确性从根本上决定着整个系统运行的情况。核心工作就是传染病的诊断、报告、登记、核对、自查和上报,并协助疾病预防控制中心开展传染病疫情的调查。对机构能力的调查应该在基于以上传染病监测和预警系统的主体机构的不同职责上,对其工作是否开展、开展的频率、取得的成效等方面进行调查,综合评价系统的运行情况。

5.2.2 新型监测方法

随着科学技术的进步以及社会发展的需要,在传统监测方法和手段的基础上,发展起来一些新型的监测方法,比如无人机技术、物联网技术、智慧交通系统、智慧物流技术、传感器技术以及人群监测技术等。新型监测方法是相对传统监测方法而言,融合了其他新型技术而形成的更为先进的方法和手段。

1. 无人机技术

无人机(Unmanned Aerial Vehicle, UAV)以其质量轻、成本低、机动性强等特点受到广泛关注,从而被大量投入军事和民用领域,在军事侦察、目标搜索、信息搜集和安全防护等应用领域有着重要的意义。

1）无人机监测人群异常行为

随着人们对公共安全意识的提高,人群异常行为监测受到越来越多的关注,使得人群异常行为的研究成了计算机视觉领域中的一个学术热点。目前我国公共区域的监控系统大多是基于可见光的,但是基于可见光的人群异常行为监测受环境影响较大,并且临时性大型集会场所对固定的视频监控系统提出了更高的要求和挑战。针对上述问题,考虑人群与环境所成红外图像的差异和四旋翼无人机机动性强的特点,可应用无人机监测人群异常行为。

监控人群异常行为时,对于突发的群体性活动,微小型无人机以其响应快速和机动性强的优点,能实时跟踪事件的发展态势,有助于指挥中心实施不间断指挥处理。加装嵌入式图像处理器后,无人机还能够实时地对监控区域进行人群异常行为监测,并对异常行为进行报警,以便安防人员能够及时有效地采取应对措施。

2）无人机遥感技术

无人机遥感技术作为继传统航空、航天遥感之后的第 3 代遥感技术,可快速获取地理、资源、环境等空间遥感信息,完成遥感数据采集、处理和应用分析,同时具有机动、经济、安全等优点,无人机遥感技术是一个综合、系统的技术领域,其中的核心关键技术主要包括遥感传感器、影像拼接技术与数据实时传输存储技术三部分。

（1）无人机遥感传感器技术

传感器是无人机遥感技术发展的重要基础设备之一。20 世纪 80 年代以来,随着计算机技术的发展以及无人机遥感技术在环保领域应用的不断深入,面向环境监测领域的传感器在数字化、轻型化、探测精度以及种类等方面都取得了巨大进展,极大地推动了无人机遥感技术在环境监测领域的应用。

① 航拍图像传感器。随着 CCD 和 CMOS 图像传感器的日渐成熟,数码相机的性能也在不断提高,普通的数码相机的分辨率也已达到了 1 000 万像素以上,高分辨率的数码相机成为无人机低空遥感系统主流的传感器件。如依托中国科学院遥感应用研究所成立的北京国遥万维技术公司所开发的"Quikeye"系列无人机,采用的 Cannon 5D Mark Ⅱ,Cannon EOS 5D,Cannon EOS 300D,Cannon EOS 4500D 等相机,影像最大效像素为 2 100 万,信息采集精度为 0.1~0.4 m。

② 机载环境监测传感器。随着环境监测仪器设备的不断发展,面向水环境和大气环境监测小型化、轻型化的各类机载专用监测仪器设备的研制成为一个新兴的领域。这方面的设备从工作模式上,主要包括基于二维面状航拍作业模式的光谱类设备(如热红外成像仪、轻型红外航扫仪、红外扫描仪、微波辐射计等)和基于泵吸式点状采样监测模式的机载气体监测设备(如粒子探测仪、差分吸收光谱探测系统、电化学类气体监测设备等)。如中国科学院空间科学与应用研究中心研究的机载高分辨率微波辐射计,可用于海洋监测和土壤湿度测量。

（2）影像拼接技术

采用低空无人机遥感平台快速获取研究区域的影像,影像分辨率提高的同时,单张影像的视野范围较小,难以形成大区域环境的整体认知。因此,为得到整个区域的全景影像,必须实现若干影像的匹配拼接。受飞行姿态稳定性、飞行区域特殊地形、数码相机等因素影响,无人机遥感图像往往具有旋转变形大、幅宽小、数量多、重叠图不规则、地面控制点难获取等特点,运用传统的航空摄影流程进行图像拼接相对难度较大,而且速度较慢,在精度与效率方面有待进一步探索。

（3）数据实时传输存储技术

无人机监测数据的实时传输是无人机遥感系统的重要组成部分,这决定系统的规模与水平。地面控制站与无人机之间数据传输是通过数据链实现的。除具有遥感监测数据传输的重要功能之外,数据链还肩负着遥控、遥测和跟踪定位的功能作用。

早期无人机数据链大都采用分立体制,遥感监测数据传输与遥控、遥测和跟踪定位用各自独立的信道,设备复杂。20 世纪 80 年代后,为了简化设备或节省频谱,开始采用多功能合一的综合信道体制,目前常用的信道综合体制是"三合一"和"四合一"综合信道体制。所谓"三合一"综合信道体制是跟踪定位、遥测、遥控的统一载波体制,而遥感监测信息使用单独的下行通道,"四合一"综合信道体制则是指遥感监测信息传输与跟踪定位、遥测、遥控采用统一的载波体制。"四合一"综合信道体制的信道综合程度最高,在现代无人机数据链中得到广泛应用,但"三合一"综合信道体制将宽带与窄带信道分开,从某种角度来说具有一定的灵活性。

2. 物联网技术

2005 年,在突尼斯举办的信息社会世界峰会上,物联网的概念被正式确定,由此物联网作为一新兴产业开始发展起来。一些发达国家还出台了一系列的战略措施来落实物联网这一新兴的产业政策、措施,其中"智慧地球"概念被 IBM 公司提出,"物联网行动计划"被欧盟发达国家提出,还有日本出台的《i-Japan 战略 2015》等。

随着计算机、互联网和移动通信网络的发展,物联网逐渐发展起来并掀起了第三次信息化浪潮。作为新一代信息技术的重要组成部分,物联网被认为是信息化时代的一个重要发展阶段。

目前比较公认的物联网定义是:通过一些传感器比如红外感应器、激光扫描器等,遵循设定好的协议,把所有的物品都连接到互联网,进行信息的交换和通信,实现物品智能化识别、环境监控、物品跟踪和定位以及信息管理的一种网络。在城市风险管理中,物联网技术广泛应用于塔吊安全监测、城市供水系统漏损控制以及用于分析的设备健康状况监测等。

1)基于物联网的塔吊安全监测系统

近年来,随着建筑行业的快速发展,塔吊越来越广泛应用于建筑工地。但由于塔吊的工作环境复杂,容易受到外界环境以及自身因素的影响,近年来塔吊安全事故频发,不但带来了巨大的经济损失,而且也造成了不少人员伤亡。因此,如何利用现代的信息技术手段,有效地对塔吊进行安全监测,并分析影响塔吊安全的主要因素,预防塔吊倾翻事故的发生,对于提高建筑工地的安全性具有重大意义。

在物联网技术的基础上,设计出基于物联网的塔吊安全监测系统。系统分为三层结构,由风速、倾角、载重等传感器构成系统的感知层,用于采集塔吊运行时的风速及自身倾角、载重等物理信息;由 ZigBee 网络、主控模块和 GPRS 网络构成系统的网络层,用于实现数据在 ZigBee 网络和 GPRS 网络下的无线传输;由远程监测中心构成系统的应用层,用于显示塔吊的实时状态信息。

结合工地现场的监测数据,利用灰色关联分析理论分析影响塔吊安全性的因素,以倾角作为塔吊安全的映射量,计算出力矩、风速等因素的灰色关联度和权重,得出力矩是影响塔吊安全的主要因素,载重、转角及风速是次要因素等结论。

2)基于物联网的城市供水系统漏损控制技术

供水管网作为输水设施的一部分,对于智慧城市的建设和维持社会的发展有着至关重要的作用。管网的漏损是城市供水系统中比较普遍的现象,也是社会所面临的难题。影响漏损的因素很多,主要因素是供水管网水压过大、管道材料老化。

如何有效地控制管网漏损一直以来都受到供水行业的密切关注,国内外的从业人员也为此投入了大量的人力和物力,然而管网的漏损并没有得到很好的改善。管网漏损控制是城市供水系统管理中的技术难题,结合先进的物联网技术,设计基于物联网和云计算的城市供水管网漏损控制系统,克服 SCADA 系统数据监测与处理能力的不足,为供水管网漏损监控的科学决策管理提供有益的技术支撑。

3)基于物联网与大数据分析的设备健康状况监测技术

随着传统制造业的发展,工业设备的种类越来越多样化,工厂中的设备数量也在逐渐增多,这导致工业管理人员对工业设备的运行状况和健康状况很难把握,而工厂中核心设备的健康状况管理和设备维修更换的计划一直是工业管理的重点。此时,对工业设备健康状况进行快速方便地检测和预测就成了制造业领域亟待解决的重点需求。

目前物联网技术、大数据技术和机器学习技术都在日渐成熟,其三者和多个领域的结合已经成了发展的趋势。而三者在工业设备的健康状况管理方面有着天然的应用优势,随着国家智能制造战略的提出,传统制造业更加需要新兴技术来对其进行改造,因此利用三项技术相结合的方式是解决工业设备健康状况检测和预测的重要手段。

针对工业制造行业对智能管理的需求,以工业物联网技术、大数据技术和机器学习技术三者相结合来解决工业设备健康状况检测和预测。针对工厂中的打孔机设备(摇臂钻床),用物联网技术来解决工业设备数据采集,用大数据技术来解决海量工业数据的存储问题,用机器学习技术来判断和预测工业设备的运行和健康状态。

3. 智慧交通系统

智慧交通是在交通领域中充分运用物联网、云计算、人工智能、自动控制、移动互联网等现代电子信息技术面向交通运输的服务系统。以智慧交通系统的智慧型行车记录仪为例,其每隔 20 s 向监测中心发出信息,主要是交通信息、市政设施现状等,此外交通违法现象也可一路记录,比如违规变道、违规停车、抛物等,都能即时采集上传。出租车在全市各个路段开行,智能型行车记录仪安装在车上,监控范围可以涉及全市的各个角落,可以做到全覆盖记录。有的行车记录仪还有报警功能,比如一旦发现马路上某个路段的窨井盖缺损,会在监测中心的显示器上有所显示,工作人员立刻获取到信息并作出相应处理。

此外,上海高架桥梁安全运行大数据管理平台打造会"说话"的城市高架,终结类似"中环线大客车撞坏桥梁"的尴尬。作为城市高架的典型结构,很多城市的高架在超重车、集装箱卡车的高频作用下,出现了不同程度的损伤,甚至出现了影响结构安全及使用性能的病害。为此,在高架部分路段安装传感器,着重监测高架通行车辆的载重和身份信息,以及城市高架装配式结构的整体受力性能,监控高架结构寿命,进行风险预测,为安全事故应急处置以及城市高架的养护维修提供量化、科学、直观的参考。

4. 智慧物流技术

智慧物流(Intelligent Logistics System, ILS)首次由 IBM 提出,2009 年 12 月中国物流技术协会信息中心、华夏物联网、《物流技术与应用》编辑部联合提出智慧物流的概念。物流是在空间、时间变化中的商品等物质资料的动态状态。

(1)多元化的数据采集、感知技术。基于物联网的智慧物流,面对的是形式多样、信息关系异常复杂的各类数据,多元化的数据采集、感知技术,为智慧物流提供了基本的技术支撑。

(2)泛在网络支撑下可靠的数据传输技术。随着物联网的发展,泛在网络将成为信息通信网络的基础设施,在与其他网络融合的基础上,提供给智慧物流可靠的数据传输技术,为人们准确地提供各类信息。

（3）基于海量信息资源的智慧决策、安全保障及管理技术。对物联网海量感知信息的加工处理是智慧物流进行智慧决策的前提。

5. 传感器技术

目前应用较为广泛且成熟的传感器主要包括温湿度传感器、大气压传感器、风速传感器、风向传感器、数据采集器、GPRS 数据传输协议接口以及通信接口（RS485 接口）。

1）温湿度传感器

温湿度传感器的组成部分主要包括湿敏电容和转换电路两部分，湿敏电容是由玻璃底衬、下电极、湿敏材料、上电极四个部分组成。湿敏电容的两个下电极与湿敏材料、上电极构成的两个电容成串联连接。湿敏材料是一种高分子聚合物，它的介电常数随着环境的相对湿度变化而变化。当环境湿度发生变化时，湿敏元件的电容量随之发生改变，即当相对湿度增大时，湿敏电容量随之增大，反之减小（电容量通常 48～56pf）。传感器的转换电路把湿敏电容变化量转换成电压量变化，对应于相对湿度 0～100％RH 的变化，传感器的输出呈 0～1 V 的线性变化。

2）大气压传感器

大气压传感器主要的传感元件是一个对压强敏感的薄膜，它连接了一个柔性电阻器。当被测气体的压强降低或升高时，这个薄膜变形，该电阻器的阻值将会改变。电阻器的阻值发生变化。从传感元件取得 0～5 V 的信号电压，经过 A/D 转换由数据采集器接受，然后数据采集器以 GPRS/RS485 形式把结果传送给云平台/LED 显示屏。

3）风速传感器

风速传感器由风杯、传感器主体、电路模块、传输电缆等装置构成。风速传感器的风杯通常由高耐候性、高强度、防腐蚀和防水金属制造，可适应恶劣环境；电路模块具有极可靠的抗电磁干扰能力和高低电压保护能力，可确保主机在 −30 ℃～80 ℃，湿度 0～100％的环境中正常工作。由传感器风杯转动带动传感器轴承转动，再由光电转换进行数字量化处理，从而计算出风速值。

4）风向传感器

光电式风向传感器的核心采用绝对式格雷码盘编码（四位格雷码或七位格雷码），利用光电信号转换原理，可以准确地输出相对应的风向信息；电压式风向传感器的核心采用精密导电塑料传感器，通过电压信号输出相对应的风向信息；电子罗盘式风向传感器的核心采用电子罗盘定位绝对方向，通过 RS485 接口输出风向信息。

5）数据采集器

数据采集器是系统重要组成部分，数据采集系统整合了信号、传感器、激励器、信号调理、数据采集设备和应用软件。当系统从前端传感器监测数字信号和模拟信号时，数据采集器采集数据通过采集器处理成数字信号通过 DTU 传送到上位机进行分析统计处理。

6）GPRS 数据传输协议接口

采用协议：

PS 协议→data−6100A 型，与主机连接时采用。

透明协议→data - 6100B 型,与现场子设备连接时采用。

UDP 协议→data - 6100 型,使用 GPRS 网络传输数据时使用。

TCP 协议→data - 6100 型,使用 GPRS 网络传输数据时使用。

ModBus 协议→data - 6100 型,设置参数时使用。

7）通信接口（RS485 接口）

通信规格：

波特率(bit/s)：300，600，1 200，2 400，4 800，9 600，19 200。

数据格式：8bit 数据位、1bit 停止位、校验位(奇、偶、无)。

深圳沿海风险区气象预警、气象灾害监测、台风暴雨实时监控系统采用嵌入式技术,可用于测量风速、风向、气温、气湿、气压、全辐射、雨量、蒸发、土壤温度、土壤水分等各类气象数据。系统采用模块化设计,可根据用户需要(测量的气象要素)灵活增加或减少相应的模块和传感器,任意组合,方便、快捷地满足各类用户的需求。该系统自带显示、自动保存、实时时钟、数据通信等功能,具有技术先进、测量精度高、数据容量大、遥测距离远、可靠性高的优点。

6. 人群监测技术

人群监测技术能实现对人群进行定量的科学管理。主要包括人员的运动速度、密度和人员流量,人群的突然散开、突然聚集和滞留等。现有的监测技术主要有人工统计、机械统计、电子计数、射频识别技术、手机信号扫描计数及最新发展的智能图像监测识别技术。

（1）人工统计是在场所的出入口安排一些工作人员,在规定的时间段上报通过的人数,可用来统计人流的密度,该方法适用于出入口比较单一、对计数的实时性要求不高的场所。

（2）机械统计是在场所的出入口安装设备,每经过一人设备计数一次。最后将场所所有的出入口机械计数结果进行联网,并综合统计该场所的人流量。以上两种方法适合地铁、火车站等较为封闭的场所,不适合实时监测统计。

（3）电子计数是一种利用相关的票据信息进行人流量监测的手段,并利用计算机进行综合统计。它的原理和机械统计方法相似,不适合如上海外滩这种开放型场所的实时统计。

（4）射频识别技术是利用射频信号通过空间耦合来实现无接触信息传递并通过所传递信息达到识别目的的技术手段。利用该技术可追踪行人运动轨迹,记录人员到达指定位置的时间。综合分析这些数据,可以判断人员的路径选择、滞留时间和行走速度等。此方法适合固定人员光顾的场所类型,不适合上海外滩、北京西单这种开放性人流量巨大的场所。

（5）手机信号扫描技术是利用手机的基站确认有多少个手机即移动终端存在并统计数量的方法。多个基站组合统计就能确定手机终端所在位置。该技术已经开发出来并正在商业化。这种方法的缺点是只适合开放的一片区域,不适合狭长地段,同时无法统计没带手机和手机关机的人数以及带多部手机人数。同时因为我国有多家通信商,所以怎样协同合作计数也需要他们合作配合。

（6）智能图像监测识别技术是采用图像序列处理技术对特定的视频运动对象进行自动检

测、识别、跟踪。可有两种识别方法来判断人群密度：第一种是基于多分辨率分析的像素统计密度估计方法，算出区域内人群像素数占环境背景像素数的百分比，此方法较简单，但对于人群密度较高、有较多遮挡物时误差较大；第二种是基于纹理分析的方法，利用图像的纹理信息，得出区域人数，但此算法较复杂，难度较高。第二种方法较第一种优势明显，在我国很多城市人口密集地都有类似的监控识别技术。

例如，针对上海外滩踩踏事件对监控预警的改进措施：

（1）根据历年相同时间及重大节日同一地点的人群流动建立科学定量模型，对其聚集发展趋势进行预测、对可能出现的危险进行分级预警。通过计算机准确判断某一特定区域的典型风险，并提取、分析，从而对其进行科学、高效的监测。

（2）对人群流动及拥堵程度的预测、判断与预警级别的设定，可根据所在的空间和人群运动特点来确定。如上海外滩甬道人群聚集容易出现踩踏事件，而陈毅广场这些开阔地则相对安全，不容易出现事故。

（3）针对可能出现的问题，考虑根据人群规律、拥堵状态、计算机模拟以及事故案例等来确定其报警级别，还可依据短时交通情况来预测人群运动趋势，适时进行人流量的控制。人群聚集风险监测预警系统集成视频智能分析技术与人群聚集风险预警技术的研究成果，运用动态人群参数进行实时监控与报警，结合人群疏散技术，给出人群聚集风险控制方案与疏导策略。这样就能尽可能避免惨剧再次发生。

5.3　案例介绍

特大型城市如纽约、东京、北京、上海、深圳和天津等，由于城市发展快、人口规模大，相比其他城市，其城市风险种类更为繁多而复杂，城市运行中尤其重视城市风险的监测，把握城市各类风险的动态变化情况，根据风险监测数据和信息做好风险防控。这些城市的风险监测的技术、方法和手段均属于领先水平，值得其他城市借鉴和学习。

5.3.1　纽约城市安全监控

纽约在智慧交通、下水道管网和能耗监测等的城市安全监控方面进行了积极探索和实践，积累了较为丰富的经验。

1. 智慧交通

纽约智慧交通的建设始建于20世纪末，目前已建成一套智能化、覆盖全市的智慧交通信息系统，成为全美最发达的公共运输系统之一。纽约智能交通信息服务系统可以及时跟踪、监测全市所有交通状态的动态变化，极大方便了机动车驾驶者根据信息系统发布的交通拥堵和绕行最佳路线的信息选择行驶路线，以及相关部门根据后台智能监控系统提供的路况信息进行交通疏通处理。纽约在全市范围内广泛推行 E-Zpass 电子不停车收费系统，这种收费系统每车收费耗时不到 2 s,而收费通道的通行能力是人工收费通道的 5～10 倍。

集成的 311 代理呼叫热线解决方案面向全体居民、游客及企业提供政府部门的单点连接,从根本上转变了城市公用事业运作方式。自设立 311 热线以来,911 报警电话的呼叫量 34 年来首次下降,通过整合代理呼叫中心节省大量资金,预计将节省数百万美元财政支出。首次启动先进城市报警系统,该系统能实时汇总并综合分析各种公共安全数据和潜在威胁资料,为执法人员快速准确应对提供科学依据,指挥人员也可以参照各种数据对不同来源的资料进行综合分析,制作相应作战指挥图。

2. 下水道管网

近年来纽约市政府对下水道系统进行一系列维修改造工程:建立全市下水道电子地图,清晰显示市内下水管道和相关设施,方便施工人员的下水道清淤等作业活动。通过在下水道井盖下方安装电子监视器,对水流、水质、堵塞等情况适时不间断监测,当下水道堵塞水流水位高于警戒线时,监视器就会自动发出警报,工作人员根据监视器发回的信息及时采取相应措施,最大限度地预防灾害的发生,进一步提高了全市下水道的运行能力。

3. 能耗监测

纽约市制定 PLANYC 和市民行为设计指南等项目,从土地、水源、交通、能源、基础设施、气候等方面制订相应实施计划,通过对城市温室气体排放的智能管理和市民参与式城市治理,实现到 2030 年将纽约建成"21 世纪第一个可持续发展的城市"战略目标。纽约已启动"纽约市规划计划",对该市每座面积超过 5 万平方英尺[1 平方英尺 = 0.093 平方米(m^2)]的建筑物的能源使用情况进行年度测量和披露,旨在将纽约建设成为一个更加绿色、美好的城市。

此外,纽约市通过《开放数据法案》将各部门所有已对公众开放的数据纳入统一的网络入口,通过便于使用、可读的形式在互联网上开放。这些数据主要是涉及人口统计信息、用电量、犯罪记录、中小学教学评估、交通、小区噪声指标、停车位信息、住房租售、旅游景点汇总等与公众生活密切相关的信息,同时也包括饭店卫生检查、注册公司基本信息等与商业密切相关的数据。同时改造升级政府部门的电子邮件系统,并建立"纽约市商业快递"网站,进一步提高政府工作效率和服务水平。

5.3.2 深圳市台风暴雨实时监控系统

为了给市民缔结一张安全防护网,深圳市气象局针对预设风险区的手机用户发布突发预警信息,通过预警数据平台获取全市预设重点风险区的手机用户分布情况,实时更新重点风险区的手机用户地理位置,实现预警信息定向发布,发布区域最小范围为 1 km^2 级别。

除海滨、港口等场所外,车站、旅游景点、码头及机场、易涝区等人口密集区都被纳入深圳气象预警信息发布的预设重点风险区。

根据《突发事件预警信息发布管理规范》,在遭遇台风等重大天气过程中,旅游景区在接收到气象部门发布的预警信息后,有专门的应急处置方案,并采取相应的举措。除了对预设重点风险区的公众做好预警信息发布提醒之外,深圳市气象局还重点关注深圳辖区各旅游景点对预警信息发布的应急处置。

　　沿海风险区气象预警、气象灾害监测、台风暴雨实时监控系统是专为环境监测而开发的气象站。主要仪器、设备包括:安装于野外的气象监测仪,温度湿度、风速、风向、大气压,数据采集器,GPRS 数据传输模块、数据接收服务器、客户机软件(服务器和客户端可为同一台电脑),LED 大屏幕。

　　沿海风险区气象预警、气象灾害监测、台风暴雨实时监控系统通过前端传感器将实时监测浓度数据,一路通过 GPRS 传输网络经过 Internet 发送服务器监控中心(云平台),管理人员通过登陆 Web 网页版云平台查询数据、查看数据曲线分析图、下载历史数据报表以及查看数据运行电子地图运行状况;另一路通过 RS485 有线传输方式,数据传输到高清 LED 屏幕上,实现实时同步更新,管理人员也可以通过信息发布平台自主发布相关文字内容并实时更新,同步显示。

　　该监控系统特点如下:

　　(1) 气象站设备可在多种自然环境下正常工作,是全能型自动气象站;

　　(2) 数据采集系统精度准确、运行稳定可靠;

　　(3) 采集器内存容量大,可连续存储长时间的气象数据;

　　(4) 多功能、可扩展、自适应性强;

　　(5) 工艺精良,具有良好的抗腐蚀性;

　　(6) 先进完善的多种防雷保护设计,能有效地防治雷电干扰;

　　(7) 运行功耗低、自检能力强;

　　(8) 操作简便,易于安装维护和远、近程监控;

　　(9) 可利用太阳能供电方式,在无传统供电情况下连续正常工作;

　　(10) 可自动控制供电方式,并具有良好的节电性能;

　　(11) 传输方式多样,可用 GPRS、CDMA、GSM、有线等多种传输方式。

5.3.3　中新天津生态城风险动态监控平台

　　中新天津生态城坐落于天津滨海新区(距离天津市中心 40 km 处),是中国、新加坡两国政府战略性合作项目,也是世界上第一个国家间合作开发建设的生态城市。

　　为满足中国城市化发展的需求,同时为建设资源节约型、环境友好型社会提供积极的探讨和典型示范,占地 30 km² 的生态城以新加坡等发达国家的新城镇为样板,被建设成为一座可持续发展的城市型和谐社区。中新天津生态城建筑类型主要有板塔结合、多层、小高层、高层,物业类别包括普通住宅、公寓、商住和建筑综合体(图 5-2、图 5-3)。

　　中新天津生态城的特点主要有:

　　(1) 以生态修复和保护为目标,建设自然环境与人工环境共融共生的生态系统,实现人与

图 5-2　中新天津生态城鸟瞰图

图 5-3　中新天津生态城

自然的和谐共存;

（2）以绿色交通为支撑的紧凑型城市布局;

（3）以指标体系作为城市规划的依据,指导城市开发和建设的城市;

（4）以生态谷（生态廊道）、生态细胞（生态社区）构成城市基本构架;

（5）以城市直接饮用水为标志,在水质性缺水地区建立中水回用、雨水收集、水体修复为重点的生态循环水系统;

（6）以可再生能源利用为标志,加强节能减排,发展循环经济,构建资源节约型、环境友好型社会。

基于以上特点,中新天津生态城自规划、筹备阶段开始,便十分重视风险管控,积极推进区域风险分级管控体系建设,构建三个层面的风险动态监控平台。

根据不同行业领域特点,中新天津生态城安监局明确了各评估单元的安全风险类型及其基本风险,研究确定了各评估单元安全风险的主要影响因素,采用科学的安全风险计算方法和评估标准,确定了企业、行业领域和生态城整体的安全风险及等级,并实施分级管控,构建了覆盖生态城、行业领域和企业三个层面的安全风险管控平台。

中新天津生态城整体和行业领域层面的安全风险管控包括五个模块,分别为安全风险地图、安全现状、重大危险源、风险管控措施和安全风险预警;企业层面的安全风险管控包括六个模块,分别为企业风险信息、风险地图、风险管控措施、安全红线、企业安全生产资料和应急处置措施。企业和场所的安全风险主要通过网格化布局的安全员定期上报与安全风险调节系数有关的数据,城市安全风险信息化平台可根据上报数据自动计算出企业、行业领域和生态城整体的安全风险,从而实现对城市安全风险的动态监测和管控。城市安全风险动态监控平台可实现显示、关联和智能决策三大功能。

6 城市风险预警与应急

风险与城市发展共存,加强风险预警与应急管理、提高预防和处理风险的能力已成为国际社会和世界各国的共识,促进风险预警与应急体系的有机衔接与完善是提高城市风险管理水平的重要内容。风险预警在基于预警系统理论的基础上,通过监测预警指标值,设定预警阈值,计算出风险量,从而预警风险,提前预防以减少损失。从本质上讲,工程风险预警是工程风险管理的一部分,风险预警建立在风险界定、风险辨识、风险估计、风险评估的基础上,再结合了预警系统理论,形成风险管理模式。应急是指在正常的生产、生活过程中,当发生了具有破坏性质的意外事件时,对这种紧迫情况需采取的控制事态恶化、减轻事故损失的抢险措施,应急处理越及时有效,事故造成的损失相对就越小。

6.1 城市风险预警

城市风险指数的大小反映城市风险程度,可作为城市风险预警指标,根据风险指数大小划分风险预警警情程度。城市风险地图是通过开展详细的风险调查,形成风险数据库、编制风险清单,利用 GIS、GPRS 等信息技术手段,定位危险源点位信息,绘制城市安全风险电子地图,追踪认识、评估风险,结合风险预警机制,形成不同风险程度区域的风险管理措施,有效配置资源。

6.1.1 城市风险指数

指数理论在我国各行业领域的应用已经比较成熟,较常用的有居民消费价格指数、空气质量指数、股票指数等。在建筑工程领域,以建筑工程质量指数说明建筑工程质量水平变动程度的相对数,其基本功能是反映建筑工程质量水平的发展变化轨迹和发展态势,为政府部门加强工程质量监管提供决策依据,为建筑企业提供统计信息。上海市构建了建设工程质量安全指数和建材指数,如图 6-1 和图 6-2 所示。依据综合评价指标的评价,可得出不同时期的质量指数和建材指数,反映不同时期建设工程质量水平、建筑材料水平和发展变化情况。

风险系数(risk coefficient)是风险管理学科中的一个名词,它是指用具体的数值表示风险程度的方法,可通过建立风险等级指数、专家信心指数打分等方法构建定量化为主、定性为辅的城市运行风险指数结构,掌握风险发生的可能性及一定时期内风险的总体变化趋势,衡量风险

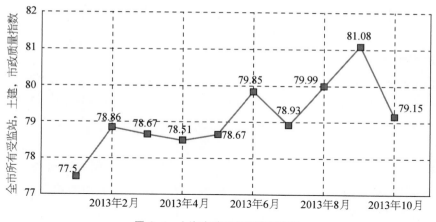

图 6-1 上海市建设工程质量指数

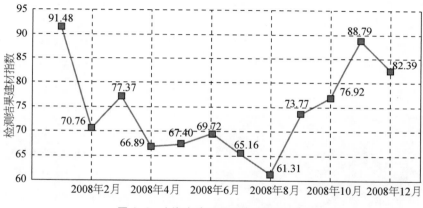

图 6-2 上海市建设工程建筑材料指数

对城市建设与运行的影响程度,支持管理者的决策应对。城市运行风险可分为自然环境类风险、基础设施运行风险、公共安全风险、城市社会风险等。城市风险指数是一项综合性指标,需根据城市运行风险因素及风险传递路径的分析,选取合适的城市运行风险指标,建立城市运行风险指标体系,作为计算城市运行风险指数的基础。

对于能够实时监测数据的城市运行风险指标体系,可采用 $P \times C$ 法计算城市运行风险指数。由城市运行风险案例数据库推理分析风险事件发生的可能性 P,根据风险实时监测数据预测分析风险的影响程度 C,由 $R = P \times C$ 计算城市运行风险指数。

对于没有监测数据的城市运行风险指标体系,可采用专家打分法确定各指标的得分和权重,计算城市运行风险指数;若风险指标体系中既包括能实时监测的可定量化风险指标,又包括没有监测数据的定性化风险指标,可采用 $P \times C$ 法与专家打分法的定量与定性相结合的城市运行风险指数计算方法。通过计算城市建筑、城市生命线及交通运输等几大城市风险领域的风险指数,以建筑、城市生命线及交通运输等领域的风险指数为基础,结合风险数据库和专家打分法确定各风险领域的权重,可集合形成城市运行风险综合指数。

6.1.2 城市风险地图

风险地图是按照一定的数学基础,用特定的图示符号和颜色将空间范围内行为主体对客观事物认识的不确定性所导致的结果的概率进行表达的过程,即利用地图表达环境中的风险信息,利用风险地图进行城市灾害应急管理。

由于灾害风险图信息的多样性与复杂性,以及人们在运用风险图进行应用决策及其决策过程中的各个阶段对风险信息的需求具有差异,用一幅图来表述所有的风险信息是不可能的。"灾害风险地图"应是服务于不同需求目标的一组风险特征地图的组合,它是由不同的致灾因子风险图构成的一个整体,或称为"风险图集",它完整地表述了区域的综合风险特征。

风险地图在应急管理中具有多方面的重要作用。通过现代地理信息技术的支持,在计算机环境中利用风险建模和预测模拟灾害的发生和发展过程,研究自然及人为灾变现象和周围环境的相互作用机制,探索灾害系统的某些本质规律,为灾害的预测预报提供依据。数字风险地图还可以支持数字地球技术对灾害进行综合分析,对灾害造成的损失和灾害发展的态势,以及灾害对生态环境和社会经济发展造成的影响进行科学地评估。利用风险地图有助于应急管理部门的决策者迅速获知险情发生的地点和程度,制定科学合理的抢险救灾措施和人员物资撤离方案,最大可能地避免或减少人员伤亡和人民生命财产损失,针对发生灾害区域自然环境特点和社会经济状况,制定和实施科学合理的灾后重建规划,为灾区人民恢复生活与生产提供服务。

图 6-3 城市风险地图示意图

以深圳为例,深圳市开展了全市公共安全风险评估,对全市城市风险点、危险源进行了评估,绘制了"红、橙、黄、蓝"由高到低的安全风险分级电子地图,如图 6-3 所示。通过风险电子地图的展示和查询,达到综合管控全市风险现状,全面降低城市安全风险的目的。

6.1.3 城市风险预警系统

城市风险预警系统是根据所研究对象的特点,通过收集相关的资料信息,监控风险因素的变动趋势,并评价各种风险状态偏离预警线的强弱程度,向决策层发出预警信号并提前采取预控对策的系统,包括风险识别、风险评价、风险预警和风险控制等子系统。因此,要构建预警系统首先构建评价指标体系,并对指标类别加以分析处理;其次,依据预警模型,对评价指标体系进行综合评判;最后,依据评判结果设置预警区间,并采取相应对策。

风险预警系统是基于预警理论原理,为完成一项预警任务而建立起的一套有机完整系统,一般包括以下要素:

(1)警义:指预警对象,包括两个方面,一是警素,指构成警情的指标,即城市运行过程中出现了什么样的警情;二是警度,是警情目前的状态,即警情的严重程度。

(2)警源:城市运行风险警源可按风险划分,分为自然环境类、基础设施运行风险、公共安全、城市社会类等,明确警源是风险预警工作的逻辑起点。

(3)警情:警情是警源在运动过程中产生的负面扰动发展到一定程度表现出的外部形态,例如,城市建筑火灾、施工事故等。

(4)警兆:指不稳定性因素孕育过程中等待显露出来的迹象,是警源发展到警情的中间状态。

(5)警限:警限是警情的合理测试尺度,是量变达到质变的临界点,也是风险事件即将发生的"临界点"。

(6)警级:根据警情的警限,通过定性分析和定量分析的结合,研究警兆预报的区间,根据警情的严重程度人为划分的风险预警级别就是警级。其实质就是警源出现负面扰动继而发展到一定程度的量化结果,它是预警系统的最终信息形式的表达。

城市风险预警体系的建议,首先要进行风险识别,建立风险预警指标体系,根据风险预警指标值划分警级、预警指标值预报警度,预警流程如图6-4所示。

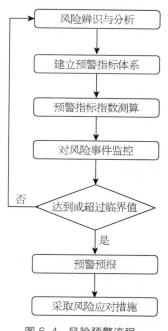

图6-4 风险预警流程

风险预警方法可以分为定性方法和定量方法,定性方法主要有专家评议法、专家调查法、事故树法、影响图法等;定量方法主要借助统计和人工智能技术对风险进行分析,有多元判别法、层次分析法、蒙特卡罗模拟法、人工神经网络法等。风险预测需要对大量的信息进行综合分析,落后的人工管理手段已经无法适应,只有依靠高科技手段,结合人工管理,提高分析的自动化水平和处理能力,才能逐步提高风险预测的准确性和及时性。因此,要在城市中建立一个高度自动化、智能化的风险预警系统,通过对预警指标的监测和测算,开展动量的、动态的风险评估和预警,从而采取合理的应对措施,降低城市运行风险事件发生的概率和损失,为城市安全运营保驾护航。

6.2 城市风险应急管理

风险应急管理的对象是突发事件,是指突然发生、造成或者可能造成严重的社会、经济和环境等危害,需要采取紧急处置措施予以应对的事件。应急管理是指政府及其他公共机构在突发事件的事前预防、事发应对、事中处置和善后恢复过程中,通过建立必要的应对机制,采取一系列必要措施,应用科学、技术、规划与管理等手段,保障公众生命、健康和财产安全,促进社会和谐健康发展的有关活动。

6.2.1　城市风险应急相关法律法规

近年来,我国政府相继颁布的一系列法律法规和文件,包括《中华人民共和国安全生产法》《中华人民共和国突发事件应对法》《中华人民共和国防洪法》《中华人民共和国防震减灾法》等;《国家突发公共事件总体应急预案》《突发公共卫生事件应急条例》《危险化学品安全管理条例》《关于特大安全事故行政责任追究的规定》《特种设备安全监察条例》《生产安全事故报告和调查处理条例》《生产安全事故应急预案管理办法》《生产经营单位生产安全事故应急预案评审指南(试行)》《突发事件应急演练指南》和《国务院关于进一步加强企业安全生产工作的通知》等,对危险化学品、特大安全事故、重大危险源等应急救援工作提出了相应的规定和要求。

《中华人民共和国安全生产法》第十七条规定:生产经营单位的主要负责人具有组织制定并实施本单位的生产安全事故应急救援预案的职责。第三十三条规定:生产经营单位对重大危险源应当制定应急救援预案,并告知从业人员和相关人员在紧急情况下应当采取的应急措施。第六十八条规定:县级以上地方各级人民政府应当组织有关部门制定本行政区域内特大生产安全事故应急救援预案,建立应急救援体系。

《中华人民共和国突发事件应对法》建立了统一领导、综合协调、分类管理、分级负责、属地为主的应急管理体制,覆盖了"预防、预备、监测、预警、处置、恢复重建"的全过程,规定了突发事件的内涵、突发事件的分类和分级、突发事件应急管理体制、突发事件的预防与应急准备、突发事件的信息报告、预警制度、应急处置与救援措施、事后恢复与重建制度等内容。该法属于非常态法律秩序中行政应急管理工作的基本法,标志着突发事件应对工作全面进入法制化轨道,意义重大,是我国应急体系建设的里程碑事件。

《危险化学品安全管理条例》(国务院令第344号)第四十九条规定:县级以上地方各级人民政府负责危险化学品安全监督管理综合工作的部门会同同级有关部门制定危险化学品事故应急救援预案,报本级人民政府批准后实施。第五十条规定:危险化学品单位应当制定本单位事故应急救援预案,配备应急救援人员和必要的应急救援器材和设备,并定期组织演练。危险化学品事故应急救援预案应当报设区的市级人民政府负责化学品安全监督管理综合工作的部门备案。第六十九条规定:县级以上地方人民政府安全生产监督管理部门应当会同工业和信息化、环境保护、公安、卫生、交通运输、铁路、质量监督检验检疫等部门,根据本地区实际情况,制定危险化学品事故应急预案,报本级人民政府批准。第七十条规定:危险化学品单位应当制定本单位危险化学品事故应急预案,配备应急救援人员和必要的应急救援器材、设备,并定期组织应急救援演练。危险化学品单位应当将其危险化学品事故应急预案报所在地设区的市级人民政府安全生产监督管理部门备案。

国务院《特种设备安全监察条例》第六十五条规定:特种设备安全监督管理部门应当制定特

种设备应急预案。特种设备使用单位应当制定事故应急专项预案,并定期进行事故应急演练。

6.2.2　城市风险应急实践

上海城市规模大、现代化水平高,城市风险应急管理工作更加重要和紧迫。自 2001 年起,上海市开始探索建立城市应急管理体系。相比于传统的应急管理体系,上海特大型城市应急管理具有综合性更强、应急反应更快、覆盖面更广、保障体系更全、防范更严密的特点,本节从上海市的政策环境以及城市应急体系两方面,并结合具体案例进行介绍,以此说明城市风险应急的策略。

1. 政策环境

2006 年 1 月,上海市发布《上海市突发公共事件总体应急预案》,该应急预案是上海市应对突发公共事件的整体计划、规划程序和行动指南,也是指导各级政府部门和有关单位编制应急预案的规范性文件。根据总体应急预案的指导,上海将逐步建立横向到边、纵向到底、网格化、全覆盖的应急预案体系框架,使应急管理工作进社区、进农村、进企业。

2012 年 12 月 26 日上海市第十三届人民代表大会常务委员会第三十八次会议通过《上海市实施〈中华人民共和国突发事件应对法〉办法》(以下简称"实施办法"),自 2013 年 5 月 1 日起开始施行。实施办法对上海市行政区域内突发事件(是指突然发生,造成或者可能造成严重社会危害,需要采取应急处置措施予以应对的自然灾害、事故灾难、公共卫生事件和社会安全事件)的应急准备、值守与预警、应急联动与处置、善后与恢复重建等活动的规定,并按照国家有关规定的分级标准,将突发事件分为特别重大、重大、较大和一般四个等级。

其他相关的政策文件还包括《上海市人民政府关于印发修订后的上海市突发事件应急联动处置办法的通知》(沪府办〔2015〕49 号)、《上海市安全生产委员会关于切实加强生产安全事故应急处置工作的意见》(沪安委会〔2014〕4 号)、《上海市人民政府办公厅关于进一步明确突发事件应急处置现场指挥的意见》(沪府办〔2014〕88 号)、《上海市人民政府办公厅关于进一步加强街镇基层应急管理工作的意见》(沪府办发〔2016〕8 号)等。

2. 组建完善的城市应急体系

上海市突发公共事件应急管理委员会(简称市应急委)是上海应急工作的领导机构,决定和部署上海市突发公共事件应急管理工作;市应急委下属的上海市应急管理委员会办公室(简称市应急办)是市应急委的日常办事机构,设在市政府办公厅,具体承担值守应急、信息汇总、办理和督促落实市应急委的决定事项,组织编制、修订市总体应急预案,组织审核专项和部门应急预案,综合协调全市应急管理体系建设及应急演练、保障和宣传培训等工作,其工作机构由市发展改革委、市经济信息化委、市商务委、市教委、市科委和市公安局等 57 个机构组成(表 6-1)。

上海市应急管理体系的特点体现在:一是综合性强,设立了全市统一的应急管理指挥和协调机构,即市应急委,有利于充分发挥不同部门的协同联动作用,更好应对突发事件综合性、衍生性的特点;二是覆盖面宽,建立了市、区、街道的三级应急管理网络,可覆盖全市所有区域和各类型突发事件。

表 6-1　　　　　　　　　　　　　　　上海市应急管理组织架构

序号	机构	工作职责
1	领导机构	上海市突发公共事件应急管理委员会(简称市应急委)决定和部署本市突发公共事件应急管理工作
2	办事机构	上海市应急管理委员会办公室(简称市应急办)是市应急委的日常办事机构,设在市政府办公厅,具体承担值守应急、信息汇总、办理和督促落实市应急委的决定事项;组织编制、修订市总体应急预案,组织审核专项和部门应急预案;综合协调全市应急管理体系建设及应急演练、保障和宣传培训等工作
3	工作机构	包括市发展改革委、市经济信息化委、市商务委、市教委、市科委、市公安局、市民政局、市财政局、市住房与城乡建设管理委、市农委、市生态环境局、市自然资源局、市水务局、市文广影视局、市卫生计生委、市政府外办、市旅游局、市绿化市容局、市交通委、市安全监管局、市民防办、市政府法制办、市金融办、市政府新闻办、市食品药品监管局、民航华东地区管理局、上海铁路局、上海海事局、市气象局、市地震局、市通信管理局、上海出入境检验检疫局、国家海洋局东海分局、申能集团、市电力公司、机场集团、市民族宗教委、市司法局、市国资委、市工商局、市质量技监局、市信访办、市粮食局、市消防局、上海打捞局、东海救助局、上港集团、上海化工区管委会、虹桥商务区管委会、申通集团、宝钢集团、中石化上海石化有限公司等 57 家单位
4	市级基层应急管理单元	选择一些重点区域和高危行业重点单位作为市级基层应急管理单元,通过明确组织体系、应急预案、应急保障、工作机制和指挥信息平台 5 个应急管理要素,实现管理区间、环节、时限、对象的全覆盖; 目前上海市有洋山深水港单元、上海化工区单元、浦东和虹桥国际机场单元、铁路上海站单元、轨道交通站单元、民防工程及地下空间单元、宝钢单元、上海石化单元、虹桥综合交通枢纽单元 9 个市级基层应急管理单元
5	各区应急机构	各区成立应急委员会,负责本区内应急管理工作;并设置应急办公室,如浦东新区应急委、浦东新区应急办
6	专家机构	市应急委和各应急管理工作机构根据实际需要建立各类专业人才库,组织聘请有关专家组成专家组,为应急管理提供决策建议,必要时参加突发公共事件的应急处置工作,提供智囊服务
7	应急联动中心	上海市应急联动中心可有效整合相关力量和社会公共资源,对全市范围内的突发事件和应急求助进行应急处置;统一受理全市各类突发事件和应急求助的报警,组织、协调、指挥、调度相关联动单位开展应急处置
8	应急救援总队	市、区消防局按照"一支队伍、两块牌子"的运作模式成立应急救援总队,在承担消防工作的同时,承担重大灾害事故和其他以抢救人员生命为主的综合性应急救援任务,包括地震等自然灾害,建筑施工事故、道路交通事故、空难等生产安全事故,恐怖袭击、群众遇险等社会安全事件的抢险救援任务;还协助开展水旱灾害、气象灾害、地质灾害、森林草原火灾、生物灾害、危险化学品事故、水上事故、环境污染、核与辐射事故和突发公共卫生事件等突发事件的抢险救援工作

注: 摘自"上海应急"官网。

3. 城市应急管理模式

在应急预案体系方面,上海构建了市总体预案、区分级预案、专项和部门预案以及重大活动应急预案为主体的应急预案体系,基本涵盖了突发事件应对的各个方面和环节,注重预防性,针对本市发生概率较高的火灾、轨道交通事故等强化应急预案体系的建设,在应对各种突发事件中总结经验,检查、充实和完善预案。在应急管理体制方面,上海市建立健全以分类管理、分级负责、条块结合、属地管理为主的应急管理体制,加强基层应急管理单元建设,实行网格化、全覆盖,强化区域、时段、环节全覆盖,条、块、点相结合的工作格局。在应急运行机制方面,强化预测与预警机制,建立了气象、地震、海洋灾害等自然灾害监测预警预报体系以及事故灾害的预防预测。在应急保障制度方面,形成了各区域、各灾种管理部门的信息交换网络、综合性应急队伍体系以及经费和物资保障;加强应急管理宣传和应急演练,提高全社会的风险应急意识和能力。提高城市应急管理能力,要健全应急管理体制,全面深化市、区两级基层应急管理单元建设,将应急单元建设与网格化管理有机结合,提高基层预防和处置突发事件能力;健全应急运行机制,整合现有资源、提高效能,在预防预警、应急处置、恢复建设等各个环节,加强纵向之间、横向之间、内外之间联动,形成整体合力,完善城市应急管理的法制、能力建设,进一步健全特大型城市应急管理模式。

上海以世博会应急管理和风险防控等典型、成功案例,深化应急管理十字方针、单元化及网格化管理模式、基层应急管理"六有"模式、"一案三制"(一个应急预案、三个工作机制)、应急联动机制、风险管理和隐患排查机制、"保险+自控+第三方服务机制"等。比如,在"一案三制"方面,上海市运行风险管理体系主要侧重于应急管理,从早期条块分割模式的安全监管模式,到逐步开始综合减灾和应急处置工作,现已建立以"一案三制"为核心的应急管理体系。

在社区风险防控方面,上海是我国较早探索社区治理和风险防控的特大城市,社区公共设施维护保养、日常秩序和安全管理、小区环境治理等运行难题,在风险治理体系与机制创新、风险评估方法与流程和风险监控平台与管理指标体系等方面进行探索,为社区风险治理提供可复制、可推广的理论和实践参考。

在体制机制方面,进一步加强目标管理的系统性,提升城市管理目标的精准度;进一步加强部门管理的协同性,落实管理领域的牵头部门、配合部门和兜底部门,强化区区间联动和各级协同,在治理上形成合力;进一步加强机制管理的常效性,逐渐固化行之有效的措施,形成常态化长效机制,提升管理成效。

在防控措施方面,谨防破窗效应,构建综合预警体系,改变应急管理的思维定式,从以事件为中心转变为以风险为中心,强化城市风险控制和应急管理并举的管理模式,建立风险源普查、风险评估、风险沟通等相关制度;加强监管信息和基础数据的共建共享,尤其在高危行业、重点工程、重点领域构建完善的风险监测和预警管理信息共享平台。

4. 实践案例——上海翁牌冷藏实业有限公司"8·31"重大氨泄漏事故的处置

2013年8月31日10时50分左右,位于上海宝山区丰翔路1258号的上海翁牌冷藏实业有限公司(下称"企业")发生氨泄漏事故,造成 15 人死亡、7 人重伤、18 人轻伤。

1) 应急处置情况

市应急联动中心接报后,立即指令公安、消防、卫生、安全生产监管等应急救援队伍赶赴现场,按照危化品泄漏应急预案,开展应急救援行动。经过 3 个多小时紧张处置,共搜救出 40 多名被困人员,但其中 15 人已经死亡。

(1) 侦查警戒,疏散人员。11 时 15 分,现场救援力量疏散厂区人员,并清点人员;组建侦检小组深入事故点查看;组织侦检小组进入车间内部检测泄漏气体浓度,寻找泄漏点;组织警戒小组,负责现场警戒,防止围观人员进入厂区。经侦检小组仪器检测,现场检测浓度未达到爆炸极限。为防止潜在的灾情突变风险,公安、消防扩大现场警戒范围,并对进入内部的抢险人员和抢救出的遇险人员实施登记。

(2) 关阀断料,控制险情。11 时 23 分,根据逃生人员提供的信息,基本确认内部泄漏部位为车间内管道,消防官兵会同厂方技术人员,进入泄漏区实施关阀作业。11 时 26 分,通过切断管路紧急切断阀,关闭泄漏液氨管道。在关闭阀门后,消防官兵及厂方技术人员又多批次进入泄漏区,通过不间断检测和近距离观察,核实关阀情况。

(3) 全面搜救,抢救人员。11 时 23 分,在组织关阀的同时组成 2 个搜救小组,分别由车间南、北两侧相向进入,实施全面搜索,1 小时内先后疏散和搜救 40 余名。

(4) 破墙通风,降低浓度。13 时 30 分许,根据现场情况,现场指挥部要求对液氨泄漏部位外墙进行部分拆除,破窗破墙扩大通风面积,加强空气流通,降低氨气浓度。

(5) 稀释洗消,消除隐患。11 时 58 分,在事故现场南北各设置 1 路喷雾水,后又在南侧将水枪伸长至泄漏点,增强稀释效果。12 时 20 分,又增设一路供水线路从北面进入车间,对泄漏点稀释降毒。14 时 23 分,车间内氨气浓度明显下降。洗消车在厂区门口设置洗消点,对进入内部的抢险人员、器材实施洗消,防止造成交叉感染。

2) 善后工作情况

宝山区政府按照"在赔偿实施上依法合情合理,在化解时间上尽快实质启动,在化解结果上促成案结事了"的原则,统一指挥、分头落实,既依法有序又人性化地开展善后工作。

(1) 细致做好家属接待安抚等工作。宝山区政府采取"5+1"模式(1 名园区干部、1 名政法干部、1 名机关干部、1 名医务人员、1 名律师加 1 名公安干警),通过"一对一"工作机制,稳妥稳定推进善后家属思想工作。

(2) 加紧善后赔付工作准备。督促企业履行主体责任,及时向伤者、死亡人员和家属表态,向社会公众表明态度,负责任地与家属沟通。督促企业确认伤者和死亡人员的劳动关系、缴纳社会保险,指导企业进行工伤认定申报,督促企业抓紧筹措资金,落实赔偿方案。

(3) 防范群体性事件发生。加强研判预判,排除善后赔偿协商中可能遇到的干扰。一方面,邀请法律顾问、律师等,研究形成善后民事赔偿法律研判意见书,及时与企业沟通并督促其形成赔偿方案,指定第三方法律监管账户,确保赔偿资金监管安全;另一方面,锁定伤亡人员直系主要亲属。对伤亡人员家属进行逐户分析,梳理赔偿协商中直系主要亲属、确定矛盾防范与化解的主攻目标,为善后赔偿实质性接触、协商做好针对性准备。

(4)搞好舆情应对。在市政府新闻办指导下,以宝山区新闻办牵头组成媒体应对工作组,及时在主流媒体、政府信息平台统一发布事故处置及后续工作情况,回应社会公众关切;密切关注媒体舆情动态,设立新闻媒体现场接待点,统筹协调媒体记者采访,采取积极应对措施,加强信息发布与引导。

3)分析思考

(1)要进一步落实事发单位即时处置。事发企业能否在第一时间实施有效自救、互救,是最大限度降低人员伤亡的关键之一。事发单位要在确保安全的前提下,按照相应应急预案,及时组织抢救遇险人员,控制危险源,封锁危险场所,杜绝盲目施救,防止事态扩大;明确并落实生产现场带班人员、班组长和调度人员直接处置权和指挥权,在遇到险情或事故征兆时立即下达停产撤人命令,组织现场人员及时、有序撤离到安全地点,减少人员伤亡。

(2)要进一步加强安全生产责任制。按照有关法律法规,切实落实安全生产的企业法人的主体责任、政府部门的监管责任、基层的属地管理责任,提高企业和职工的安全意识,建立长效机制,杜绝部分企业在风险隐患排查等方面存在的不到位、不落实等现象,要坚持"三个强化、两个从严",即强化源头管理、强化责任落实、强化隐患排查,做到从严管理、从严执法。

(3)要进一步抓好安全生产排查整治。深刻吸取事故教训,举一反三,推动有关企业开展彻底的、全覆盖的自查自纠,及时排查整改隐患,对生产经营、施工建设中的非法违法行为、违规违章行为,严格落实"四个一律"措施,即一律关闭取缔、一律按照规定上限予以处罚、一律责令停产整顿、一律依法追究法律责任,坚决防范类似事故再次发生。

6.2.3 城市风险应急体系

城市风险应急体系内容包括应急领导和指挥体制、应急管理日常办事机构、突发公共事件应急指挥中心、编制应急预案、应急管理专家咨询组织、预警信息系统、应急管理信息网络、应急管理保障系统、应急管理资金、应急机制建设发展规划、应急管理政策法规体系、应急管理宣传教育和培训演练、应急管理的科学研究和人才培养。目前中国建设城市应急机制,应充分注意两个方面的问题:

(1)城市综合减灾系统存在的问题。城市具有人口集中、产业集中、财富集中、建(构)筑物集中的特点,从而也带来了各种灾害集中的特点。灾害的一个核心特性,就是一种灾情的形成多是由几种灾因复杂叠加而形成,表现为主灾发生后往往伴随着多种次生灾害发生,从而造成严重恶果。这种城市灾害的连发性、共生共存的复杂性、社会影响的广泛性和破坏的残酷性,使人们认识到,把握城市灾害发生的特点和规律,必须要形成一套城市综合减灾系统,提高综合减灾的自觉性和主动性,尽量把灾害造成的损失降到最小程度。

(2)城市公共安全应急联动系统存在的问题。城市危急事件一旦产生,影响是多方面的,要求的专业处理能力也是多方面的。例如,火灾危急事件的处理,不仅要求消防部门出动,还会要求卫生急救部门、交通部门、起重部门、供水部门、供电部门等部门的联动,如果后者跟不上,很可能会引起次级灾害。这就需要一个完善的整合处理流程,其主要内容包括事件信息接收、评估、决策、发布和反馈等环节。支撑这一事件处理流程的平台就是城市应急联动指挥系统,它不仅涉及电话系统、视频监控、交通控制、GPS、车载 ABL、局域网等 IT 技术,还涉及政府体制、城市自然条件、管理模式和认识等问题。因此,城市应急联动系统是一个巨大的系统工程。从我国应急联动建设实践情况来看,遇到的首要问题不是技术问题,而是体制问题。

解决这两大方面管理问题依托于一系列的制度性建设,正是应急机制的建设内容。

1. 基本法律建设

虽然国家已经颁布了一系列与处理突发事件有关的法律,例如《中华人民共和国防震减灾法》《中华人民共和国防洪法》《传染病防治法》《安全生产法》《戒严法》等,但都是针对不同类型突发事件的分别立法,这种类型的立法往往存在着不同法律规范之间的矛盾,使发生综合性危害时无法可依。同时,各部门都针对自己所负责的事项立法,"各扫门前雪",很难保证沟通和协作;而"以邻为壑",会大大削弱处理突发事件的协作与合力。为此,建设我国城市综合应急机制的法律,是城市公共安全管理的重要任务。国际经验表明,做好城市运行安全应急管理和风险防控,必须要有法律保障。我国于 2007 年已经颁布实施了《突发事件应对法》,至今十多年来在应对 2008 年南方雨雪冰冻灾害、"5·12"汶川特大地震灾害等过程中又积累了相当多的经验,国家应急管理部的成立也从组织架构上彻底理顺了应急管理和风险防控法治体系构建的思路,这些都为做好城市运行重大风险防控立法工作提供了重要的基础条件。

2. 信息制度建设

信息管理系统对突发事件的处理起着极其重要的作用:一为决策者提供及时和准确的信息;二为民众传递信息,避免民众情绪失控。目前发生各类突发事件时,政府管理都是以部门为单位逐级汇报,快捷、有效沟通渠道还不完善;信息分散和部门垄断,无法在危难时刻统一调集、迅速汇总;一些城市虽然建设了应急指挥系统,提高了协同程度和应急反应速度,但由于信息获取、协调指挥效率与指挥中心不匹配可能形成所谓的"指挥孤岛",而由于应急管理人员不可能"全知全能"而可能引发"指挥风险";也可能由于系统可靠性问题产生"清零危机",等等。为此,尽快形成城市应急管理的综合信息系统和运转机制,是城市公共安全机制的重要建设内容。

3. 公共服务保障体系的建设

目前我国应对社会变动和市场经济波动起抗衡和缓冲作用的综合社会保障体系还很不完善,公共卫生服务的覆盖面还很低,一旦发生突发事件,往往不能够尽快地消除危害,这就需要加快社会保障综合体系的建设。此外,中国城市对公众的危机教育不足,防灾应急教育还没有纳入城市教学体系中;市民警觉性较差,缺乏自救、救护的防灾意识和能力。这些方面与发达国家还存在着明显的差距。

搭建中国特色城市运行应急管理和风险防控体系架构,对传统的单灾害管理和民防系统进行增量改革,遵循应急预案先行,体制、机制跟上,应急法制再补位的顺序,遵循应急管理发展的规律,运用创新理念推动应急管理法制、体制、机制以及文化理念等方面创新。

基本原则:始终坚持预防为主、始终坚持法治思维、始终坚持科学方法、始终坚持以人为本的观念、始终坚持信息公开透明等。

总体思路:深刻领会国家领导人关于应急管理的国家大安全观,通过深入分析城市风险主要领域和风险点,提出面向防灾、减灾和救灾的"主动防范、系统应对、标本兼治、守住底线"等总体思路。

实施阶段:在分析总结国内外和上海正反两方面风险管控和应急管理案例、经验、启示、借鉴等基础上,从全灾种、全过程、全方位、全社会和全球化等视角统筹城市应急管理和风险防控体制机制,实现全生命周期风险管控。

4. 典型城市的应急管理体系

通过调研并梳理国内外典型城市如纽约、上海的城市应急管理模式,为城市风险应急管理提供借鉴和参考。

1) 纽约市应急管理

(1) 应急组织。纽约市应急管理办公室是纽约市进行应急管理的重要常设机构,是纽约市应急管理的最高指挥协调机构,下设健康和医疗科、人道服务科、恢复和控制服务等四个工作单元。此外,纽约市危机管理办公室管辖有城市搜索和救援队伍,主要由纽约市警察局和消防局有关人员构成,其管理权放在当地应急管理部门或者消防部门。

(2) 应急机制。应急管理办公室工作内容主要包含三个方面,各方面的工作机制如下:

① 突发事件监控。突发事件监控中心是应急管理办公室的信息枢纽。监控人员通过广播和计算机信息网络,监控涉及公共安全的众多机构所接收的突发事件相关信息,并负责将这些信息传递到纽约市政府、纽约州政府、联邦政府等有关机构、非营利组织、公共设施的经营方以及医院等医疗机构,监控信息中包括天气信息。

② 突发事件处置。事件发生后,应急管理办公室负责协调各个机构之间的应急活动。当影响较小的突发事件发生时,"事态室"启动使用,在这个地方,应急管理办公室的决策人员和执行人员通过一系列的工具,对突发事件的发展情形进行评估,听取现场处置人员的报告,并负责调配资源加强应对。当影响较大的突发事件发生时,启动应急运行中心,纽约市的领导官员,以及纽约州、联邦和私营机构的有关人员汇聚在应急运行中心,协调突发事件处置工作。该中心配备有先进的通信设施和突发事件指挥控制系统。

③ 与公众进行信息沟通。应急管理办公室与公众的信息沟通包括两个方面:一是突发事件事发前的公众教育,帮助市民为可能出现的突发事件做好准备,使公众在突发事件发生时有效应对,减少损失;二是突发事件发生时,向公众传播突发事件相关信息,避免恐慌以减小事件影响。突发事件发生时,应急管理办公室负责协调与市长办公室和其他职能机构的沟通,以保

证各个机构能以统一的口径向公众传递突发事件相关信息。

（3）应急管理特点。以应急管理办公室为龙头，直接归属市长领导，消防、民防、警署等多种力量构成的"高效率、全方位"的一个组织网络。在应对不断爆发的各种突发事件的过程中，指挥权归属地方政府，重视各阶段的信息管理和风险评估工作，在应急管理中重视信息化技术和广泛公众参与，依靠政府、企业和民众的紧密配合、通力协作，逐步形成了高效的应急系统和较好的应急管理能力。

2）上海市应急管理

（1）应急管理组织体系。依据《上海市突发公共事件总体应急预案》的相关规定，上海市建立由领导机构、办事机构、工作机构和专家机构等构成的应急组织体系。

① 领导机构，就是上海市突发公共事件应急管理委员会，简称应急委。上海市市政府是上海市突发公共事件应急管理工作的行政领导机构。

② 办事机构，指上海市应急办。作为上海市应急委的日常办事机构，负责综合协调上海市应急工作，办公地点设在市政府办公厅。具体业务范围包括四个方面：一是制定本市总体应急预案、审核专项和部门应急预案；二是值守应急、信息汇总、办理和督促落实上级决定事项；三是从测、报、防、抗、救、援等方面对应急工作进行监督、检查、指导；四是宣传培训和安全保障工作等。

③ 工作机构，指的是具有应急处置职责的市级机构、有关职能部门和单位。

④ 专家机构，是指为了发挥专家学者的智力优势，为应急管理提供决策建议并积极参与突发事件的处置工作，上海市根据突发事件应急工作需要，建立起的各类专业人才库包括各类专家组、专业人才。

（2）应急管理机制。为进一步提高突发事件的指挥协调和快速反应能力，上海市于2001年11月建立了市应急联动中心，作为市突发事件应急响应的核心机构。目前，上海市已做到了110、119、120等特服号码的互联互通，实现了市民报警"一号通"的目标。工作实践中，上海市为调动各级地方组织的积极性和创造性，避免推诿扯皮、耽误时间等现象的发生，以"属地化""高效率"为原则，实行"两级政府、三级管理、四级网络"的分级负责制度。

政府是突发事件应急管理工作的责任主体，这在世界各国都是如此。近年来，除政府以外，普通公众、非政府组织、社会团体等社会机构也越来越多参与到城市的运行管理和应急管理工作中来。

在国外的美国纽约、日本东京和新加坡等城市，一些较为成熟的志愿者组织、基层社区自治组织、医院等非营利性组织、企业等社会各类力量都越来越多地参与到城市应急管理工作中。

国内的北京、上海和深圳等城市已经加强了对公众的应急宣传教育，一些企业和志愿者组织也自愿参与到城市突发事件应急管理体系中来，可以有效地提高应对处置突发事件风险的能力，提高城市的运行管理效率。

因此，要进一步完善应急管理体系和机制，从传统的政府一元主体主导的行政化管理体系转型升级为开放性、系统化的多元共治的城市精细化治理体系；构筑政府主导、市场主体、社会参与的城市精细化管理机制,明确各方在城市管理中的主要职责,在现有城市管理流程的基础上,通过网格化管理平台搭建和政府、企业和公众协同共治机制。

6.3　城市风险预警与应急设想

根据城市应急管理的职能分析,城市应急预测是城市突发事件发生前实施应急管理的一项重要环节。根据我国相关法律,具有潜在危险的事件也可理解为突发事件,所以城市应急预测系统包括数据采集、数据分析、预测模型与算法、人机交互、公布结果等,系统以及时、准确获取安全隐患信息为目标。

据研究,通过大数据智能分析,93%的人类行为是可以预测的,城市安全问题核心还是人,因此,大数据将在城市应急管理领域中发挥重要作用,尤其是应急预测系统;通过构建以数据为中心的体系,解决以人为核心的安全问题。

6.3.1　城市风险预警与应急内容与方法

风险预警则是预防、化解风险的发生,将风险造成的损失降到最低的有效手段,并与应急机制有机衔接,促进风险预警与应急体系的形成与完善,不断提高预防和处理风险的能力。

1.　建立风险预警与应急体系要做的工作

(1) 完善法规、健全法制。完善风险预警、应急的法律保障,使其规范化、制度化,有法可依,依法执行。

(2) 建立预警、应急预案。发生风险事件后,可快速、有效组织应急工作开展。

(3) 加强培训、协同应对。加强各部门的培训、演练和教育,形成统一指挥、反应快速、协调一致、功能完善的预警和应急管理机制。

(4) 科学预警、科学应急。充分发挥行业专家、学者和专业人员的力量,借助先进的技术手段,为预警和应急管理工作提供技术支撑。

(5) 信息发布、社会知情。及时、准确、全面发布相关预警应急信息,引导社会民众理性对待和参与。

2.　风险预警应急管理

风险预警应急管理为事前、事中、事后三大环节,事前主要以提高风险认识、风险缩减、信息监测和预警系统为主的防范能力,事中主要是启动各项风险预警应急系统、对事件处理,事后指对风险事件进行评估、处理善后事宜等。主要内容包括:

1) 风险识别

只有尽早地识别风险,才能尽早采取有效手段降低风险。

2) 信息监测

信息监测是非常重要、起关键性作用的技术性工作,要加强监测数据采取、监测设备、监测技术、数据分析、监测系统、人员水平等各方面的能力建设,建立一支技术过关、数据准确、监测及时、设备先进的监测队伍。

3)预警应急支持系统包括:

(1)建立和维护预警应急信息管理系统,建立风险预警指标体系,收集国内外先进的应急方法和标准,建立数据库管理系统;

(2)建立和维护事故预警应急处理专家数据库,可及时为突发事件提供专家技术支持;

(3)建立事故处理预案库,根据事故类别、特点,及时对处理方法、应急技术要求和类似案例进行搜索,从而提供可供选择的方案列表;

(4)建立应急资源管理系统,确保应急管理机构可及时查询应急资源的地点、数量、质量等信息。

4)预警

预警包括报警、接警和处警。《国家突发公共事件总体应急预案》将各类突发公共事件分为根据预测分析结果,对可能发生和可以预警的突发公共事件进行预警。

预警级别依据突发公共事件可能造成的危害程度、紧急程度和发展势态,一般划分为四级:Ⅰ级(特别严重)、Ⅱ级(严重)、Ⅲ级(较重)和Ⅳ级(一般),依次用红色、橙色、黄色和蓝色表示。预警信息包括突发公共事件的类别、预警级别、起始时间、可能影响范围、警示事项、应采取的措施和发布机关等。根据不同的预警等级做出相关的应急响应。

5)应急结束和应急评价

国内外预警应急方法主要有模型法、人工神经网络法、回归方法、马尔科夫链、模糊数学法、先行指标法、时间序列、向量机、小波分析、数据挖掘、决策树方法、混沌方法、灰色理论、预防调查法、专家评估法、组合优化法、组合预测等。

近年来,大数据、人工智能、云计算等信息技术的发展为风险预警预测提供了新的思路和方法,信息采集、自动监测网络系统、智能预警等系统的开发与应用使风险预警和应急实现智能化。

6.3.2 城市风险预警体系

城市固有的开放性特征决定了很多人或物都可能成为风险的受害者,这也是城市在面临风险考验时所表现出脆弱性特征的原因。但是,城市作为高密集区域,预警不可能面面俱到,有效的做法是结合风险指数进行评级与分类,对城市可能遭受风险打击损失最大的对象做出重点预警。政府承担重点预警的责任,将关键性要素从外部危险因素隔离开来。对于非重点受灾因子,重大事故背后的隐患预警,单靠政府机制还不够,需要更多的社会结构性单元如社区来承担风险化解的功能,弥补政府机制的不足。

安全管理经常引用一个术语叫作"海因里希事故法则":在 1 件重大安全事故的背后必有29 件轻度事故的发生,并同时存在 300 件潜在隐患。根据这一法则,任何一个单位要成功对300 件隐患进行准确预警是有困难的,但基于风险指数的分类管理策略能够帮助决策者找到

"最重要的重大事故"。相应地,这个预警责任由最具权威的政府组织承担。因此,发现风险的相关信息必须掌握在政府手里,而且政府要能够确信风险打击的信号是清晰的。政府的进一步工作是将城市重点部分建设给予充分的保护措施,一旦风险发生,便能够将重点的关键性要件隔离保护起来。城市重要设施、重大项目、人群密集区域等无疑是重点保护的预警对象,而城市供水、公用事业管道等也应该有分散化预警的必要。构建预警系统不但需要适合整体风险管理与战略,还涉及基于技术、过程与组织结构及其人员的预警系统构建等整体战略部署。政府与社会的合作需要各自在城市风险预警中的角色定位准确,其中,政府发挥主导作用。前文提及的事关重大问题的"事故"类预警,理应由政府承担责任,而对于那些众多"隐患"类的预警,社会主体起着弥补的作用。

　　风险预警就是基于预警系统理论的基础上,通过监测预警指标值,设定预警阈值,计算出工程施工风险量,从而预警工程风险,提前预防以减少损失。从本质上讲,工程风险预警是工程风险管理的一部分,风险预警是建立在风险界定、风险辨识、风险估计、风险评估的基础上,结合预警系统理论,形成的风险管理模式(图6-5)。工程风险管理理论的相关知识,都可以应用到工程风险预警中。

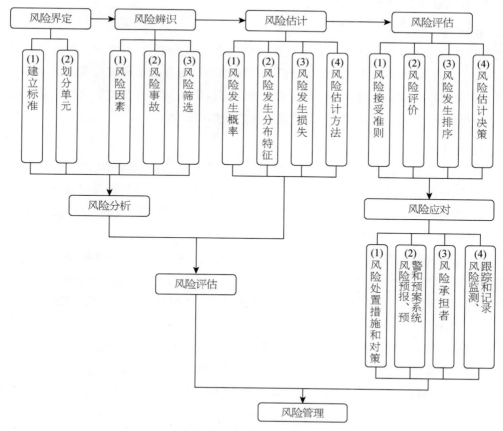

图6-5　风险管理基本流程

风险预警首先有一定的信息基础,才能进行信息分析、转化和归纳,在预警过程中,还必须对信息不断进行更新,以满足预警系统需求;预警最终输出结果是预报和建议信息,预警信息是对原始信息进行处理、转化后得到的有用信息,是一种高密集度的警示信息。风险预警的根本目的是预控,通过反馈控制将过程结果与预期结果的差异进行比较,优化控制措施,支持风险决策。

近年来,我国加快在气象、洪涝、地震、地质等灾害监测站网建设,着力提高灾害预测预警预报能力,目前已初步形成了灾害遥感监测业务体系、气象预报预警体系、水文监测预警预报体系、地震监测预警体系、地质灾害监测系统等。此外,分布在全国各地的基层灾害信息员、地质灾害群策群防监测员在灾害监测方面发挥着重要作用。因此,城市风险预警体系的建设应借鉴灾害预测预警的成功经验,借助大数据、GIS、物联网、人工智能等新兴技术;用好大数据,形成数字化模型与城市规划、运营和安全管理的联动;用云计算、云技术,依靠云端的信息分析、数据挖掘、风险预警等技术,支撑现代化城市的管理和运行;用好平台,开展数字化平台建设和功能整合,统一标准体系建设,实现数据库统一存储,构建城市管理的一体化平台;用好移动互联网,加强移动互联网技术与城市管理的结合,开辟微信、微博等多媒体渠道,接受群众对城市管理的监督。

6.3.3 城市风险应急设想

1. 数据预处理

随着智慧城市建设的推进,城市信息化设施的完善,以及物联网、互联网和大数据云计算技术的应用,一方面,城市多源数据的量与日俱增,海量数据由云平台汇聚与交换;另一方面,存在大量伪数据和假数据需要清理,因此,有必要设置数据的集成、清洗、格式变换和数据活化等预处理,即进行数据"粗加工",以提高后期处理算法的精确和高效。

2. 预测技术

大数据时代的来临,使得城市风险治理模式出现了重大变革,即所谓的"大数据需要大理论"。在国外,华盛顿、伦敦、慕尼黑和纽约等城市运用了大数据进行风险治理的尝试;在国内,上海和深圳等特大城市已纳入智慧城市(smart city)建设战略规划,大数据已逐渐成为城市风险治理的新趋势。

大数据城市风险治理框架分为"两个面向、六个维度":两个面向是指风险治理技术和风险治理思维,治理技术分为分析技术和设施技术;六个维度分别是多方协同、过程治理、环境风险、健康风险、经济风险和社会风险,这一治理框架有利于实现"透彻感知""全面互联""深度整合""协同运行""智能治理"和"创新治理"等目标。

大数据城市风险治理促使传统治理技术向现代风险治理技术转型,即从传统空间技术向大数据时空分析技术转型,从传统二维地理信息、三维可视化向大数据时代四维地理信息技术转型,从传统周期的静态数据向实时获取动态大数据技术转型,从传统有限服务向现代大数据广泛服务转型,从传统风险信息获取、处理及应用分离向大数据时代"三位一体"分析技术转型,从传统狭义风险信息向广义网络化大数据风险信息技术转型,从传统事后分析向大数据挖掘及事前与实时决策技术转型。

3. 城市应急预测系统架构

在突发事件发生前,通过技术手段对各种因素进行实时、持续、动态的监测、收集、汇总和分析相关数据和信息,运用预测模型和预测技术,根据事件类型设置参数或指标,科学预测突发事件的可能性以及事件发展趋势,为政府职能部门提供准确、及时的建议,这是城市应急预测系统的基本功能。当然,数据是预测的依据,理论是预测的基础,模型是预测手段;预测系统核心是预测性算法和预测模型。前者决定了预测的准确性和效率,后者决定了预测的有效性和复杂性(图 6-6)。

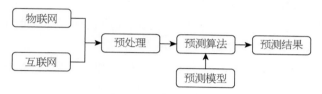

图 6-6　城市应急预测系统框图

城市应急预测预警是指城市政府职能部门通过信息系统观察、监测、分析、预测等方式,对突发事件发生与发展的可能性进行评估与预测,并对可能发生或即将发生的突发事件发出预警信息的活动。其主要任务如下:

(1)对突发事件的种类、范围、规模和地点做出预测预警,先预测,后预警;

(2)对本区域防范与处置资源进行预测与调配;

(3)对次生和衍生灾难做好预测和准备;

(4)根据现有信息和案例,为应急机构提供科学建议。城市应急预测预警体系是指负责城市应急预测预警职能的技术、情报、实体和资源,如应急办、应急队伍、应急技术和装备等。

4. 基本组成

城市应急预测预警体系基本分为 4 层架构:

(1)城市感知层,通过城市各种信息网络以及个人智能终端等设备,采集海量数据,接入大数据信息平台;

(2)数据管理层,通过云存储架构的数据中心,实现大数据分布式存储与计算,分行业、产业、领域进行预处理和交换;

(3)数据活化层,这是关键性技术,通过数据活化处理,重新赋予数据以生命,重构城市数字映像,应用数字孪生技术;

(4)数据应用层,通过设置预警范围、预警因子和预警阈值等参数,结合预测技术,及时发现突发事件的隐患(图 6-7)。

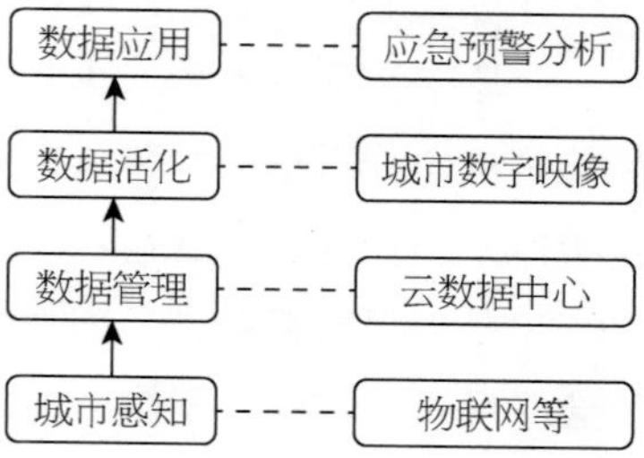

图 6-7　城市应急预测预警
体系部分示意

5. 建设思路

1)一条主线

通过"分层共享、分集活化、分类预测、分级预警"一条主线,实现与智慧城市建设有机结合。

（1）分层共享，根据城市数据三层模型，分为基础设施数据、城市空间数据和城市运行数据，设置相关权限进行资源共享，如杭州的三种数据共享模式；

（2）分集活化，通过构建"数据细胞"，激活数据生命体，分级、分类组成智能数据集；

（3）分类预测，根据事件类型和特点，应用大数据预测模型，科学分类、准确预测；

（4）分级预警，根据将要发生的事件规模和危害程度，按相关规定设置四级预警等级。

2）两个维度

随着现代网络技术的飞速发展，网民们都拥有自己的空间或维度：①真实的实体空间；②虚拟的数据空间。后者与人类关系越来越紧密。

城市作为人类生活、工作和学习的主要集中区域，对应也有两个空间，因此，城市管理功能的实现与布局，应从这两个维度进行研究与思考：

（1）应用数字孪生技术，可以解决虚拟空间与传统空间的不足，融合两个维度，取长补短，优化资源配置；

（2）智慧城市建设存在一些问题，需要城市应急预测预警体系建设从虚拟和实体两个维度进行布局和重构。

3）三个保障

（1）法律上，目前大数据应用正在兴起，数据的采集、汇聚、清洗、转换和活化，急需规范数据处理等行为，如涉及国家安全和个人信息的数据处理等。

（2）机制上，采用双机制模式：一个是城市安全风险评估机制，通过城市安全网、社会力量和应急智库，应用大数据分析方法，综合各种因素，提出城市安全风险评估等级与防范措施；另一个是城市应急预测预警机制，集中政府专业力量，如公安机关、应急部队等，通过大数据情报分析中心，发现与预测突发事件的前兆信息，发布预警信号。

（3）技术上，通过大数据云计算技术，结合应急业务特点，运用人工智能深度学习算法，融合数据活化和数字孪生技术，应用智慧城市建设成果，构建智慧型城市应急预警体系。

针对城市运行应急管理和风险防控，重点做好以下几个方面内容：

一是完善风控体系。城市运行风险点多，影响面广，且相互叠加，传导机制复杂，尽快构建风险辨识的分析框架和传导机制，建立覆盖政府、社会、企业、社团和群众五位一体的风险防范政策体系，有效防范化解各类可能出现的风险，守住不发生系统性风险的底线。

二是加强科普培训。加强城市运行安全应急管理和风险防控的教育普及，加强宣传引导，构建多形式、多层次、多媒体的宣传模式，培养市民现代公民意识和社会自治能力。

三是发布城市运行安全应急管理和风险防控预警白（蓝）皮书。对城市生命线、交通出行、人居环境、大型活动场所等重大风险源的风险交互做出精细化分析，并由此提出重大风险的综合性和交互性，开展多项风险间的路径分析、多维风险间的交互分析、多层风险间的整合分析、多个风险主体的态度分析等，形成城市运行安全应急管理和风险防控预警白（蓝）皮书。

6.4　风险预警案例

6.4.1　基坑风险预警案例

伴随城市化建设步伐的加快,(超)高层建筑逐渐增多,与之密切相关的基坑工程建设规模不断扩大。基坑监测可对基坑支护结构及周边环境安全状态进行检查,以便及时发现并反馈险情隐患,采取必要措施予以消除。为确保基坑工程现场施工的稳定性与安全性,应构建完善的基坑工程安全施工监管机制。

近年来,随着计算机网络与通信技术的发展,基坑监测管理系统研究已取得较多成果,但存在以下主要问题:

(1) 大多满足实测数据计算分析的要求,成果显示以文字表格形式为主,信息可视化方面有待加强。

(2) 集中于地铁、隧道等工程监测领域,建筑基坑监测极少应用。

(3) 局限于单一工程,缺乏地区性信息集成监管平台。此外,在实际工作中,多数单位仍以纸质图表形式上交监测成果,具有滞后性,难以第一时间掌握基坑监测信息。

以下介绍一种集监测数据处理、传输、查询、分析、统计、管理等功能于一体的南京市建筑基坑变形预警与安全监控系统。

1. 体系结构

本系统的建立旨在充分发挥C/S与B/S模式的优势,实现二者协同作业。在监测单位客户端,涉及各类数据处理与信息分析问题,顾及数据计算稳定性与安全性,对于各单一工程实测数据处理部分,拟采用C/S结构的业务应用模块界面;在全局监管服务器端,系统将各工程上传的监测成果统一存放于后台数据库中,依据用户权限,为各方提供对应的Web服务。

如图6-8所示,系统将统一的数据库集成至底层,以"内外网物理隔离"原则设计网络体系,周密地进行结构设计、模块划分与功能实现,其结构体系主要遵循以下原则:

(1) 采用三层结构,将数据层、应用层与用户层分离,用户可在独立情况下访问系统,提高了系统的可管理性与可维护性;

(2) 借助面向对象建模方法,不同对象间依赖性小,以UML技术指导整个设计与开发活动;

(3) 利用流行的组件技术及面向对象的软件工程技术,便于功能拓展与系统升级;

(4) 以信息化监管服务为核心,重视操作人性化。

2. 功能需求

本系统用户群由监测单位、参建单位(含建设、设计、施工与监理等单位)、质监部门共同组成,根据工作需求的不同,分别在C/S与B/S模式下设计可供各用户协同作业所涉及的功能模块。

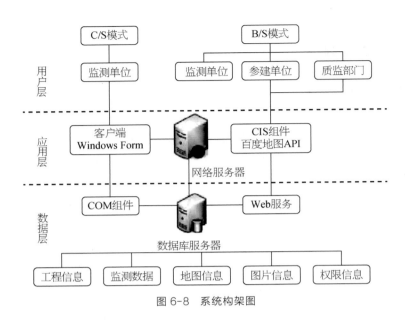

图 6-8 系统构架图

C/S 应用模块为提高建筑基坑监测数据处理效率与准确性,C/S 模式下系统模块主要供监测单位作业人员使用,实现将传统的手工计算、表格归档形式转向便捷高效的计算机电子化分析管理方式,包括项目新建、数据入库、数据处理、预警预报、点图制作、成果输出、文件上传等功能。

项目新建:根据单一工程监测方案,建立相关数据表结构,包括工程基本信息表、监测点属性信息表、监测项目实测数据表与成果数据表。

数据入库:实测数据按入库方式可分为两种,对于人工读数仪器,采取单项表单录入方式;对于电子记录设备,选用批量文件导入方式。

数据处理:各大类监测项目数据处理流程互有差异,部分项目实测数据需经历预处理过程,以竖向位移为例,应先通过平差计算获取各监测点高程成果。在此基础上,再分别求解本期变化量、累计变化量、本期变化速率等评价指标。

预警预报:经自动比对,对某项评价指标超出预警值范围的监测点即时提醒,以便进一步分析。此外,借助回归分析、灰色系统、时间序列等模型,利用选定的样本数据对关键监测点变形趋势进行动态预测。

点图制作:自动识别 CAD, JPG, PDF 等格式基坑监测点分布设计图,通过系统工具赋予各点空间及属性信息,生成 Flash 格式及相应的 XML 数据文件,供 B/S 系统模块中监测数据与点图可视化关联调用。

成果输出:通过规范化模板嵌套,根据用户需求自动生成图文并茂的日报表、巡视报告、阶段性报告、总结报告、预警报告等监测成果文件,用于在线上传、打印签章或内部存档等事务。

文件上传:利用 FTP 文件传送协议,在登录验证后,监测单位将基本信息、监测成果、点图资料等按指定的格式上传至质监部门的数据服务器。

3. 应用模块

模块采用面向服务架构的多层 B/S 网络结构,主要用于集中管理本地区建筑基坑监测成果,实现监测信息可视化,支持多方共同参与,包括用户登录、监测申报、在线审核、地图监控、数据查询、统计分析、信息反馈、权限管理等功能。

用户登录:通过登录信息确定账号类型(包括监测单位、参建单位、质监部门与系统管理员),并赋予相应的操作权限,其中,监测申报、在线审核与权限管理分别为监测单位、质监部门与系统管理员独有权限,其他功能各方均享有,区别在于质监部门可浏览辖区内所有建筑基坑工程信息,而监测单位与参建单位仅能查询各自承担工程的相关数据。

监测申报:建筑基坑开挖前,监测单位联合参建单位确定监测方案,并在线填写基本信息,提交电子申报材料,经质监部门同意后,建立数字化档案,纳入信息化监管。

在线审核:若监测单位向质监部门数据服务器上传有新的成果文件,将在工作界面及时提醒质监员进行审核,对于符合要求的数据,经确认后自动录入对应数据库;否则,退回监测单位修改完善。

地图监控、数据查询与统计分析:以基坑工程所处地理坐标为基准,将用户权限范围内在建工程以不同颜色符号标示于电子地图相应位置,以显著区分各基坑工程最新安全状况(蓝色表示所有监测点变形量均未超限,黄色、橙色与红色分别表示出现监测点变形量达到允许限值的60%、80%与100%),通过地图标示点链接,可查看对应基坑工程的基本信息、详细数据及近期图片,并实现存在安全隐患部位与测点分布图的联动;支持工程名称、时间区间、所属区域、监测等级等条件的联合查询,并根据查询结果生成对应的统计图表(如年度表、趋势图、柱状图、饼状图等),直观地展示所需掌握的基坑工程安全性指标数据。

信息反馈:根据基坑工程最新监测成果与安全状态,各方可相互提出合理的反馈建议,通过网络消息告知相关单位。此外,也可借助在线平台发布法规文件、行业新闻、会议通知等。

权限管理:系统管理员完成登录用户增减、关键信息修改、用户权限分配等事务。

6.4.2 危险品运输风险预警案例

近年来我国年道路运输危险货物量在 4 亿吨左右,其中 95% 以上的危险化学品涉及异地运输问题。国内外相关事故案例的统计数据显示,危险化学品运输事故占危险化学品事故总数的30%~40%。以危险品运输中的油罐车运输为例,说明油罐车运输风险指数构建方法及确定油罐车运输风险预警等级,并形成油罐车运输自动预警报告。

1. 构建油罐车运输风险指标体系

通过对油罐车运输风险案例的分析,结合实地调研和文献阅读,采用 WBS-RBS 风险分析与识别技术,对油罐车运输风险进行 WBS 和 RBS 分解:油罐车运输分解为装卸、存储和运输等3 项工作,油罐车运输风险分解为人员风险、技术风险、环境风险和自然风险等 4 个方面,建立风险耦合矩阵,得到风险预警指标体系。根据专家调查法和数据库数据分析,应用层次分析法确定各风险因素、风险因子及风险指标权重,如表 6-2 所示。

表 6-2　　　　　　　　　　　　　　油罐车运输风险因子及风险因素权重

风险因素	权重	风险因子	权重	风险指标	权重
人员因素	0.3	驾驶人员状态	0.5	持续驾驶时间	0.6
				驾照扣分情况	0.4
		装卸人员状态	0.3	装卸经验	0.6
				继续教育	0.4
		存储管理人员状态	0.2	管理经验	0.6
				继续教育	0.4
技术因素	0.2	运输物状态	0.4	油罐车类型	0.2
				油品类型	0.8
		车况	0.4	车辆保险(年检及日常维护)	0.3
				应急救援设备	0.2
				行车速度	0.3
				车辆行驶路线	0.2
		操作方法	0.2	操作流程	0.3
				管理制度	0.2
				标识	0.2
				规定执行情况	0.3
环境因素	0.2	路况	1	行驶区域	0.3
				周边建筑物	0.1
				临近作业	0.3
				火源	0.3
自然因素	0.3	气候	1	气温	0.3
				风力	0.3
				降雨量	0.2
				降雪量	0.2

2. 油罐车运输风险监测

油罐车运输风险指标的监测采用定量监测为主、定性监测为辅的方式。对油罐车行车速度、气温、风力、降雨量等有实时监测数据来源的风险因子进行定量跟踪监测,对油罐车运输的风险因子如持续驾驶时间、继续教育情况、油品类型和车辆保险(年检及日常维护)等进行定性的跟踪监测。针对油罐车运输风险因素的作用分析,建立油罐车运输风险监测数据系统。

3. 油罐车运输风险指数

通过对以往油罐车运输风险事故的调研、分析和总结,依据现行《油罐车运输管理规定》,制定了油罐车运输风险指标(部分)打分细则。对某个风险指标而言,如果其发生概率较大或事故发生后造成的损失也较大,相应的分值也较高。以持续驾驶时间、继续教育、油品类型、车辆保险(年检及日常维护)、应急救援设备、行驶速度、交通事故(车辆本身)、交通事故(周围)、临近作业、火源、气温、降雨量、风力、降雪量等几个指标为例,制定各指标打分细则,对油罐车运输风险的定量监测结果和定性监测结果进行专家打分,指标得分乘以各自权重,得到油罐车运输风险指标得分,进而得到风险因子得分和风险因素得分,所得分值越大,风险越高。

4. 油罐车运输风险预警

油罐车运输风险预警以指数法预警为主、非指数法预警为辅,针对油罐车运输所涉及的人员因素、技术因素、环境因素和自然因素等风险的监测预警指标进行研究,根据油罐车运输风险指数建立监测预警等级。油罐车运输风险预警等级分为四级,从高到低依次为Ⅰ级(红色预警,预警等级最高)、Ⅱ级(橙色预警,预警等级其次)、Ⅲ级(黄色预警,预警等级再次)、Ⅳ级(蓝色预警,预警等级最低),如表6-3所示。

表6-3 油罐车运输风险预警等级划分

风险指数	8~10分	6~7分	3~5分	1~2分
预警等级	Ⅰ级	Ⅱ级	Ⅲ级	Ⅳ级

5. 风险预警

2016年7月30日星期天,一辆油罐车上午11时从沪宜公路南翔镇往浦东新区高科中路加油站运输12t汽油。油罐车从嘉定区出发,途经普陀区、虹口区和杨浦区,最后到达目的地——浦东新区高科中路加油站,其运输路线如图6-9所示。

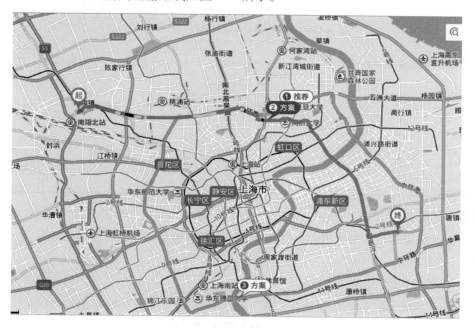

图6-9 某油罐车运输路线

油库和加油站的管理规范,标识规范;操作人员经培训上岗,经验丰富,操作规范。油库附近 20～50 m 范围有饭店、铝合金门窗店、居民楼,还有一个基坑工程正在开挖;加油站10～20 m 范围有盾构隧道施工,加油站附件建筑物密集而复杂,有饭店、铝合金门窗店、居民楼,铝合金门窗加工需要焊接。

驾驶员过去的一年内没有违章记录。本次运输任务按设计路线行驶时间为 4 h。

油罐运输车辆配设交通事故应急设施,应急设施处于有效状态;由于运输公司管理方职责疏忽,同时为节约运输成本,油罐运输车辆在过去的 1 年内没有进行保养。

另据上海市气象局发布的天气预报,风力为 4 级,最高气温达 36 ℃。

1）初始预警(定性跟踪监测)

根据以往数据案例和本次危险品运输实况,由油罐车运输定性跟踪监测指标确定的初始预警分析如表 6-4 所示。

表 6-4　　　　　　　　　　　　　油罐车运输风险指数取值

风险因素	风险因子	风险指标	权重	打分	指标得分	因子得分	因素得分	风险指数
人员因素	驾驶人员状态	持续驾驶时间	0.09	6	0.54	0.54	0.61	
	存储管理人员状态	继续教育	0.07	1	0.07	0.07		
技术因素	运输物状态	油品类型	0.03	8	0.24	0.24	0.544	
	车况	车辆保险(年检及日常维护)	0.028	8	0.224	0.304		
		应急救援设备	0.016	3	0.048			
		行车速度	0.016	2	0.032			
环境因素	路况/周边环境	交通事故(油罐车自身)	0.12	8	0.96	2.93	2.93	6.044
		交通事故(周边环境)	0.11	7	0.77			
		临近作业	0.07	8	0.56			
		火源	0.08	8	0.64			
自然因素	气候	气温	0.16	10	1.6	1.96	1.96	
		风力	0.09	4	0.36			
		降雨量	0.06	0	0			
		降雪量	0.06	0	0			

表 6-4 分析表明,本次危险品(汽油)运输风险指数为 6.044,预警等级为 Ⅱ 级,橙色预警。主要风险因素是危险品类型为汽油、车况(未及时进行保养)、周边环境(火源隐患、基坑开挖和盾构施工)以及高温天气。

2）实时监控预警(定量跟踪监测)

由于运输时间为非工作日,油罐车按正常路线行驶,行驶过程中道路通畅,行车记录仪记载其最大行驶速度为超速30%。中午12时左右,满载95号汽油的油罐车在杨浦大桥与后方超速的小汽车发生碰撞,油罐车爆胎,小汽车发生自燃。实时气温达到 38 ℃,实时风力为 3 级。由油罐车运输定量跟踪监测指标及其实时数值情况如表 6-5 所示。

表 6-5   油罐车运输风险实时监测

风险因素	风险因子	监测指标	监测数据
技术因素	车况	行车速度	超速30%
		车辆行驶路线	正常
环境因素	路况	交通事故(油罐车自身、周边环境)	2车相撞,小车自燃,油罐车爆胎
自然因素	气候	气温	38 ℃
		风力	3 级

应用神经网络方法(BP 算法),对此时的监测数据进行推演模拟分析,小车自燃可能引起油罐车发生爆炸,对附近的车辆和杨浦大桥造成极其严重后果。风险指数从 6.044 上升至 9.50,预警等级上升为 Ⅰ 级,红色预警。本次红色预警及时在上海市城市运行风险预警平台上发布,如图 6-10 所示。

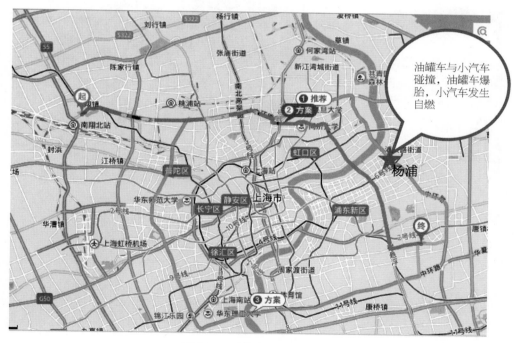

图 6-10   油罐车运输风险地图

油罐车驾驶员和押运员应急反应能力强,启动了应急预案。相关部门及时采取应急措施进行施救,油罐车脱离事故现场,小车火势得到控制。

建议:早晚运输,避免高温,在路况较好的情况下执行运输任务,车辆要定期保养,保持良好的行驶性能。油罐车执行运输任务之前,需要了解运输路线的路况及天气预报,如非急需情况,尽量避免复杂天气条件(如雾天、雨雪天、雷暴雨天)下的运输。针对每次运输任务,事先要对全程进行环境风险识别,尽可能选择避让复杂地形或环境敏感区的运输路线,无法避让时,采取切实可行的防范措施,同时加强对油罐车的过程监控和管理。

  3)自动预警系统

  某时刻上海市共有 50 辆油罐车执行运输任务(旗帜标识),根据实时监测的数据和调查分析可知,该时刻杨浦大桥、上海南站和虹桥枢纽三处预警(红色五角星标识),整个城市属于二级预警,基本可控,该时刻油罐车运输风险地图如图 6-11 所示。

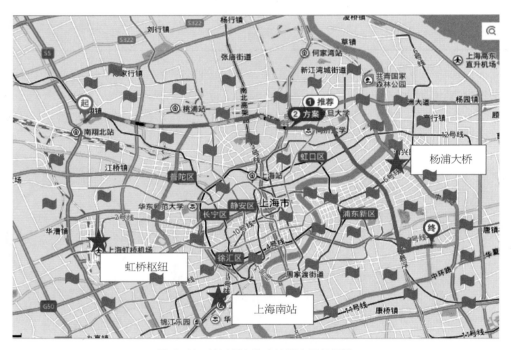

图 6-11 某时刻上海市油罐车运输风险

7 城市若干领域风险防控

　　广义的城市风险包括传统风险和非传统风险(新型风险),传统风险主要指自然灾害、事故灾难、公共卫生风险、社会安全等,未来人工智能给城市发展可能带来新型风险。城市是以人为主体、以自然环境为依托、以经济活动为基础、社会联系极为紧密的有机体,它不仅是建筑物的群集,更是各种密切相关并经常相互影响的各种功能的复合体,随着政治、经济、文化不断向城市转移,城市也越来越多地承载着人类社会愈加复杂的功能,各类风险也接踵而来。

　　城市各类建筑物、生命线系统及交通运输系统是城市的基础硬件设施,是实现城市基本运行功能的载体,各系统的建设与运营复杂交叉,密切关联,是主要的城市运行风险源。城市风险贯穿于整个城市建设和城市运行过程中,同时蕴含在城市运行的各个领域,包括城市地下空间开发、城市交通运输以及城市环境等方面。城市风险可采取组织与管理、技术与专业以及市场化运作手段三种方式进行防控。

　　本章主要介绍城市建设、城市地下空间开发、交通运输和城市环境安全领域等若干领域的风险及其防控措施,其他专业领域未展开介绍。

7.1 城市建设风险

　　城市建设的各参与方在项目建设过程中角色不同,因此各自承担的风险也不相同。同时,城市建设的各个阶段:规划、勘察、设计与施工阶段的风险都有各自的特点。城市建设的各个领域有其各自的特点,因此其风险也各不相同。

7.1.1 城市建设规划、勘察与设计风险

　　城市建设涵盖了规划、勘察和设计阶段,各阶段工作内容不相同、工作主体不同,因此各阶段风险各有特点。

　　以工程勘察阶段为例,目前许多初步勘察、详细勘察工作在勘察任务、工作要求深度及成果资料上不加以区别,如初步勘察工作超越勘察阶段的要求,去做属于详勘阶段的工作,而忽略区域性、规律性方面的工作;详细勘察阶段应做的勘察、测试、试验工作又严重不足,与初步勘察一样的深度,提供的资料满足不了施工图设计的要求;复杂场地、大中型工程,只做一次性勘察,严重忽视区域性、规律性方面的研究,对厂区稳定性评价论述不够。具体的工程勘察风险

如图 7-1 所示。

7.1.2　城市建设通用施工技术风险

城市建设通用施工技术风险主要包括基坑工程风险、土方工程风险、混凝土工程风险、预应力混凝土工程风险、吊装工程风险和屋面工程风险等。

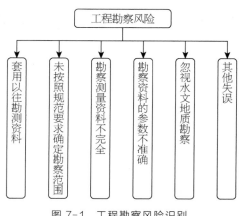

图 7-1　工程勘察风险识别

以土方工程为例,土方工程包括一切土的挖掘、填筑和运输等过程以及排水、降水、土壁支撑等准备工作和辅助工作。在土木工程建设中,最常见的土方工程有场地平整、基坑(槽)开挖、地坪填土、路基填筑及基坑回填土等。

土方工程施工往往具有工程量大、工序繁多和施工条件复杂等特点;土方工程施工又受气候、水文、地质、地下障碍等因素的影响较大,不可确定的因素较多,有时施工条件极为复杂。在大型公共建筑土方工程施工过程中,主要的技术风险在于支护结构施工风险、基坑降水引起的环境风险、基坑加固不当风险以及基坑开挖风险,等等,如图 7-2 所示。

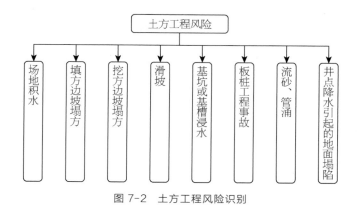

图 7-2　土方工程风险识别

7.1.3　城市建设不同工程类别施工技术风险

房屋建筑工程、道路工程、桥梁工程以及轨道交通等工程因其设计方法、施工工艺等不同,其施工技术风险各有特点。

1. 房屋建筑工程

城市房屋建筑工程主要包括城市住宅区、大型公共建筑和超高层建筑。

大型公共建筑工程的特点是结构超大、超长、超高、超深、超厚,加之公共建筑一般位于城市建筑密集地区,施工风险比较大。以钢网架结构大跨屋面工程为例,由于其跨度大、构件多、拼装复杂,因此施工过程中存在许多技术风险因素,主要的风险如图 7-3 所示。

超高层建筑体量大、施工周期长、技术含量高、施工难度大,与之配套的结构承重体系相当

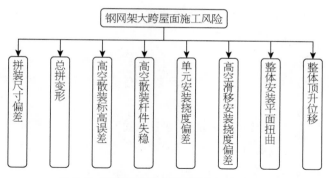

图 7-3　钢网架结构大跨屋面施工风险识别

复杂,其不确定性对工程质量提出了新的挑战,技术风险日益突出。

以钢结构为例,钢结构工程从广义上讲是指以钢铁为基材,经过机械加工组装而成的结构。一般意义上的钢结构仅限于工业厂房、高层建筑、塔桅、桥梁等,即建筑钢结构。由于钢结构具有强度高、结构轻、施工周期短和精度高等特点,因而在建筑、桥梁等土木工程中被广泛采用。

钢结构风险主要包括钢结构缺陷风险、钢结构材料风险、钢结构变形风险、钢结构脆性断裂风险、钢结构疲劳破坏风险、钢结构失稳破坏风险、钢结构锈蚀风险以及钢结构火灾风险等。

2. 道路工程

道路的主要功能是为各种车辆和行人提供服务。城市道路是指城市内部的道路,是城市组织生产、安排生活、搞活经营、物质流通所必需的车辆、行人交通往来的道路,是联结城市各个功能分区和对外交通的纽带。

道路工程具有路线长、施工面广、施工时间长、工程量大等特点,并因其通过的地带类型多、技术条件复杂,所以设计、施工受地形、气候和水文地质条件影响很大。

对于城市道路,经常遇到大量的地下隐蔽工程,如自来水管道、污水管道、煤气管道、电缆等,一旦疏忽就可能造成损失,影响工程进度。所以,城市道路施工中的风险主要来自城市复杂的地下、地上管线环境,以及城市其他构筑物的间接影响。

道路工程施工风险主要包括路基工程施工风险、路面工程施工风险和其他构筑物施工风险。

1)路基工程施工风险

路基工程施工风险来源主要有:

(1)不良的工程地质和水文地质条件。如地质构造复杂、岩层走向与倾角不利、岩性松软、风化严重、土质较差、地下水位较高以及其他地质不良灾害等。

(2)不利的水文与气候因素。如降雨量大、洪水猛烈、干旱、冰冻、积雪或温差特大等。

(3)设计不合理。如断面尺寸不合要求,其中包括边坡取值不当,挖填布置不符合要求,最小填土高度不足以及排水、防护与加固不妥等。

(4)施工不合规定。如填筑顺序不当,土基压实不足,盲目采用大型爆破,不按设计要求和操作规程进行施工,工程质量不合标准等。

爆破风险和施工机具风险是两类主要的路基施工风险,此外还包括路堤沉陷、路基边坡塌方、路基滑动和特殊水文地质毁坏等风险。

2)路面工程施工风险

路面供车辆安全、迅速和舒适行驶。路面必须具有足够的力学强度和良好的稳定性,表面平整和良好的抗滑性能。

路面施工技术难度不高,主要风险表现为施工质量风险,这通常不属于建安工程一切险的责任范围。工程保险针对的主要风险为施工机具风险。在路面施工过程中,往往需要使用大量的施工机具,如路面材料的运送车辆和摊铺施工机具。在这些施工机具的作业过程中,由于施工作业面较小,需要交叉作业,容易发生碰撞、倾覆等事故。控制这类风险的关键是确保作业现场有一个良好的秩序和统一的指挥协调,同时,司机员的技术、经验和精力也是确保安全施工的关键。

3)其他构筑物施工风险

其他构造物施工风险主要包括挡土墙技术风险和管线工程技术风险。

挡土墙的风险原因主要有两类:自然因素与人为因素。自然因素主要是台风、暴雨、长时间大雨等异常降水,导致洪水、泥石流、塌方,从而造成挡土墙的破坏。人为因素包括设计方面和施工方面。挡土墙的设计,特别是压力和稳定性的计算均根据工程地质状况和工程需要确定的,而地质勘察结果与实际情况可能会有差异,导致设计的合理性存在问题。因此,应当在施工过程中注意验证设计的符合性,及时地进行必要的调整。

城市道路中各类管线是非常常见的构造物,通常位于路基之下。复杂的城市道路工程常常包括多种管线,如水、电、通信、煤气等管线。除了自然因素可能造成管线施工技术风险外,管线施工过程中影响已有管线或其他结构物将是主要的技术风险。在一些大城市中,城市地下设备资料不完整,在管线开挖过程中,可能对一些图纸上并未标明的既有管线造成损伤,引起泄漏等事故;或是损伤了其他地下构造物,如结构基础等。

3. 桥梁工程

桥梁工程按体系划分,可划分为大跨径梁桥、大跨径拱桥、斜拉桥和悬索桥。不同体系的桥梁工程其施工风险各有不同。

大跨径梁桥主要包括预应力混凝土连续梁桥、连续钢构、T型钢构、桁架桥等形式,其施工风险主要包括结构体系转换风险、弯桥支座脱空风险、斜弯桥横移风险、箱梁板件压溃风险、混凝土工程风险和预应力工程风险等。

大跨径拱桥施工过程比较复杂,可能面临的风险种类也比较复杂,很难详细列出,需要结合具体的施工方法具体分析。这里只重点分析可能造成严重后果的一些风险事态,如图7-4所示。

斜拉桥是大跨径桥梁的一种形式,包括主塔、主梁、拉索等部分,施工时间较长。其风险事态类型比较复杂。以主塔施工风险为

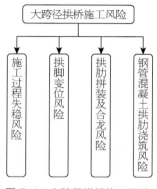

图7-4 大跨径拱桥施工风险

例,如图 7-5 所示。

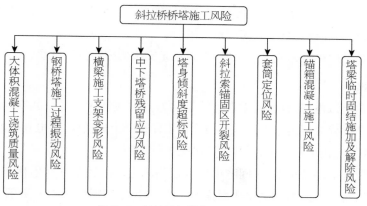

图 7-5　斜拉桥桥塔施工风险识别

悬索桥是大跨径桥梁中最常见的桥型之一,锚碇、主缆、索缆、主缆施工期的猫道等都是悬索桥中特有的系统。以主缆施工风险为例,主缆是悬索桥的重要承重结构,桥面恒载和活载由主缆通过吊索传到主塔和锚碇,主缆一般由平行钢丝组成,其架设方法主要有预制平行钢丝束法(PWS 法)和空中编缆法(AS 法),为保证主缆经久耐用,通常主缆钢丝预先镀锌,主缆架设完成后进行系统防腐涂装。施工辅助猫道的施工和使用、主缆施工的风险如图 7-6、图 7-7 所示。

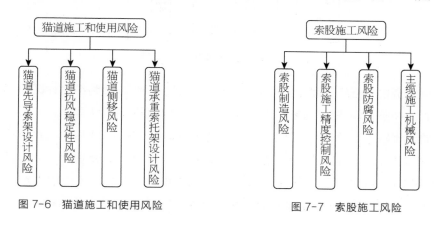

图 7-6　猫道施工和使用风险　　　　图 7-7　索股施工风险

桥梁工程风险按施工方法划分,主要包括支架施工、悬臂浇筑、转体施工以及顶推施工。

支架和模板是支架施工的主要风险源,尤其是大型支架系统,必须经过严格的设计和审查过程,避免发生支架或模板失效的严重事故。支架施工中支架失效和模板事故是最为严重的风险事故。

悬臂施工法是国内外大跨径预应力混凝土悬臂梁、连续梁及钢架桥中最常用的施工方法之一。当悬臂现浇施工时,挂篮设计受力模式不合理,挂篮刚度不够,杆件连接间隙大都可能影响施工。挂篮刚度不够,混凝土浇筑时挂篮发生变形过大,使梁体随之发生变形,新旧接触面脱离,影响箱梁预应力,使之达不到设计要求,造成梁体裂缝。

桥梁转体施工是 20 世纪 40 年代以后发展起来的一种架桥工艺。转体施工的拱桥桥体、转盘体系结构尺寸偏差过大则使施工实际情况与设计要求产生偏离,造成转体过程中转体不平衡而产生失稳现象,从而导致安全事故等严重后果。

顶推法施工是沿桥纵轴方向设立预制场,采用无支架的方法推移就位。

4. 轨道交通

轨道交通通常是以电能为动力,采取轮轨运转方式的快速大运量公共交通的总称,包括地铁、轻轨、有轨电车和磁悬浮列车等。地铁与轻轨工程是一个规模大、机电复杂的综合性系统工程,本部分以地铁与轻轨工程为例,对其施工风险进行识别。

地铁工程主要包括地铁车站、区间隧道以及联络通道。地铁车站又包括车站基坑、车站主体结构以及附属设施等。以车站主体结构施工为例,其风险识别如图 7-8 所示。

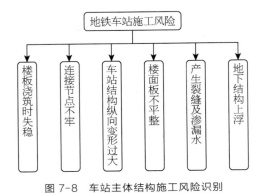

图 7-8　车站主体结构施工风险识别

地下区间隧道根据沿线工程地质及水文地质条件、线路埋深、线路经过地区的环境条件及软土地区工程的经验,区间隧道的施工方法可分为明挖法和盾构法两大类。

城市轻轨属于轨道交通,由于轻轨的机车重量和载客量都较小,使用的铁轨质量也比一般铁轨轻,由此得名"轻轨"。轻轨工程主要包括高架车站、高架区间以及地面区间。以高架区间为例,高架区间工程主要的风险是桥梁工程施工风险,常用的施工方法有支架现浇与预制架设,其中可能发生的风险事故主要是高架桥梁结构工程施工风险、桥墩台和基础施工风险。

7.1.4　城市更新风险

城市更新(Urban Renewal)是城市发展到一定阶段的必然产物,是城市发展中的一种自我调节机制。国内外城市发展的实践表明,城市更新作为一种城市可持续发展的手段,是提升城市发展活力和竞争力的重要途径。

1. 城市更新概念及模式

城市更新是由美国房屋经济学家 Miles Colean 在 20 世纪 50 年代提出的。1958 年 8 月在荷兰海牙召开的城市更新第一次研究会,对城市更新做了比较详实阐述:生活在城市中的人,对于自己所住房屋的修理改造,街道、公园、绿地和不良住宅的清除等环境的改善,尤其对于土地利用的形态或地区制度的完善,大规模公用事业的建设,以便形成舒适的生活、怡人的市容等。因此,城市更新可理解为:针对城市发展过程中出现的城市问题以及随之而带来的城市环境、生态、景观和面貌的恶化而采取的有意识、有目的的城市新陈代谢、城市机能更新完善的再发展行为。

城市更新主要有如下三种方式:

(1)重建,即完全打破原有的城市结构布局、推倒原有的破旧建筑、重新进行规划、建设,比如第二次世界大战后欧美国家对颓废住宅区进行的大规模重建。

(2)改善和修建,即对于比较完整的城市,剔除不适应城市发展的方面,增加新内容,弥补旧有城建缺陷,改建、完善、扩大和增添原有设施的功能,以满足不断出现的各种新需求。

(3)保护,即对那些具有良好状态、功能健全旧城或历史地段,城市文物与名胜古迹、特色建筑等以新技术、新手段采取维护措施,以延缓或停止其功能或形态的恶化。

2. 城市更新的特征

1)多元参与,政府主导

城市更新是一项复杂的工程,涉及诸多相关利益主体,需要多个参与主体来完成。如城市政府、企业、市民、专业团体和民间组织都是主要的参与者,分别在城市更新中扮演着重要角色。其中,城市政府在诸多主体中处于强势身份地位,往往起到主导作用,表现在主导城市更新规划的制定、保证公共利益的实现、掌控更新的走向等。企业又分为开发商和承包商两种,它们在政府的指导下负责城市更新工作的具体实施工作。城市市民也是城市更新中不可忽视的力量,市民通过积极参与其中,可以影响城市更新规划的制定,一定程度上保证了城市更新规划制定的民主化、科学化。专业团体以专业化知识和专业化实践活动发挥特有的影响力,有效制约和矫正城市更新走向的偏差。民间组织以其集中度和利益与兴趣一致参与城市更新的过程,保证了社会公平性、阶层利益和社会公益。

2)系统性

城市更新是一项复杂而又系统的工作,不仅仅包括对于城市硬件,如城市住房、基础设施的改善,还包括城市产业的调整置换、城市社会原有邻里关系的更新,涉及城市各个利益主体和城市各个行业的方方面面。城市更新不仅包括物质形态,也包含非物质形态的社会、经济、文化等方面。

3)动态性

城市更新的动态性主要表现为城市更新在不同时期被赋予了不同的内容。城市更新是城市有机体的成长发育的过程,其动态性表现在人类社会进步、物质技术进步、经济发展、城市历史延续等。但同时,城市更新又会受到人类物质技术水平、经济发展水平、人类认识水平、直接财力物力等方方面面的限制,不可能一蹴而就,毕其功于一役。一味反对拆迁、敌视城市更新是不现实的,但规模过大的城市更新更是违背城市发展规律的。

3. 中国城市更新的实践与制度安排

随着新型城镇化进程的加速,中国的城市更新也日益凸显。由于区域情况的差异,各地的城市更新采取了各自独特的方式。

城市棚户区改造是中国城市更新率先进行的一项系统工程。在这一工程开展初期和过程中,对不同地区、不同项目棚户区改造以及改造的运作模式,对棚户区改造的资金筹措模式和棚户区改造的拆迁模式等,各界学者和专业人士进行了大量的研究。与棚户区改造相关的还有城市旧住宅区改造和城中村改造的研究和推进,包括旧住宅区、城中村的改造模式以及改造的PP模式等。另一项与城市经济转型升级密切相关的城市更新是旧厂区改造。例如,北京798艺术区和尚8文化创意产业园,上海红坊创意区、8号桥,深圳华侨城OCT等均是旧厂区改造的成功案例。

为推进棚户区改造工作,国家分别发布《国务院关于加快棚户区改造工作的意见》(国发[2013]25号)和《国务院办公厅关于进一步加强棚户区改造工作的通知》(国办发[2014]36号),指导地方实施。各地在城市更新中也结合实际出台了相应的政策。综合的制度安排有:广东省与国土资源部开展的部省合作项目"旧城镇、旧厂房、旧村庄"改造(简称"三旧"改造);浙江省的旧住宅区、旧厂区、城中村改造和拆除违法建筑(简称"三改一拆");上海市也于2015年5月出台《上海市城市更新实施办法》,明确指出城市更新包含完善城市功能、完善公共服务配套实施、加强历史风貌保护、改善生态环境、完善慢行系统、增加公共开放空间、改善城市基础设施和城市安全等内容。

4. 城市更新风险

城市更新具有资金投入巨大、项目实施周期漫长、牵涉多方利益主体等特点,其开发背景和过程都较为复杂,对城市经济发展、城市形态、城市面貌和环境都有着决定性的影响。城市更新风险可分为生态风险、社会风险、经济风险和文化风险等方面。

1) 生态风险

城市更新中的生态风险主要是指城市更新项目的功能布局、开发强度、环境保护措施等方面的问题所导致的对项目内部及周边区域内的生态环境、城市居民的生产生活等带来的各种潜在威胁。随着城市更新的逐步推进,这一类风险的危险性越来越高。城市更新中的生态风险主要体现为土壤生态风险、大气生态风险、水环境生态风险、噪声生态风险、生物多样性风险和经济美学价值风险等方面。

2) 社会风险

城市更新中的社会风险是指由城市更新行为所导致的社会冲突,危及社会稳定和社会秩序,甚至爆发社会危机的可能性。城市更新中的社会风险构成如下:

(1) 社会公平风险。城市更新过程中,由于建设、分配、补偿、管理中的问题,会在一定程度上形成社会公平风险。

(2) 社会发展风险。在快速城市化的当今,城市社会发展主要指标包括城市风险防控能力的提升、城市基础设施的完善、城市居民收入水平的提高、城市居民生活水平的提高等。当城市更新行为的积极效应推动城市社会经济快速发展,社会发展风险小;反之,当城市更新项目定位不当,或少数利益群体为了自身私利而影响城市社会的全局发展,进而造成城市建设的滞后,都会产生社会发展风险。

(3)社会和谐风险。在城市更新过程中,极易涉及不同社会团体、组织之间的利益,处理不当,则会引发社会和谐风险。

(4)社会保障风险。当社会保障缺失或失衡,极易引发社会的不公平,从而导致社会风险的产生。

3)经济风险

城市更新中的经济风险是指由城市更新行为导致的经济问题以及由此带来的危及城市经济健康发展和城市经济安全的可能性。其构成如下:

(1)规模风险。近年来,许多城市为"加快城镇化进程",不考虑社会经济发展的实际需求,盲目拉大城市框架,导致城市建设规模快速扩张,诱发经济风险。

(2)空间结构风险。城市发展速度与空间扩展模式应当适应。一是城市整体布局。当城市扩展速度超过某一临界值时,便有可能在现有建成区外另建一座新城。若发展速度超越该临界值却沿袭渐进式空间扩展将会导致城市运行成本上升。若未达到该临界值却采用跨越式空间扩展将会造成主城区衰退或新区荒置,甚至诱发城市财政危机。二是不同功能用地布局。布局一旦产生就会有持久的羁留效应,不科学的土地利用必然会对邻近地区产生长期的负面影响,如嵌入工业用地内的居住区。

(3)规划管理风险。规划变更是城市更新的"硬"风险,对城市发展冲击巨大。有的城市虽有规划,但是规划也不尽科学合理,随时都有修订的可能。这种无规划或不严格执行规划,可能会导致房产与城市规划中的功能分区不符,生活区、工业区和商业区等功能相互混杂,建筑风格与周围自然环境、人文景观不协调等,从而失去区位优势,影响房产的价值,带来投资风险。

(4)地价风险。由于土地的异质性、市场交易量的有限性以及人类自身的有限理性,就会使地价的虚构度过高,一方面造成现实的市场地价高,另一方面致使土地投机盛行。地价虚构度过高,使房地产开发商的重点不是放在房地产的开发建设上,提高土地的利用收益率,而是囤积土地,待价而沽,由此引发一系列的经济投资风险。

4)文化风险

城市更新中的文化风险是指城市更新对城市的物质空间、形态、尺度、肌理、风格、色彩等带来的风险。其构成如下:

(1)历史断裂与文化抽离风险。中国文化历史悠久,与城市建设也有着不可分割的联系。大规模的城市更新、开发使城市的历史空间被弱化、切割甚至消解。在全球化的冲击下,原本和谐的空间被扰乱了,那些曾创造了伟大的景观奇迹的历史城市、历史空间被无情地肢解。

(2)居民生活方式和心理受到冲击的风险。城市不仅仅是一个物质空间,而是由内在的文化形式通过居民的创造活动反映成为外在的物质形式,如城市的街道、广场、酒肆、茶楼以及南方的骑楼、湘西的吊脚楼、北方的大院等都反映了居民不同的生活态度和生活方式。在现代化城市更新、开发的进程中,城市空间被千篇一律的大尺度高层所占据,原有的居民生活方式和生活习惯受到一定的冲击,原有的生活氛围和生活圈层受到了不同程度的割裂。

(3)文化趋同风险。中国大规模城市更新、开发在很多情况下会遵循"更高、更大、更宽阔"的基调,城市建筑越来越高,城市空间越来越失去中国传统特色,而是具有西方的大尺度的特征。与此同时,映射在原有城市尺度和空间上的城市文化特色也逐渐消失,取而代之的是他人的文化理念。

5.城市更新风险防控机制构建

为了保障城市更新项目的健康运行,针对城市更新风险,应设计一套"事前科学预防""事中有效控制""事后及时救济"的风险防控方案,结合风险识别—风险评估—风险预警—风险应对—风险管理后评估的风险管理流程,构建完备的城市更新风险防控机制。

1)事前科学预防

事前科学预防是指采取某些方法和手段进行城市更新风险识别与风险评估。风险识别是指确定有哪些风险会影响项目,并将其特性记载成文。城市更新风险的识别步骤包括:第一步,确定城市更新的目标;第二步,明确最重要的参与者;第三步,收集资料;第四步,估计项目风险形式;第五步,根据直接或间接的症状将潜伏在城市更新中的风险因素识别出来。常用的风险识别方法有基于证据的方法、系统性的团队方法和归纳推理法。在识别出项目的风险后,可以通过风险登记注册的形式记录风险,把各种风险来源和潜在的风险事件进行罗列,注明初步判定的风险影响程度和发生的概率等级、风险事件发生前的各种症状以及对项目其他方面管理工作的要求等。在识别了项目的风险后,就需要进行风险评估,将可能的代价和减少风险的效益在制定决策时考虑进去。风险评估可分为概率风险评估、实时评估和后果评估三类。

2)事中有效控制

通过风险预警和风险应对对城市更新风险进行事中有效控制。风险预警是指对城市更新所致的风险事件的出现、演化及恶化的及时报警,以便及时采取措施,化解警情,促使城市更新的可持续发展。一个好的风险预警系统可以在风险发生之前就提供给决策者有用的信息,使之做出有效的决策。基本的风险预警功能模块有信息源系统、分析评估系统和决策应对系统。

风险应对包括对风险的规避、减灾及处置。风险规避是指根据风险评价的结果,当风险发生的可能性太大时,主动放弃该项目或改变目标,使风险无法影响项目。风险减灾是指在风险发生前或发生中,为使风险降低到项目可以接受的程度而采取的各项措施。风险处置是指风险已经发生或即将发生的对策。

3)事后及时救济

项目完工后,应及时开展风险管理绩效评估工作,总结其中成功的经验并认真吸取失败的教训,考虑如何能避免重蹈覆辙,还应科学编制事后救助规划,指导生态、社会、经济及文化各方面的恢复工作。事后救助工作包括生态结构的修复、社会秩序的维护、经济秩序的稳定、文化财产的抢救及居民心态的安抚等。此外,还应开展保险事务协商,对相应投保项目展开保险责任判定和理赔等程序。

7.2 城市地下空间开发风险

城市地下空间的开发和利用指地壳表层中洞穴(包括天然溶洞和人工洞室)和空隙经过适当的兴建或改造,用于城市生活、生产、交通、防灾、战争防护和环境保护等方面的开发和利用。城市地下空间开发的风险主要包括地质环境技术风险、技术风险、管理风险和社会稳定风险。

7.2.1 地质环境技术风险

1. 土的地质风险源

上海地区的土层类别主要包括填土、软土和砂土。表层填土一般具有土质杂乱、松散、土质不均、承载力低的特点,对地下空间开发涉及的桩基、基坑的设计、施工均将带来诸多不利影响,需采取必要的地基处理措施,并在设计、施工时予以重视。

软土具有高含水量、大孔隙比、低强度、高压缩性等性质,而且还具有低渗透性、触变性和流变性等不良工程特点,在地下空间开发中,软土层对地下空间开发不利影响如下:

(1) 在外荷作用下压缩变形量大,易产生较大的沉降和不均匀沉降。

(2) 抗剪强度低,基坑开挖时,坑边难自立,从而导致边坡失稳。

(3) 具有明显的流变特征,对于基坑工程,开挖时易产生侧向变形和剪切破坏,导致支护结构变形或边坡失稳;对于隧道工程,软土流变及次固结变形会导致隧道纵向和横向的长期缓慢变形,且变形收敛时间长。

(4) 具有明显的触变特性,若土体受到扰动或震动,影响土体结构,会使强度骤然降低,导致土体沉降或滑动,使地下空间施工的安全度降低。

从上海地区工程实践看,地下工程的突发性事故主要在粉性土、砂性土地层中发生,主要表现形式为流砂和地基液化。

(1) 流砂问题。流砂是一种不良的工程地质现象。上海地下水位高,当水头差增大而使水力梯度达到临危梯度时,就会出现流砂现象。当土中渗流的水力梯度小于临界水力梯度时,虽不致诱发流砂现象,但土中细小颗粒仍有可能穿过粗颗粒之间的孔隙被渗流挟带而去,时间长了,在土层中将形成管状空洞,使土体强度降低,压缩性增大,这种现象称为"机械潜蚀"或"管涌"。流砂形成初期往往不易被发现,随着砂土中细颗粒土不断被带走,在地下形成越来越大的空洞,一般直到地表出现塌方或在坑底出现大量涌砂、涌水才能被施工人员发现,此时已造成大量土体流失,如施工人员不当机立断采取堵漏措施,流砂、管涌形成的空洞将迅速扩大,并相互连通,造成不可估量的损失。

因此,在基坑工程、隧道工程等地下空间开发施工工程中,应特别重视粉性土、砂土层的流砂问题。流砂发生时能造成大量的土体流动,引发滑坡、塌方及塌陷等地质灾害,使周围环境受到严重破坏,特别是当地下工程从江、河等地表水体以下穿越时,流砂造成的管涌可能使大量泥砂和地表水体涌入地下结构物,造成重大财产损失或人员伤亡,因此城市地下空间开发时应予以特别重视。

(2) 液化问题。饱和砂土或砂质粉土在地震力作用下,土中孔隙水压力逐渐上升,部分或完全抵消土骨架承担的有效压力,从而使土体承载力降低甚至完全丧失,发生地基液化。这种现象往往会造成地表喷砂冒水、地裂滑坡和地基的不均匀沉陷,危及建(构)筑物的正常使用与安全。

2. 水的地质风险源

上海的地下水位高,地下工程建设首先需要对地下水进行控制,大部分工程风险与地下水有关。

当不同深度的基坑及隧道施工过程中,坑底将受到不同类型地下水水头压力的影响。以往经验表明,一般基坑深度小于 10 m 时,主要受潜水地下水影响,当基坑深度大于 10 m 时,除潜水外,还受(微)承压含水层地下水影响。

地下水的地质风险源主要包括地下水渗漏、流砂、承压水突涌、降水引起的地基变形等几个方面。

7.2.2 技术风险

1. 桩基工程

桩基工程是地下空间开发建设中最重要的隐蔽工程,其工程质量直接关系到后续地下工程整体的功能和安全性,一旦发生安全事故后果将不堪设想。桩基风险源的识别将分为勘察设计、沉桩(成桩)、检测及土方开挖等阶段,基于专家调查法,梳理出可能导致的主要桩基质量问题的风险源。桩基主要风险源如表 7-1 所示。

表 7-1　　　　　　　　　　　　桩基主要风险源

阶段	桩基风险源
勘察设计阶段	不良地质条件未探明(溶洞等)
	地质资料数据失真
	管线未探明
	地下障碍物调查失真
	设计参数不合理
	桩基选型不合理
	桩长、持力层设计不合理
	周边建筑未检测
	……

（续表）

阶段		桩基风险源
沉桩（成桩）阶段	预制桩	桩身质量不满足
		接桩不满足设计要求
		沉桩设备选型不合理
		沉桩流程不合理
		沉桩速度过快
		未充分考虑挤土效应
		沉桩方式不合理
		……
	灌注桩	缩颈
		桩身混凝土不合格
		孔底沉渣厚
		泥皮过厚
		钢筋及钢筋接头不满足
		成孔方式不合理
		垂直度不满足
		……
检测阶段		检测数据失真
		抽检比例不合格
		检测方案不合理
		……
土方开挖阶段		土方开挖方式不合理
		休止时间不足
		截桩方式不合理
		……

2. 基坑工程

地下空间开发建设必然涉及基坑工程，并且随着地下空间开发的深度、规模不断扩大，深大基坑项目越来越多。由于施工条件和施工环境的影响，基坑工程不可避免地存在着复杂性和不确定性等特点，且基坑工程多为临时性工程，安全储备相对较小，且常常得不到参加各方应有的重视，因此，多年来基坑工程一直是地下空间开发建设事故发生的重灾区

对基坑风险源的识别将其分为勘察设计、围护结构施工、土方开挖、基坑监测及地下结构施工等阶段，基于专家调查，梳理出可能导致基坑工程安全事故的主要风险源如表 7-2 所示。

表 7-2   基坑工程主要风险源

阶段	基坑风险源
勘察设计阶段	地质资料数据失真
	不良地质条件未探明
	管线未探明
	地下障碍物调查失真
	周边建筑未检测
	支护选型不合理
	计算模式选取不合理
	设计参数选取不合理
	施工图设计深度不够
	……
围护结构施工阶段	围护结构长度不足
	围护结构搭接、接缝不满足
	围护结构垂直度不满足
	施工流程不合理
	未充分考虑施工对环境影响
	坑内加固施工质量不满足要求
	地下障碍物处理不当
	……
土方开挖阶段	支撑未按设计要求施工
	未分区分块开挖或超挖
	坑边超载超过设计要求
	垫层浇筑不及时
	降水效果差
	……
地下结构施工阶段	底板形成时间长
	未按设计要求拆换支撑
	停止降水时间不合理
	……
基坑监测	监测数据失真
	监测方案不合理
	……

3. 隧道工程

隧道工程是城市地下空间开发的重要类型,如地铁、越江越海隧道、交通快速道等。随着隧道技术的不断发展,要求施工技术更趋安全化、自动化、智能化及系统化,因而隧道施工中的事故正逐渐趋于减少,但相比于其他建设行业,其发生次数仍偏多,尤其是导致重大灾害或人员伤亡的情况较多,因此,隧道工程风险仍须引起足够重视。

结合上海地区隧道施工工艺特点,搜集与分析的隧道工程案例大部分以盾构法施工为主。由于盾构暗挖施工作业面狭小、材料运输途径单一、效率有限等客观条件的制约,隧道施工抗地质突变与承压水风险的能力较弱,周边地层变形控制的效果不佳,故而其安全风险管理更加依赖于事前的风险预判,以便提前消除、转移或降低风险。以盾构法为例,对盾构隧道建设全过程进行风险源识别,如表 7-3 所示。

表 7-3   盾构隧道建设主要风险源

阶段	盾构隧道主要风险源
前期准备阶段	不良地质条件未探明(溶洞、沼气、孤石等)
	地下障碍物调查失真
	进出洞方案设计不合理
	深埋管线未探明
	沿线建筑未检测
	地质资料数据失真
	衬砌结构选型不合理
	防水设计不合理
	……
盾构设备选型	盾构机配置不合理(推力、扭矩、刀盘密封、盾尾密封、换刀、铰接配置等)
	盾构机选型不合理(泥水/土压)
	泥水处理设备配置不合理
	管片制作未达到设计要求
	……
盾构进出洞阶段	进出洞土体加固施工质量差
	出洞止水装置失效
	进洞施工方式不合理
	出洞分体始发及负环拼装质量差
	……
盾构掘进	盾尾密封不严,漏水漏砂
	开挖面失稳,土体损失率大
	盾构姿态控制差,偏离轴线

阶段	盾构隧道主要风险源
盾构掘进	同步注浆质量差
	未充分考虑穿越地铁、重要管线、防汛墙等影响
	管片拼装开裂破损
	……
旁通连接管施工阶段	土体加固施工质量差
	施工方式不合理
	未充分考虑冰冻法环境影响
	开管片引起临近管片受损
	……
隧道监测	监测数据失真
	监测方案不合理
	……

7.2.3 管理风险

地下空间开发管理风险主要包括程序风险、投资风险、进度风险和人员职业健康风险。

1. 程序风险

工程施工阶段，来自建设单位、施工单位和监理单位的主要程序风险主要包括：

1）来自建设单位的程序风险

（1）项目施工许可证、安全质量监督手续未办理，或不具备开工条件而开始施工。

（2）涉及民防工程的项目，民防工程监督手续未办理，或者隐蔽工程未报民防质监站验收而擅自施工。

（3）施工图未经审查合格而施工，施工过程中随意改变设计而未得到设计确认。

（4）项目未按规定进行发包（应招未招，或将总包合同范围内的工程又另行发包）。

（5）不遵守客观规律过度压缩合同约定工期可能造成安全、质量隐患。

（6）工程未通过竣工验收而提前使用。

2）来自施工单位的风险

施工单位对工程项目不实施有效管理、违规施工，出现以下情况（不限于以下情况），工程可能出现安全、质量隐患和事故：

（1）承包单位未建立安全、质量保证体系，关键管理人员配置不符合要求。

（2）总包和分包备案项目经理、安全员等关键管理人员长期未到岗履职，项目经理未按规定进行带班检查。

（3）总包合同中约定不能分包的工程，未经建设单位同意，将其分包给其他单位施工。

（4）分包单位无资质、超资质、无安全生产许可证、未签订分包合同和安全协议而已入场施工作业。

（5）施工组织设计、危大工程（危险性较大的分部分项工程）和"四新"（新技术、新材料、新设备、新工艺）工程专项施工方案未经报审或审批未通过而擅自施工。

（6）专项施工方案应论证的，未经专家论证，或者方案经专家论证修改后，未重新审批或审批未通过而擅自施工。

（7）未按审查通过的施工图纸施工，或者设计变更手续不符合规定。

（8）现场施工不符合强制性标准、施工组织设计、专项施工方案的要求。

（9）工程材料、设备、构配件未经报审或者不合格而擅自使用。

（10）工序或隐蔽工程、危大工程未经报验或验收未通过擅自后续施工作业。

（11）条件验收（基坑开挖、盾构进出洞、旁通道、管片百环等）不具备，未经过验收或验收未通过而擅自施工。

（12）危大工程施工前，施工方未对施工作业人员进行安全技术交底。

（13）特种作业人员未经报审批准擅自上岗作业。

（14）施工起重机械未经报验批准，擅自使用、提升、拆除。

（15）脚手架、模板支撑、自升式架设、安全防护等设施未经验收合格擅自使用。

（16）工程施工存在重大质量、安全事故隐患。

3）项目监理的风险

监理单位的不规范行为：

（1）依法必须进行招标的项目未进行监理招标，监理单位直接进场提供监理服务。

（2）依法公开招标的项目或者通过邀请招标的项目未取得中标通知书之前，监理单位已开展监理工作。

（3）监理合同未签订而开展监理工作，或者订立背离合同实质性内容的其他协议（阴阳合同）。

（4）备案总监未到岗履职，或未办理总监变更手续，未按规定进行带班检查和签署监理文件资料，违反规定同时担任两个以上项目总监。

（5）监理人员未按监理合同要求配置，数量不足，专业不配套，主要监理人员无有效资格证书。

（6）工程开工前，未编制监理规划，或者未经公司技术负责人审批；危大工程和"四新"工程施工前，未单独编制监理实施细则。

（7）工程不具备开工条件，总监同意开工并签署开工令。

（8）分包单位资质不符合要求，未签订分包合同和安全协议，监理审核通过。

（9）施工方案违反强制性标准，或者应专家论证的专项施工方案未论证，监理审核通过。

（10）监理未按规定记录监理日志，监理日记记录的内容与现场实际不符，未开展日常巡视检查，未按要求对危大工程施工实施专项巡视检查，未对关键工序、部位实施监理旁站。

(11) 未按监理合同对工程材料进行平行检测,平行检测频率、批次不满足合同要求。

(12) 工程材料、设备、构配件不合格,禁用材料及应备案而未备案的材料、材料实物与资料不相符,监理签认同意使用。

(13) 监理见证人员未在岗,未对工程材料取样见证,或者未对检测试样张贴或嵌入唯一性标识。

(14) 工程质量验收、条件验收、危大工程验收等未经验收或验收未通过,监理签认通过验收。

(15) 施工单位过度压缩工期可能造成安全、质量隐患,监理审核批准。

(16) 建筑建材业系统平台上,监理未每月上报监理报告(上海项目)。

(17) 建设单位、施工单位质量、经营行为不符合要求,未报告政府监管部门。

(18) 施工单位违规施工,监理下达的指令,施工单位拒绝执行,监理未报告监管部门。

(19) 现场发生安全、质量、火灾等事故及突发事件,未及时报告政府监管部门。

2. 投资风险

投资风险主要包括设备及工器具购置费、流动资产投资等,如图 7-9 所示。

3. 进度风险

由于建设工程具有规模庞大、工程结构与工艺技术复杂、建设周期长及相关单位多等特点,决定了建设工程进度将受到许多不利因素的影响。这些不利因素很多,如人为因素,技术因素,设备、材料及构配件因素,机具因素,资金因素,水文、地质与气象因素,以及其他自然和社会环境等方面的因素。其中,人为因素是最大的干扰因素。在建设过程中,常见的影响因素如下:

(1) 业主因素。如业主使用要求改变而进行设计变更,应提供的施工场地条件不能及时提供或所提供的场地不能满足工程正常需要,不能及时向施工承包单位或材料供应商付款等。

(2) 勘察设计因素。如勘察资料不准确,特别是地质资料错误或遗漏;设计内容不完善,规范应用不恰当,设计有缺陷或错误;设计对施工的可能性未考虑或考虑不周;施工图纸供应不及时、不配套,或出现重大差错等。

(3) 施工技术因素。如施工工艺错误,不合理的施工方案,施工安全措施不当,不可靠技术的应用等。

(4) 自然环境因素。如复杂的工程地质条件,不明的水文气象条件,地下埋藏文物的保护、处理,洪水、地震、台风等不可抗力等。

(5) 社会环境因素。如外单位临近工程施工干扰;节假日交通、市容整顿的限制;临时停水、停电、断路;以及在国外常见的法律及制度变化,经济制裁、战争、骚乱、罢工、企业倒闭等。

(6) 组织管理因素。如向有关部门提出各种申请审批手续的延误;合同签订时遗漏条款、表达失当;计划安排不周密,组织协调不力,导致停工待料、相关作业脱节;领导不力,指挥失当,使参加工程建设的各个单位、各个专业、各个施工过程之间交接、配合上发生矛盾等。

(7) 材料、设备因素。如材料、构配件、机具、设备供应环节的差错,品种、规格、质量、数量、

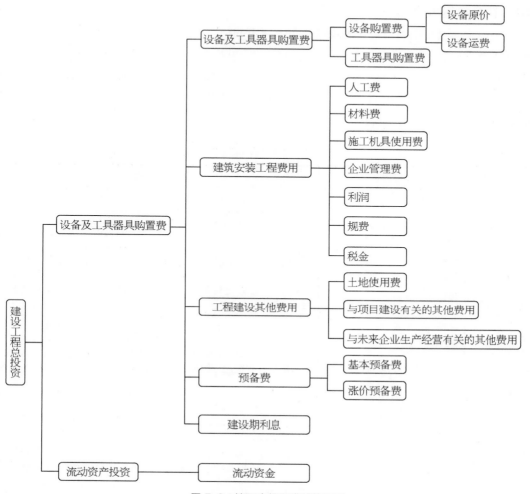

图 7-9　地下空间开发投资风险

时间不能满足工程的需要;特殊材料及新材料的不合理使用;施工设备不配套,选型失当,安装失误,有故障等。

（8）资金因素。如有关方拖欠资金,资金不到位,资金短缺;汇率浮动和通货膨胀等。

4. 人员职业健康风险

职业安全健康风险主要来自四个方面:企业管理不足带来的风险、作业人员自身引起的风险、生产制造过程中工艺设备使用时存在的风险、作业环境中有害物质导致的风险。

（1）管理因素。主要包括组织管理、制度管理、人员规范化管理、技术管理、设施管理五个方面。

（2）人员因素。大致有两方面:人的自身属性和能力素养。

（3）工艺设备。包括设施设备和工艺技术。

（4）作业环境。包括物理因素、化学因素和人机工效因素。

7.2.4 社会稳定风险

社会稳定风险是指因重点建设项目或重大决策的组织实施而产生社会矛盾和不稳定因素，引发群体性事件、影响社会稳定的风险。地下空间开发社会稳定风险识别的步骤一般分为5个基本步骤：确定参与者、风险调查、风险因素识别、风险筛选、编制风险识别表。在风险筛选的基础上，结合项目特点，以表单的形式对各项风险进行分类排序，给出详细的风险因素，列出所有风险的清单。项目常见社会风险因素如表7-4所示。

表7-4　　　　　　　　　　　常见社会稳定风险因素清单

类型	序号	风险因素	参考评价指标
政策规划和审批程序	1	立项、审批程序	项目立项、审批的合法合规性
	2	产业政策、发展规划	项目与产业政策、总体规划、专项规划之间的关系
	3	规划选址	项目与地区发展规划的符合性、与地块性质的符合性，周边敏感目标(住宅、医院、学校、幼儿园、养老院等)与项目的位置关系和距离
	4	规划设计参数	容积率、绿地率、建筑限高、建筑退界、与相邻建筑形态及功能上的协调性等
	5	立项过程中公众参与	规划、环评审批过程中的规范公示及诉求、负面反馈意见
土地房屋征收征用补偿	6	土地房屋征收征用范围	项目建设用地是否符合因地制宜、节约利用土地资源的总体要求，土地房屋征收征用范围与工程用地需求之间、与土地利用规划的关系
	7	土地房屋征收征用补偿资金	资金来源、数量、落实情况
	8	被征地农民就业及生活	农民社会、医疗保障方案和可落实情况，技能培训和就业计划
	9	安置房源数量和质量	总房源比率、本区域房源比率、期房/现房比率、房源现状及规划配套水平(交通和周边生活配套设施等)，安置居民与当地居民融合度
	10	土地房屋征收征用补偿标准	实物或货币补偿与市场价格间的关系、与近期类似地块补偿标准间的关系(过多/过少均为欠合理)
	11	土地房屋征收征用实施方案	实施单位、房屋评估单位的资历及选择方案，是否能按规定编制实施方案，实施过程(包括二次公示)是否能遵守要求
	12	拆迁过程	文明拆迁过程的监管，拆迁单位既往表现和产生的影响
	13	管线搬迁及绿化迁移方案	管线搬迁方案的合理性，绿化迁移方案的合理性
	14	对当地的其他补偿	对施工损坏建筑的补偿方案，对因项目实施受到各类生活环境影响人群的补偿方案
技术经济	15	工程方案合理性	此风险因素一般将伴随工程安全、环境影响方面的风险因素同时发生，可依具体项目展开分析
	16	文明施工管理、实施进度合理性	文明施工措施的落实，与相邻项目建设时序的衔接，工程与敏感时点的关系，施工周期安排是否干扰周边居民生产生活等
	17	资金筹措和保障	资金筹措方案的可行性，资金保障措施是否充分

（续表）

类型	序号	风险因素	参考评价指标
生态环境影响	18	大气污染排放	界内、沿线、物料运输过程中各污染物排放与环保排放标准与限值之间的关系，与人体生理指标的关系，与人群感受之间关系，主要包括施工期、运行期两个阶段
	19	水体污染物排放	
	20	噪声和振动影响	
	21	电磁辐射、放射线影响	
	22	土壤污染	重金属及有毒有害有机化合物的富集和迁移
	23	固体废弃物及其二次污染（垃圾臭气、渗沥液等）	固体废弃物能否纳入环卫收运体系、保证日产日清；建筑垃圾、大件垃圾、工程渣土、有毒有害固体废弃物能否做到有资质收运单位规范处置
	24	日照影响	与规划现值之间关系，日照减少率、日照减少绝对量，受影响范围、性质（住宅、学校、养老院、医院病房或其他）和数量（面积、户数）
	25	通风、热辐射影响	热源及能量与人体生理指标的关系，与人群感受之间关系，通风量、热辐射变化量、变化率
	26	光污染	包括玻璃幕墙光反射污染和夜间市政、景观灯光污染，影响的物理范围和时间范围，灯光设置合理规范性
	27	公共开放活动空间、绿地、生态环境和景观	公共活动空间质和量的变化、公共绿地质和量的变化、生态环境的变化，城市景观的变化等
项目管理	28	社会稳定风险管理体系	项目法人和当地政府是否就项目进行充分沟通，是否对社会稳定风险有充分认识并做到各司其职，是否建立社会稳定风险管理责任制和应急处置预案
	29	项目单位六项管理制度	审批或核准管理、设计管理、概预算管理、施工管理、合同管理、劳务管理
	30	桩基施工	桩基施工质量受多项因素影响，施工工艺、方法选择是否合理，桩基施工管理中是否考虑对周围环境的影响
	31	基坑开挖	基坑工程风险大，方案合理性是否经过专项评审，实施单位资质和经验，是否实施监测（第三方）等
	32	隧道工程	地质风险，类似工程调查，实施单位资质和经验，盾构施工设备、工艺、参数选取是否合理，施工组织方案是否充分及专项评审意见，第三方监测方案是否合理等
	33	施工对周边人群生活的影响	施工停水、停电、停气安排和突发情况处置预案
宏观经济社会环境	34	对周边土地、房屋价值的影响	土地价值变化量和变化率，房屋价值变化量和变化率
	35	就业影响	项目建设、运行对周边居民总体就业率影响和特定人群就业率影响
	40	对公共配套设施的影响	对教育、医疗、体育、文化、便民服务、公厕等配套设施建设、运行的影响
	41	流动人口管理	施工期流动人口变化、运行期流动人口变化管理的影响
	42	对社区文化影响	项目对社区文化产生的影响

（续表）

类型	序号	风险因素	参考评价指标
宏观经济社会环境	43	对周边交通的影响	施工方案对周边人群出行交通的考虑,运行期项目周边公共交通情况变化,项目所增加的交通流量与周边路网的匹配度,项目出入口设置对周边人群的影响等
安全卫生职业健康社会治安	44	安全、卫生与职业健康	土方车和其他运输车辆的管理,施工和运行存在的危险,有害因素及安全管理制度,卫生与职业健康管理,应急处置机制
	45	火灾、洪涝灾害	项目实施导致火灾、洪涝等灾害发生的概率,是否有防火预案、防洪除涝预案和水土保持方案
	46	社会治安和公共安全	施工队伍规模、管理模式,运行期项目使用人分析(使用人来源、数量、流动性、文化素质、年龄分布等)

7.3 城市交通运输风险

城市交通运输安全一直是各大城市预防重特大事故的主战场。风险防控能力差,缺乏规范、科学的支撑保障体系是城市交通运输行业的突出问题。城市交通运输风险主要包括道路运输风险、轨道交通风险和水上交通风险。

7.3.1 道路运输风险

道路运输包括货运和客运,主要针对省际客运、危险品运输、集装箱卡车运输等,既要保障运输车辆的安全风险管理,同时还包括人员和货物损失的风险管理。道路运输要兼顾驾驶员、乘客等人的主管因素和车况、路况、环境等客观因素,运输车辆数量大、分布广、运行线路复杂,导致事故发生的原因较多,安全生产管理人力、财力投入较大,探索引入保险机制,由保险公司建立第三方安全检测平台进行安全监管,降低政府管理难度,加强风险管理力度。

道路运输的主要风险源有:驾驶员违法驾驶,驾驶员操作失误,驾驶员注意力分散,其他交通参与者的不安全行为,车辆技术状况不良,主动安全装置失效,被动安全装置失效,物品存在危险等。因而,道路运输的安全生产风险管理主要针对以下五个方面。

(1)人的不安全因素,主要是驾驶员的操作失误和其他交通参与者(其他车辆驾驶员、乘客、行人等)违反通行规则或个人疏忽、注意力不集中等不安全行为。

(2)车辆不安全因素,主要是车辆技术状况和安全装置、车载物品货物的不安全状态。

(3)路况的不安全因素,如路面施工、障碍物、路政设施损坏等造成的不安全状态。

(4)环境的不安全因素,如雨、雪、大雾等天气影响路面安全和驾驶员视野。

(5)其他不安全因素,如修理车间、加油站、仓库等可能发生安全事故。

1. 省级客运行业的风险源

(1)天气原因。如迷雾、暴雨、台风、道路结冰、道路积雪、道路积水等。

（2）驾驶员原因。如客运车辆技术审验不及时,客运驾驶人有酒驾、毒驾行为,客运驾驶人安全行车不规范、违反操作规程、技术水平低下、疲劳驾驶以及其他人为因素。

（3）车辆原因。如客运车辆存在带"病"运营状况、客运车辆未按要求实施动态监控、客运班车存在绕道、客运包车未按要求申领标志牌运营、"站外带客"、车辆自燃、人为纵火、机械疲劳、脱保脱修等行为。

（4）市场原因。如驾驶员培养周期长,驾驶员人才青黄不接,驾驶员行业人才市场供不应求,经营者站外带客(旅客未经安检上车)、随意超载。

（5）企业经营原因。如驾驶员待遇低,其业务安排不合理,驾驶员队伍不稳定,驾驶员超时加班;节假日人多拥挤时,企业疏客措施不到位,企业未购或脱购承运人责任险。

（6）企业安全管理原因。如安全管理人员配备、车辆维护管理、从业人员教育管理、营运管理、车辆动态监控不到位。

产生上述省际客运风险源的原因主要有企业安全生产主体责任不落实、车辆发班不科学、未建立有效车辆档案、未对驾驶人员实施有效管理、未落实安全行车规范、未严格制定车辆准入条件、未严格落实车辆动态监控、未落实有效车辆监控、未落实客运包车管理、未落实客运场站管理等。

2. 危运行业安全生产的风险源

危运行业安全生产的风险源主要有:

（1）危险品本身具有的风险。如剧毒性、爆炸性、腐蚀性、放射性等。

（2）汽油、柴油和成品油运输所产生的风险。

（3）人为因素的风险。如驾驶员的操作、心理状况(是否会产生麻痹大意)、酒后驾驶、违章驾驶(是否"闯禁区")、超速超载、疲劳驾驶等。

（4）检查机制中的风险。如是否定期进行危运车辆的维修养护工作、是否定期进行车辆检测、人员是否持证上岗、所持证件是否在有效期内。

（5）客观情况所带来的风险。如遭遇恶劣天气、路况较差等不利的环境因素。

（6）危险品车辆发生事故后可能引发的次生灾害的风险。如道路危运车辆运营过程中发生追尾、侧翻等交通事故,易造成人员伤亡和重大次生灾害,造成人员和环境的重大损失。驾驶员驾驶技能存在不足,对行驶过程风险预判不足;安全驾驶行为不规范、违规变道、闯红灯、操作不当等;存在超速、超载情形;存在疲劳驾驶情形,导致车辆失控等。押运员对驾驶员驾驶行为、车辆货物状态未尽监督管理责任。运输车辆维护保养不足,运营过程发生技术故障。

（7）道路危运车辆发生车辆或货物自燃、危险货物泄漏等,易造成人员伤亡和重大次生灾害,对环境产生重大影响。车辆维护保养制度不落实,出场例行检查不落实,车辆电路设施等故障,引起自燃;罐体因自身损坏、行车事故或其他外力作用,造成货物泄漏;运输车辆、罐车罐体等不符合国家相关技术标准;从业人员安全教育和专业化培训不到位,对紧急情况下的应急处置能力不足。安全管理松懈、不到位,从业人员缺乏应有的安全管理知识。安全学习培训流于形式,没有起到应有的作用。

(8) 道路危运车辆在装卸货物过程中,人员操作不当造成危险货物泄漏,易造成人员伤亡和重大损失。

(9) 道路危运车辆载货违规停放在居民区、社区街道等,一旦货物发生泄漏,易发生重大事故,造成人员伤亡和重大损失。车辆违规停放期间,产生车辆、装载设施故障,或货物挥发、泄漏、盗窃等。

(10) 道路危运车辆违规通行桥梁、隧道以及其他禁行区域,一旦发生道路交通事故、车辆事故,危运车辆难以施救或转移,危险货物泄漏、挥发、燃烧等情况下难以施救,易造成重大人员伤亡和损失。

(11) 利益导向使车辆运营人员违规经营。一是市场环境上存在无序竞争,造成经营者经营压力大,采取超市工作、超速驾驶、超载运输;二是因违规"挂靠"经营,企业对运营车辆和从业人员管理不到位;三是普通货运业户因道路危运行业严格的资质条件要求,无法依法获得从业资质许可,擅自非法从事道路危运运输经营活动;四是运输产业链上、下游环节成本挤压,为了能承揽业务,同时不至于造成运输企业亏损,只能在从业人员配备、车辆行驶线路、安全防护设施设备配备等诸多方面采取违规方式,造成运输环节积累大量风险。

3. 集装箱运输企业的风险源

上海市集装箱运输行业的特点是发展快,总体企业呈现散、小、弱状态,企业的管理层基本是由驾驶员转变而来,基本上表现为知识面窄、针对性管理经验缺乏、基础薄弱、人员不足、抓手面很少等特点。因此,行业安全风险大,主要风险如下。

1) 企业安全专项资金投入小

2014年行业修改了集装箱运输企业开业条件,要求企业建立安全制度和管理机构,安全管理人员要持证上岗,未持证将不予年审。对此一些微小企业有情绪,这说明企业在安全培训、安全管理上的投入较少。

2) 企业安全防控意识差

2014年行业在贯彻执行交通部5号令时,要求企业全部安装北斗,企业感到北斗不仅用处不大,而且还要增加企业负担。这说明企业普遍对实施车辆监控缺乏正面认识,安全防控意识较差。

3) 企业车辆技术状况下降

由于当前市场整体经济不景气,集装箱挂车免除了二级维护的检查,一些微小企业(10台集装箱运输车辆以下的企业,占行业近50%)为了降低车辆维修费用,不能及时维护造成车辆技术状况下降。

4) 对驾驶员教育和培训不到位

行业存在许多1～5台车辆组成的企业,这类企业的本质是几个驾驶员聚到一起组成的,其安全教育和培训很难坚持到位,因而无法形成良好的安全教育和培训氛围。

5) 企业制度的落实不到位

行业去年新增 1 000 多家企业,这些企业基本是由驾驶员组建的,业务操作他们是内行,但是企业安全管理和制度落实却存在较大缺陷。

6) 车辆超重、超载

集装箱运输企业,特别是内贸集装箱在源头上存在超重、超载的问题,对车辆安全行驶是一个极大的隐患。

7) 驾驶员超时疲劳驾驶

行业中微小企业接受的集装箱运单基本是三手或者是四手单子,他们为了生存,不计驾驶车辆的时间,疲劳驾驶可能是他们常见的工作状态。同时,集装箱在运输中各环节比较多,环节之间对接基本是原始状态,驾驶员在各环节操作都需要时间,同时车辆的拥堵也是造成驾驶员超时疲劳驾驶的重要原因。

4. 公交客运行业的风险源

(1) 公交车辆发生自燃。车辆未按规定保养,线路老化导致火灾;未按规定配备车辆灭火器。

(2) 纯电动公交车辆及充电设备存在火警隐患。纯电动汽车技术有待进一步提高,行业相关技术标准还不是很完善。

(3) 乘客携带易燃易爆物品上车。特别是运营中客流高峰时段人流拥挤,对于旅客随身携带的包裹无法实施全面安检,没有条件和能力核查出旅客是否携带危险品上车。

(4) 公交车辆发生道路交通事故。因公交运营中是开放性的,驾驶员安全行车意识有待提高,企业安全教育落实也存在不到位的情况。

5. 牵引行业的风险源

为确保牵引行业安全,驾驶车辆时,应注意以下几点:

(1) 车辆出场前必须做好例保工作,发现故障应及时报修,严禁带病运行。

(2) 车辆路口转弯时,特别是牵引大型车时,必须向边上的车辆行人示意慢行。

(3) 遇路口或需借道时,必须确保安全条件下才可通行,不开霸道车,听从交警指挥。

(4) 为确保牵引行车安全,一般情况下不准倒牵车辆。若特殊情况下,需要倒牵车辆,必须锁住被牵车辆的方向,经确认可靠方能倒牵。

(5) 非执行交保任务的车辆要严格遵守交通法规,不准闯红灯、禁令或逆向行驶。

(6) 遵守交通法规,严禁酒驾、毒驾和违规营运的行为。

(7) 在驾驶车辆时,应由操作工负责与调度(监控)中心联系并做记录,确保行车安全。

(8) 拖拽车辆时,最高时速应严格控制在 30 km/h 内,依据是:①由于被拖拽车无制动,对车辆的制动距离会明显加长;②由于后桥轮胎负载大,高速行驶会引起后桥轮胎发热而气压过高导致爆胎,在高温季节尤为明显;③由于前桥有减载的趋势等。

(9) 使用辅助轮拖拽车辆时,应控制路程,在行驶过程中应避免急转、变道等,需保持低速行驶。

（10）遇道路前方路面凹凸、上下坡道和急转弯道等,应当控制车速,确保行车安全。

（11）清障车辆长距离重载行驶,应在中途选择适应地点停车检查,检查重点为:托臂是否下沉,绑带、链条是否松动,轮胎是否异常等。

（12）在行驶途中应观察仪表、信号是否正常。注意车辆是否有异常声响和气味等。

（13）拖拽大型车,在夜间必须挂置后警示灯,确保安全第一。

（14）严禁清障作业车辆超速行驶、违规变道等行为的发生,切实保障营运安全。

（15）车辆行驶途中发现异常和发生的故障,可以用电台呼叫,应按保修流程处置。

7.3.2　轨道交通风险

自 1993 年 5 月 28 日上海轨道交通 1 号线运营至今,上海轨道交通网络的规模逐步扩大,目前已基本建成了"覆盖中心城区、连接市郊新城、贯通重要枢纽"的轨道交通网络。1993 年,在上海轨道交通刚刚开通运营时,日均客流量仅为 0.4 万人次,而到 2018 年 9 月,上海轨道交通网络的最高日均客流量已经达到了 1 250 万人次,客流量增长十分迅速。

随着轨道交通的发展,尤其城市轨道交通的普及,轨道交通网络化运营情况日趋复杂、管理人员紧缺和管理经验不足等问题日益显现,给轨道交通加强安全运营监管工作带来严峻挑战。其中地铁具有地下运营环境独特、人员流动量大、一旦发生事故社会影响较大等特点。加强风险源控制,形成大客流安全危险源管控机制,可以提高轨道交通的安全性。

通过查阅国内外城市轨道交通安全事故分析相关报告研究,结合上海轨道交通运营现状,总结出目前影响上海轨道交通安全的风险主要有两类:一类是轨道交通运营风险,主要包括设施设备的故障、人员违章操作和管理缺失;另一类是运营大客流风险。

轨道交通是一个涉及部门众多、运营组织技术复杂的大系统同时结构复杂、客流密集、网络连通性强、空间布局狭窄;轨道交通又是一个开放的服务平台,无论是外界的自然环境、社会环境还是政治环境都会对轨道交通产生影响。安全风险管理主要考虑的风险主要有大客流风险、运营风险、疏散风险和自然风险灾害。根据上海城市轨道交通运营的实际情况和自身特点,对目前轨道交通存在的安全风险隐患进行梳理和分类,主要包括以下方面:

1. 从发生事故的主要情况分析

轨道交通运营风险主要由设施设备的故障、人员违章操作和管理等因素引起。

（1）在设施设备故障方面,设施设备的可靠性还有待于进一步提高,设施设备引发的故障还时有发生。如部分设施设备老化带来设备状态不稳定的问题,电器故障引起的故障,自动扶梯、垂直电梯或升降平台发生设备故障等,导致列车运营事故,直接影响运营安全与效率。

主要原因是,没有掌握轨道交通列车控制等关键设施设备核心技术,在设施设备维护保养、应急抢修和零部件替换等方面受制于人,导致部分设施设备维修管理较为被动。目前,部分线路运营时间较长,设施设备存在不同程度老化现象,同时高强度的运营导致了部分设备欠修的问题。

（2）在人员违章操作方面,表现在人员业务素质不高,或员工有章不循,导致了各类事故的发生。这说明了行业员工队伍整体素质与轨道交通发展要求不相适应,在网络规模迅速扩张的形式下,人才队伍被稀释摊薄,关键岗位人才缺乏,社会化支撑有限,造成管理能力和效率不能满足高强度安全运营的需要。

主要原因是,上海轨道交通的迅速发展,对日常运营生产的人员储备、技术储备形成了严峻考验。轨道交通大发展前提下,现行人员教育、培训的周期远远不能满足网络快速发展的需求。同时,大批新进人员的补充,形成了职工队伍"年轻化"现象。此外,全国轨道交通建设的陆续启动,形成了对运营经验人才的迫切需求。上海轨道交通有一定比例的运营人员,尤其是一批有一定运营经验的管理型人才转投参与其他城市轨道交通建设、运营,造成现有轨道交通人员衔接脱节、运营管理人员缺乏的局面。另外,员工的责任心和安全意识方面有待加强。

（3）在管理方面,外部施工违章作业、异物侵限、乘客不当行为都可能直接影响正常的运营秩序。一旦发生这些情况与问题,如处置不当,轻者造成运行效率下降,迅速形成客流积压和拥堵,重者甚至造成线路运行瘫痪和人员伤亡的严重后果。

主要原因是,随着城市建设的发展,轨道交通沿线重大施工数量激增,个别施工单位不按照规定要求做好保护措施和办理相关施工手续,违章施工或事故造成运营线路损害,给轨道交通正常运营带来一定的干扰和安全风险。轨道交通还面临自然灾害威胁,包括夏季台风、汛期暴雨、冬季降雪冰冻等。另外,乘客的不文明乘车行为,如自杀、擅拉紧急拉手等也是不可忽视的外部干扰因素。

2. 从可能产生的风险隐患情况分析

主要体现在运营大客流矛盾突出。

随着网络规模的快速扩张和乘客出行方式的改变,轨道交通承担的客流负荷加速攀升,目前极端客流已突破千万级。特别是早晚高峰时段、换乘枢纽车站和突发情况下人流高度聚集,易发客流对冲情况,对客流疏导和应急处置提出更高要求。

轨道交通运营区域内发生的乘客人身伤亡及财产损失是重点需要防范的安全生产事故,其风险因素主要为:

（1）在地面、楼梯滑倒;

（2）被站台门、列车门或通道门等夹住;

（3）撞击闸机三杆;

（4）乘降时站台缝隙踏空;

（5）侵入轨行区;

（6）与列车发生碰撞;

（7）在车厢内摔倒或撞击扶手;

（8）其他可能引起乘客人身伤亡及财产损失的风险因素。

主要原因是:①规划建设前期缺陷。现阶段轨道网络还未完全建成,网络连通性水平不高,乘客可选择的换乘站点较少:在规划立项等前期阶段,往往采用的标准依据较实际运营需求来说,功能配置水平较低,沿线用地布局混合度不够,造成线路客流朝向较为单一,形成"潮汐式"客流特征,容易形成客流的不均衡性。②运能与运量的矛盾。运营大客流基本可分为常规出行大客流和非正常大客流两类,其中常规出行大客流主要成因有运能运力不足、换乘集聚等;非正常大客流主要成因有设施设备故障、突发性事件、轨道交通周边大型活动(体育赛事、大型演出等)等。

7.3.3　水上交通风险

上海市水上交通包括港口码头、巷道、水上交通三个方面。上海的地理位置对水上交通的影响十分突出,桥梁建设给船舶交通带来的影响日益突出;港内工程作业船舶和运砂船等小型船舶对辖区水上交通的影响也相对突出;此外港口存放货物,尤其是危险品存储也是水上交通行业的重要风险因素。

1. 码头风险

码头是船舶停靠、装卸货物以及各类物资的集散地。上海港作为我国最大的港口之一,往来及停泊船舶众多,船上货物种类繁多。尤其是易燃、易爆品的装卸、堆放、仓储等环节存在诸多风险,再加上船舶本身价值较高,一旦发生火灾,将会给码头、船方、货方造成巨大的经济损失。

码头运输业属于技术密集型行业,包括各类特种作业,如高空、立体交叉、水上等危险性较大的作业。由于码头营运人员的疏忽或过失行为导致第三者财产损失和人身伤害,以及作业中断甚至被迫关闭而造成重大损失。

1)港口客运作业

港口客运作业存在的主要风险为人员伤亡、码头基础设施损坏、靠系船舶损坏(倾覆)、候船室损坏、大量旅客滞留、大量船舶滞留、停水停电、火灾事件、危险品事件、保安事件等。

(1)人员方面

各级管理人员、从业人员的身体健康状况,安全知识、管理知识储备情况,安全操作技能等;现场操作是否规范、现场是否违规、行业监管是否到位等。其表现形式有:

①客船超载。

②企业负责人、安全管理人员、安检人员、系解缆工及食品卫生从业人员等未经培训,进行不正确操作,未及时发现隐患并加以解决,管理不善、规章制度不健全。

③国际客运滚装船卸货违规作业、指挥失误、麻痹大意。

④靠、离泊时,船、岸之间的通信、信息交流有误或衔接不当。

⑤轮渡码头非机动车未熄火、减速,直冲渡船,易碰擦乘客。

(2)环境(市场)方面

包括自然灾害、社会不稳定事件、公共卫生事件、市场运行状况等,其表现形式有:

① 因不良的水文、气象条件等原因,造成航道淤积、船舶搁浅。

② 码头布局不科学、不合理,如与渣土码头相邻,频繁进出的渣土船对客运船只的靠、离泊构成严重安全隐患等。

③ 发生台风、地震、暴雨等自然灾害对码头、引桥等造成破坏。

④ 港口保安工作不到位,发生人为破坏(包括船舶碰撞事故、恐怖分子破坏)。

⑤ 船舶在靠、离码头过程中,因操作不当,或因水文气象条件不良等原因,有可能造成船舶与码头相撞,进而导致船舶或码头破损及泄漏事故。

在码头前沿水域,由于操作失误,船舶之间发生碰撞,造成泄漏导致水域污染。

（3）设施设备方面

车船检测维保、现场操作工具的使用保养、安全设施设备的使用等。其表现形式有:

① 轮渡引桥等设施设备老旧残损,超龄使用。

② 临时性客运码头无遮风挡雨的候船区域,无法应对灾害性天气。

③ 客运站内未按规定设置无障碍设施,或未对这些设施、设备进行定期检修。

④ 未根据客运站规模配置相应的安检设施、设备,并定期维护、保养。

⑤ 未保障应急疏散通道畅通。

⑥ 标志标识不健全、不科学、不准确或不醒目。

⑦ 未按要求安装视频监控系统,并对其内容按要求进行保存。

⑧ 岸电供应装置发生故障以及误操作。

⑨ 到港船舶状况较差,检测维保欠缺,不符合装载、运输方面的安全要求。

（4）管理方面

包括行业生产经营单位对相关人员、现场操作、日常经营等方面的安全管理,各级行业管理部门对管辖行业、管辖企业的日常监管,相关管理政策、体制、机制等方面。其表现形式有:

① 管理不善、规章制度不健全或执行不严格,导致违章指挥和违章作业。

② 船岸双方信息沟通不畅导致操作失误。

③ 作业人员操作技能差或麻痹大意,造成船舶驾驶不当,指泊有误或系解缆不当等。

④ 作业人员巡回检查不到位,设备维护保养不及时,导致设备发生故障。

⑤ 船岸交接制度不完善,导致客运船舶超载。

⑥ 相关行业管理部门对管辖行业、管辖企业的日常监管缺位,作业安全监督不力。

⑦ 相关港口客运管理政策、体制、机制等存在缺陷。

⑧ 相关港口客运设施设备行业技术标准缺失。

2）港口危险货物作业

危险货物装卸作业过程中存在的危险危害因素主要有危险货物泄漏扩散事故危险、火灾爆炸事故危险、船舶靠离泊碰撞事故危险等。此外,还存在作业人员淹溺、触电、高处坠落、机械伤害、急性中毒等事故的危险,以及有毒作业危害、化学灼伤危害、高温作业危害等。具体包括:

（1）人员方面

部分从业人员安全意识薄弱，或由于指挥不当，流动频繁；一些装卸人员违反操作规程，违法操作；以及存在人为破坏的可能，易导致各类事故发生，其表现形式有：

① 船舶超装导致溢出。

② 企业负责人、安全管理人员及生产作业人员未经培训，进行不正确操作，未及时发现隐患并加以解决、管理不善、规章制度不健全。

③ 违章作业、指挥失误、麻痹大意。

④ 船和岸、库区和码头间的通信、信息交流有误或衔接不当。

⑤ 现场吸烟、船上明火、电器和静电放电、机械火花、违章动火等防护措施不力，引发火灾、爆炸事故。

⑥ 装卸作业时，作业人员由于防护不当会造成中毒、触电、淹溺、机械伤害、高处坠落、化学灼伤等。

（2）环境（市场）方面

不良的水文、气象条件，台风地震等自然灾害的发生都会增加泄漏事故的危险性。其表现形式有：

① 因不良的水文、气象条件等原因，影响装卸过程中的正常操作，造成船舶与码头发生相撞，导致船舶、吊装设备工具、管道等损坏、破损和泄漏事故。

② 码头地基不均匀下沉，导致吊装设备倾倒、输送管道断裂等。

③ 发生台风、地震、风暴潮等自然灾害对码头、吊装设备、管道等造成破坏。

④ 港口保安工作不到位，发生人为破坏（包括船舶碰撞事故、恐怖分子破坏）。

⑤ 船舶在靠、离码头过程中，因操作不当，或因水文气象条件不良等原因，有可能造成船舶与码头相撞，进而导致船舶或码头侧管线破损事故，或可能造成泄漏事故。

⑥ 在码头前沿水域，由于操作失误，船舶之间发生碰撞，造成泄漏导致水域污染。

（3）设施设备方面

设备设施存在质量缺陷或运行时发生故障，导致危险货物作业事故或液体危险品泄漏的主要原因，具体如下：

① 工索具、金属软管、固定管道、阀门及法兰等设备选型不当、材质低劣或产品质量不符合设计要求。

② 工索具、固定管道使用过程中因焊缝开裂或出现气孔。

③ 不按规定进行安全监测及接地、防雷，或保护装置失灵。

④ 机械起重钢丝、管理法兰密封等不良，材质老化、阀门劣化等断裂或出现内漏。

⑤ 作业机械腐蚀、磨损或液体输送固定管道因腐蚀、磨损而造成管壁减薄穿孔。

⑥ 作业机械使用超规定期限或管道因疲劳而导致裂缝增长。

⑦ 现场操作工具的不按时进行保养，焊接质量缺陷，存在气孔、夹渣或未焊透等问题。

⑧ 安全监测及保护装置失灵,导致系统发生故障以及误操作。

⑨ 到港船舶状况较差,车船监测维保欠缺,不符合装载、运输方面的安全要求。

（4）管理方面

管理不善、沟通不畅及违章操作等作业人员的不安全行为也是导致危险货物作业事故的重要原因,具体如下:

① 管理不善、规章制度不健全或执行不严格,导致违章指挥和违章作业。

② 危险货物船舶、码头及库区三个方面信息沟通不畅导致操作失误。

③ 作业人员操作技能差或麻痹大意,造成吊装不当或管道超压破损或跑料。

④ 作业人员巡回检查不到位,设备维护保养不及时,导致设备发生故障。

⑤ 危险货物船舶超载导致船舶翻沉或液体危险货物溢出。

⑥ 相关行业管理部门对管辖行业、管辖企业的日常监管缺位,作业安全监督不力。

⑦ 相关港口危险货物管理政策、体制、机制等存在缺陷。

2. 内河水上交通

水上交通事故易造成沉船、人员伤亡、沿跨河桥梁等机车设施损坏、船载货物泄漏等引发水体污染。

1）人员方面

（1）内河船员总体素质偏低,操作技能有限,很多内河水上交通事故都是船员操作不当造成的。

（2）航务（海事）管理体制和管理人员紧缺。上海航务（地方海事）系统在管理体制上,实行市、区两级管理模式,区（县）机构、人员编制和党组织关系隶属于当地交通主管部门,由于市管航道通航安全管理责任主体市、区两级划分不明确,各区（县）交通行政主管部门对海事管理的认知、重视程度及工作要求不同,海事处分区而设不能完全符合内河流域管理,直接影响了安全监管效果,对安全管理工作的落实带来隐患。

2）环境方面

除了受恶劣天气影响,船舶大型化与航道设施不匹配也是产生水上交通安全风险的重要因素。随着上海市内河水运的发展,平均吨位500吨级以上的内河运输船舶逐渐占据越来越大的比重,按照航道通航尺度要求,500吨级的船舶需要在4级以上的航道通行,但目前内河4级以上航道仅占航道总里程的10%,85%以上的航道是6级以下的航道,大量的大型船舶在小航道航行,容易发生船舶搁浅和桥梁碰撞事故,有重大的通航安全隐患。

3）设施设备方面

部分铁路桥梁缺少安全警示标志。目前,在上海市多达60余座的跨内河航道铁路桥梁中,仅金山铁路的4座桥梁按照国家技术标准安装了内河通航水域桥梁警示标志,其余跨内河航道铁路桥梁均未安装（或未按标准安装）警示标志,船舶夜航时因缺乏助航标志的指引,无法清楚辨认桥梁设施的具体性状和位置,加之多数铁路桥梁因建造年限较长,通航净空尺度远低于现行通航标准,极易发生船舶碰撞铁路桥梁事故,有重大的通航安全隐患。

4)管理方面

(1)黄浦江上游浮吊问题。2013年下半年以来,黄浦江上游段浮吊船骤增,作业浮吊船达到超饱和状态,由于港口管理体制变革等历史原因,相关港口管理法规体系的制定实施相对滞后且不完善,加上监管不到位,导致作为港口经营活动方式之一的水上过驳作业基本处于无证(港口经营许可证)经营状态。特别是一些浮吊船没有锚泊在经海事部门许可的指定水域,擅自移动,随意选择作业地点,甚至占用航道从事水上过驳作业,给该区域过往船只带来极大的通航安全隐患,浮吊船之间无序竞争的情况也时有发生。

(2)内河老码头无证经营。目前,上海有107户内河码头没有取得港口经营许可证,这些码头在《港口法》和《港口经营管理规定》实施前就已经存在,由于各种原因无法取得港口经营许可证,有重大的安全隐患。

(3)内河小型旅游客运码头无适合的管理办法。上海市内河共有小型旅游客运码头20户,目前法律法规对内河小型旅游客运码头没有相应的规范和安全管理具体要求,客观上造成管理部门开展监管工作"无法可依",给内河旅游带来重大安全隐患。

(4)船舶污染物处置经费的问题。船舶带有大量的燃油,在航行过程中,一旦发生船舶事故或者误操作,易造成燃油泄漏污染水域,而船舶本身没有能力处置,需要社会力量的介入。但船舶污染事故是偶发的,而船舶污染应急防备是长期的,应急防备的日常运营需要有经费保障。否则出现污染而不能及时处置,对水源安全有很大的隐患。

船舶作为巨额移动财产,风险系数极高。常见风险包括因自然灾害、火灾、爆炸等外来原因造成船体受损,或在可航水域碰撞其他船或触碰码头、港口设施、航标,致使船体和上述物体发生和损失的费用;因前述风险事故致使载运货物、乘客遭受财产损失和人身伤害而依法应承担的赔偿责任;或因燃油或载运的油品泄漏而造成对水域的污染损害以及清污费用。

从事水上交通运营的企业,各项规章制度的健全和有效执行、消防设施的配置和使用规范、人员的培训、安保管理的落实以及应急预案的建立和演练等,均会对减少和降低意外事故发生的概率和程度起到至关重要的作用。

7.3.4 城市高铁风险

城市高铁泛指高速铁路和城际客运专线,是国家重要基础设施和大众化交通工具,是综合交通运输体系骨干、重要的民生工程和资源节约型、环境友好型运输方式。高铁具有全天候、大运量、不间断运输的特点,高铁列车运用轮轨关系沿着铁轨运行,虽然有着极高的安全可靠性,但与既有普速铁路及其他轨道交通方式一样,按照风险事件可能导致的后果及影响程度,主要有列车冲突、列车脱轨、火灾爆炸、人员伤亡、设备损坏、延误运行及其他方面的风险。

1. 设施设备风险

高铁主要由铁路线路、供电、信号、通信、动车组和客运服务设施设备等组成,主要设施设备风险包括线路设备风险,供电设备风险,信号、通信设备风险,动车组设备风险等。

1)线路设备风险

高铁线路设备主要由轨道、路基、桥梁、隧道、防护设施、声风屏障等组成,高铁线路设备风险主要包括钢轨和道岔伤损、无砟线路轨道板伤损、路基变形及翻浆冒泥、桥墩偏移、隧道渗水及衬砌掉块,以及系杆拱桥、钢桁梁桥、简支箱型梁桥、连续箱型梁桥等结构状态、支座劣化、部件疲劳损伤等。

2)供电设备风险

高速铁路供电系统负责向动车组、通信信号及车站各类旅客服务设施设备等提供不间断用电,覆盖面广、品质要求高,特别是动车组牵引供电的接触网设备运行条件复杂、恶劣,其材质、零部件等要经得住严峻环境条件考验。高铁供电设备风险主要有外部供电中断、车站行车指挥及客运服务设施停电、牵引供电接触网倒杆、塌网及部件脱落等。

3)信号、通信设备风险

高速铁路信号、通信设备是指挥动车组列车运行的"大脑",主要由信号、联锁、闭塞、通信设备、调度集中系统(CTC)、列车调度指挥系统(TDCS)、列车运行控制系统(CTCS)、信号集中监测系统、列车无线闭塞中心(RSC)等组成。

高铁信号、通信设备风险主要为列车运行控制设备数据设置错误、临时限速报文错误或丢失,以及软件修改、信号联锁试验不彻底,导致道岔错误解锁或转动、行车信号许可升级等。

4)动车组设备风险

动车组运行受到外界因素干扰,存在裙板、底板、车钩等部件裂损、常用制动丢失,以及车轮碇伤、崩裂等风险,甚至发生火灾、爆炸、脱轨等严重铁路交通事故,如旅客吸烟、动车组受外物撞击、人为开启车门,以及在极端恶劣天气条件下,动车组高速运行时,存在一定的安全风险。

5)客运设施设备风险

高铁客运设备主要存在站房玻璃幕墙、雨篷檐口板、车站顶棚部件脱落砸伤旅客、电梯及自动扶梯故障伤及旅客、旅客吸烟和车站电气设备及商铺用电火灾,以及春运、暑运和"五一"、国庆黄金周等客流高峰期,旅客购票、进站、站台乘降等发生对流、拥堵造成人员踩踏风险。

2. 自然灾害风险

对高速铁路而言,主要风险体现在极端恶劣气候、地震及地质灾害等带来的影响。

1)气象灾害风险

(1)台风、强风及龙卷风可能破坏高铁基础设施,刮倒电杆、接触网立柱及铁路沿线树木,吹断电线和接触网导线,以及将邻近临时工棚、彩钢瓦屋顶、建筑工地防尘网、农作物大棚塑料薄膜及市区的店招、广告牌(布)等吹刮上高铁线路和接触网导线上,造成牵引供电中断、动车组和线路设备损坏,以及发生高铁列车相撞、脱轨的风险。同时,台风将海水中的盐分带到陆上,可导致高铁钢轨、接触网、站房等金属部件锈蚀加剧,以及电缆设备漏电和电气设备元器件损坏。

(2)暴雨导致江河湖泊水位上涨及山洪,造成冲刷路基边坡、路堑坍塌及水淹桥梁、线路,山体落石、泥石流等灾害,严重威胁列车运行安全。暴雪对高铁运营的危害主要在我国的东北、华北地区,积雪可造成掩盖高铁线路、造成道岔不能扳动,影响高铁列车运行及旅客站台乘降安全。

(3)雷电能量巨大,可能造成高铁建筑物和电力、动车组、列车控制系统特别是电子设备损坏,引发铁路交通事故,以及造成旅客和人员伤亡。

(4)浓雾和雾霾不仅导致能见度降低,影响高铁列车司机运行瞭望,而且空气中水气饱和及含有悬浮颗粒物,还可造成高铁接触网供电设备、动车组受电弓等高压设备(27.5 kV)闪络、放电,损坏行车设施设备,造成列车停运、晚点。

(5)当发生持续高温及城市"热岛"效应,热量不能及时扩散,对高铁线路、道岔、桥梁、接触网等行车设备和建筑物带来严峻考验,易引发胀轨、无砟线路轨道板离缝、上拱及电气设备火灾等问题。

同样,低温天气特别是雨雪冰冻,也对高铁设备和运营带来危害,高铁线路上跨公路桥及隧道口上方冰凌掉落击打动车组、接触网,动车组高速运行时卷起的积雪、车底脱落冰块击打损坏道岔、列控系统地面应答器等行车设备,以及冻裂损坏车站动车组上水、卸污设备等,影响高铁运营秩序和安全。

2)地质灾害风险

(1)地震。地震破坏力巨大,造成地面塌陷、山体滑坡、建筑物倒塌,对高铁线路、桥梁、车站站房等建(构)筑物及高速列车运行威胁极大,甚至导致列车脱轨、颠覆等恶性事故。如2011年3月11日,日本福岛地震造成多趟动车组列车脱轨。

(2)其他地质灾害。一些沿海大中城市地处冲积平原,河网密集,地下水位高,软土地表含水量大、压缩性强,以及发生流砂问题,严重影响高铁路基的稳定,甚至导致桥墩偏移。

3. 外部环境风险

高铁设施设备复杂、列车运行速度快,任何轻微的外部环境因素和干扰,会呈几何级数放大,可能造成灾难性后果。为此,我国专门制定颁布了《铁路法》和《铁路安全管理条例》(国务院第639号令),依法设立铁路线路安全保护区,并规定了16种禁止行为和保护措施,全面加强铁路安全,特别是高速铁路运营安全保障。影响高铁运营安全的外部环境风险主要有以下几种。

1)非法施工

在铁路线路安全保护区内建造建筑物、构筑物等设施,取土、挖沙、挖沟、采空作业或者堆放、悬挂物品,可能影响高铁路基、桥梁、站房等设施设备稳定,以及影响列车司机瞭望,威胁列车运行安全。

2）异物侵限

为保障铁路机车车辆和动车组运行安全,世界各国铁路均划定有一个与铁路线路中心线垂直的极限横断面轮廓范围,简称铁路建筑限界,任何非铁路行车设施设备进入,无疑将危及列车运行安全。例如,一些人员及旅客无视高铁列车速度快、制动距离长的情况,非法翻越栅栏进入线路及跳下站台,不仅危及自身安全,且一旦发生相撞及列车紧急制动,严重威胁列车和旅客安全。

3）非法生产经营

在铁路安全保护区内和邻近铁路线路非法从事生产经营活动,不仅影响高铁运营管理,且一旦发生生产安全事故,将直接威胁高铁列车安全。

4）飘落类物质

在高铁沿线放风筝、气球、孔明灯、无人机等飞行器,以及附近临时工棚、彩钢瓦房、种植农作物、蔬菜的大棚塑料薄膜、遮阳网及垃圾堆场杂物等,被大风吹到高铁线路及接触网上。轻则造成高铁接触网、动车组受电弓设备损坏,造成列车供电中断停车,动车组空调停机,车厢内温度升高,可能造成旅客中暑;重则可能造成列车相撞发生脱轨、颠覆事故。

4. 运营管理风险

高铁运营管理风险同样反映在管理制度、设备质量、员工素质、监督管理、应急保障和安全文化建设等方面。

在正常情况下,高铁行车基本按照调度集中方式,调度集中系统(CTC)计算机实时监控列车运行状态,并依据列车运行图自动下达行车指令,行车指挥人员不参与行车,风险因素主要在于列车运行图基础数据的准确性、完整性,以及行车命令传递、接受和执行的及时性、准确性。但遇有行车设备故障、列车运行晚点、临时增开列车、恶劣天气影响等,需要人工操作调度集中系统指挥行车及设备故障抢修等应急处置情况下,对相关岗位作业人员、行车指挥人员和把关监控人员的安全意识、业务素质、组织能力等带来考验,强化关键环节风险管控至关重要。

5. 治安防范风险

高铁作为重要基础设施和大众化交通工具,高铁车站人员高度聚集,高铁线路穿山越岭、连贯城乡,铁路沿线和站车治安防范风险不可忽视,是城市安全重点防范领域。

1）扰乱运输秩序

如进站、乘车不服从铁路运输服务协议和铁路工作人员劝告、管理,在车站内、列车上寻衅滋事,扰乱车站、列车正常秩序,危害旅客人身、财产安全的;在铁路线路上行走、坐卧、钻车、扒车、跳车,擅自开启列车车门、紧急安全设施等;强行登乘、霸占座位或者以拒绝下车等方式强占列车;冲击、堵塞、占用进出站通道或者候车区域、站台;擅自进入铁路封闭区域;在列车上抛扔杂物;非法拦截列车、阻断铁路交通;使用无线电台(站)以及其他仪器、装置干扰铁路运营指挥调度无线电频率正常使用;等等,都会严重干扰高铁运输秩序,甚至危及列车运行安全。

2）站车防火防爆

高铁车站、列车人员密集,动车组列车运行速度高,一旦发生火灾,火情蔓延快、施救困难,危害极大。因此,旅客应当接受并配合铁路部门在车站、列车实施的安全检查,不得违法携带、夹带、托运烟花爆竹、枪支弹药等危险品或者其他违禁品;不得在动车组列车上吸烟及在车站候车室(厅)等禁烟区域吸烟。

3）破坏铁路设施

高铁列车在轨道上运行,各类设施设备具有唯一性,任何拆盗、割盗、偷盗、损坏或者擅自移动铁路设施设备、配件和标桩、防护设施、安全标志的行为,以及在铁路线路上放置、遗弃障碍物、击打列车等,严重危及动车组列车运行安全,甚至导致列车脱轨、颠覆。

7.4 城市环境风险

城市环境安全风险主要包括生态环境风险、气象灾害风险、水安全风险等。

7.4.1 生态环境风险

美国环保局对生态风险的定义是不良生态效应发生的可能性,其主要内容包括受体暴露于单个或多个胁迫因子的概率和暴露后所产生的胁迫效应的程度。我国部分学者认为生态风险是指生态系统中由自然变化或人类活动引起的非期望事故或灾害等造成生态系统结构和生态过程改变,进而损害生态系统功能的概率。城市生态环境风险包含了以上两部分的内容,风险管理的对象是有可能因为生态系统变化对城市自然、经济、社会等造成一定损失的以上各种生态环境,生态环境风险源分类如表7-5所示。

表 7-5 生态环境风险源分类

污染源	化学污染 物理污染 生物污染 人类、自然灾害	PoPs、重金属、杀虫剂 噪声、辐射、热岛效应 病毒、生物入侵 化工厂泄漏事故、洪灾
暴露源	大气 沉积物 水 土壤 灰尘	空气、颗粒物 饮用水、水产品 饮用水、水产品、生活用水 农作物 颗粒物

在未来的一段时间内,我国除需继续对已经得到关注的部分环境风险如化学品、富营养化、重金属、$PM_{2.5}$ 等以外,还需要对已经存在可能继续发展的环境风险如臭氧、黑炭、核与辐射、温室气体等,以及未来可能出现的环境风险进行防控。城市生态环境风险管理与防控管理体系如表7-6、图7-10所示。

表 7-6　　　　　　　　　　　城市生态环境风险管理与防控管理体系

定义	环境风险		环境灾害
状态	事前	事中	事后
手段	识别-分析-评估-管理	防控-应急准备	应急处置-灾后管理
目的	降低风险演变灾害的可能性	努力防止最差情况出现	最大限度保障公众生命财产和生态环境安全
目标	完善风险识别与评估框架和技术体系 建立常态下风险综合管控和预警体系	建立全过程应急预警管理体系	建立由政府主导的应急管理体制和应急救援队伍
管理	风险管理	应急管理	危机管理
	常态下的分权管理	常态下的统一管理	非常态下的集权管理
资源	绿色金融;生态环境保险	对有限资源进行合理配置	快速/充分调动相关资源
平台	综合监管平台	综合预警平台	应急处置平台
业务	· 识别(风险受体;积累性与突发性风险源) · 分析(考虑人体健康和生态系统建立方法) · 评估(分级;可接受风险水平;暴露性风险评估;比较风险评价) · 管理(常态化,动态巡检;风险热点区域监管) · 抗风险能力(基于生物多样性的城市生态环境风险脆弱性指标)	· 灾害后果模拟 · 应急预案规范 · 风险预警网络 · 风险防控与应急措施差距分析	· 明确应急管理机构 · 建立应急预案机制 · 协调应急资源保障 · 强化应急反应速度
机制	多元共治机制(政府,市场,社会)、精细风控机制(排查,监管,技术应用,保险)、依法保障机制(保险+法律)、生态环境信息网络(协作,交流,推广,标准制度)		环境灾害应急管理机制

1. 城市河道水质风险

1)水质风险类型

城市河湖水质风险主要是污染。水体污染物按其性质,可分为化学性污染物、物理性污染物和生物性污染物;按其来源,可分为工业废水、生活污水和农业废水;按其形式,可分为点源污染和非点源污染,如图 7-11 所示。

2)水质风险评价

为贯彻《中华人民共和国环境保护法》和《中华人民共和国水污染防治法》,防治水污染、保护地表水水质、保障人体健康、维护良好的生态系统,由国家环境保护总局和国家质量监督检验检疫总局制定了中华人民共和国水质的国家标准:《地表水环境质量标准》(GB 3838—2002),根据水体的功能和类型,分别为江河、湖泊、运河、渠道、水库等具有使用功能的地表水水域制定了地表水环境质量标准基本项目(24 项水质指标)、集中式生活饮用水、地表水源地制定了补充监测项目(5 项水质指标)和适用于集中式生活饮用水、地表水源地一级保护区和二级保护区的特

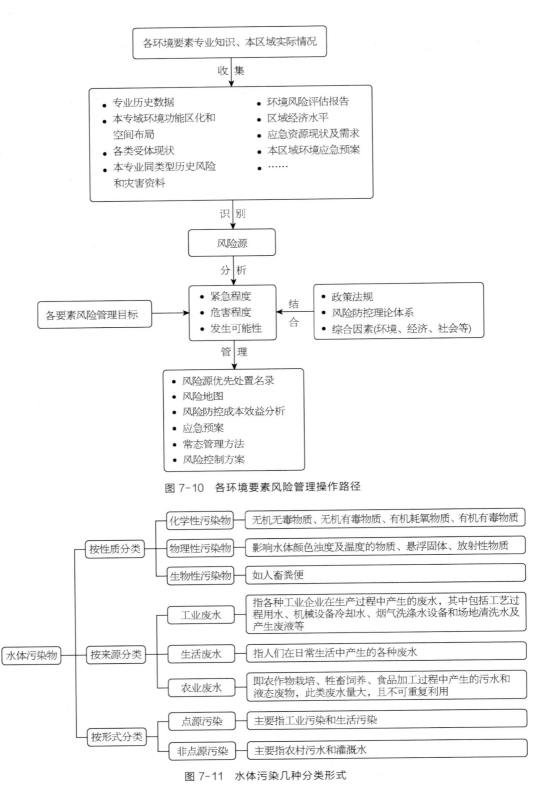

图 7-10　各环境要素风险管理操作路径

图 7-11　水体污染几种分类形式

定补充指标(80 项水质指标)。河道水质评价方法主要包括断面水质评价,采用单因子评价法,即根据评价时段内该断面参评的指标中类别最高的一项来确定,如表 7-7 所示。

表 7-7   断面水质定性评价标准

水质类别	水质状况	表征颜色	水质功能
Ⅰ~Ⅱ类水质	优	蓝色	饮用水源地一级保护区、珍稀水生生物栖息地、鱼虾类产卵场、仔稚幼鱼的索饵场等
Ⅲ类水质	良好	绿色	饮用水源地二级保护区、鱼虾类越冬场、洄游通道、水产养殖区、游泳区
Ⅳ类水质	轻度污染	黄色	一般工业用水和人体非直接接触的娱乐用水
Ⅴ类水质	中度污染	橙色	农业用水及一般景观用水
劣Ⅴ类水质	重度污染	红色	除调节局部气候外,使用功能较差

表格来源:《地表水环境质量评价办法(试行)》环办〔2011〕22 号。

近年来我国城市河湖水存在河道黑臭、富营养化、水陆过渡带消失、生物多样性锐减、栖息地萎缩等问题,水污染事故多次发生,需加强水质风险管理。

3)水质风险防控

水质风险管理主要包括水质风险识别、水质风险评估、水质风险预警和水质风险管理四个方面,如图 7-12 所示。

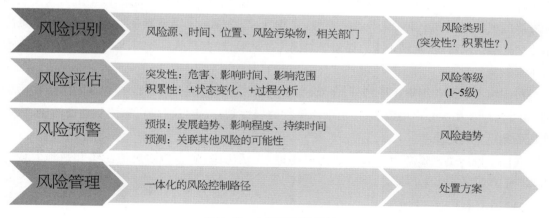

图 7-12 水质风险管理流程

水质风险识别是指识别风险的来源、风险发生的时间、风险发生的具体位置、风险污染物、风险可能的程度和风险的责任单位、管理部门等重要信息。我国传统的风险识别技术主要依赖于人为水质监测和不定期的排查,随着大数据的发展,水质监测技术逐渐与无人机拍摄技术、水文水质自动监测站技术、遥感等技术相结合;如"河道立体监测技术体系",针对开放河道的无人机、无人船监测技术,针对排水口的污染监测技术,针对地下箱涵的摸排技术等,点线面相结合,能够更加全面地对水环境及水质进行监测,更加有效地对风险以及潜在风险进行识别。水质风险评估是在水质风险识别的基础上,将收集来的信息进行整合分析之后,对水环境的风险类型(突发性水环境风险和累积性水环境风险)以及风险等级进行判断。目前使用较多的水质风险评估方法是将传统方法收集的水质数据进行简单地数据分析得出结论或是将传统与现代相结合的监测技术得来的信息进行大数据分析。水质风险预警是根据水质风险评估判断的风险类型及风险等级,预报水质风险的发展趋势、影响程度以及水质风险的持续时间,以及预测与水质风险相关联的其他风险的可能性,目前关于河流污染的风险预警指标体系是河流日常污染风险预警指标体系和河流突发性污染风险预警指标体系,如郑州市水环境预警系统、长江下游江苏段主要水源地的特点即水污染事故的特征而建立的水源地突发性水污染事故预警系统等。水质风险管理是根据水环境风险识别、评价与预警的结果,按照恰当的法规条例,选用有效的控制技术,进行削减风险的费用和效益分析;确定可接受风险度和可接受的损害水平;并进行政策分析及考虑社会经济和政治因素;决定适当的管理措施并付诸实施,以降低或消除事故风险度,保护人群健康与生态系统的安全。

2. 城市土壤污染风险

1) 土壤污染风险类型

城市土壤污染是指人类活动产生的污染物进入土壤并积累到一定程度,引起土壤生态平衡破坏、质量恶化,导致土壤环境质量下降,影响作物的正常生长发育,作物产品的产量和质量随之下降,并产生一定的环境效应(水体或大气发生次生污染),危及人体健康,以至威胁人类生存和发展的现象。城市土壤污染具有隐蔽性、累积性、滞后性。土壤要素在生态环境中往往是污染物质的最后承接者,对城市生态环境带来很大的风险,对农产品安全、人居环境和生态系统造成不良影响。

按土壤污染源和污染途径划分,土壤污染可分为水质污染型、大气污染型、固体废物污染型、农业污染型和综合污染型等;按土壤污染物的属性划分,土壤污染可分为化学性污染、放射性污染和生物性污染等。

我国土壤污染风险源主要是工业污染场地、生活污染、矿山废水废渣污染和耕地农业污染等。

2) 土壤污染风险防控

城市土壤污染风险包括风险识别、风险分析、风险评估和风险预警。

(1) 风险识别:对于保护土壤环境的安全性而言,目前世界主要国家共同认可的是"污染源—传播途径—汇"这一基于污染物传播的基本模型,将土壤视为保护对象,土壤为环境污染物的"汇",工矿污染、农业污染和生活污染为主要的污染源,传播路径则为污染物自源到达土壤(汇)的方式,如大气沉降、地表水沉积、直接接触(直接堆放)等;还有一种"污染源—暴露途径—受体"基于风险评估的基本模型,这是以人体健康、农产品、地下水和生态环境四类为受体,此时污染源则为受污染土壤,暴露途径则为污染物自土壤到达以上四类受体的路线,即建立场地概念模型(CSMs)。因此识别土壤环境的风险,从第一种模型开始保护土壤资源,进而延伸到第二种模型保护生态环境,来识别城市主要土壤环境风险源,如表7-8所示。

表7-8　　　　　　　　　　　　　　　土壤污染源情况

场地类型	风险源	污染源情况
城市污染场地	工业污染场地	来自有色金属冶炼、石油化工、化工、焦化、电镀、制革等行业
	石油类污染场地	石油烃、苯系物、多环芳烃、甲基叔丁基醚和重金属污染物
	固体废弃物(含生活垃圾、非正规垃圾填埋场)、化学品尤其是危险废物的非正规乃至非法填埋(偷埋)、工业废水(偷排)等	污染类型复杂,尤其具有安全性影响,需要采取一些应急治理措施和预案
矿山	采矿种的污染物排放尾矿石和冶炼废渣等的集中储存	重金属污染
耕地	近20年来,耕地由于长期过量使用化学肥料、农药、地膜及工业污水灌溉,导致污染物在土壤中大量残留,土壤受到有毒、有害物质的侵蚀,耕地的生态功能受到严重损害,部分耕地甚至丧失了耕作能力,这些污染源的作用使得耕地受较严重破坏	农药类污染重金属污染其他衍生污染物

(2)风险分析:主要是对人体健康风险和生态环境系统分析。污染场地人体健康风险评估的基本流程为:通过追踪污染物自土壤到受体的迁移过程,结合受体对污染土壤的暴露情景(常分为处于敏感用地、非敏感用地及施工期场地等情景),区分不同的敏感受体(成人、儿童、建筑工人等),采用相应的评估工具(主要是数学模型和参数),分别进行暴露评估和毒性评估,并进行风险表征(通过数学模型计算得出致癌风险值、危害商等危害指数后按规定进行表征),将结果与所规定的可接受风险水平对比,判断风险是否可以接受,并最终为采取土壤污染防治措施提供依据。生态环境风险分析,首先筛选评估,获得生态土壤筛选水平,如果超过了风险可接受的水平,则需要进一步获得场地具体的特征参数;然后通过场地具体的生态响应信息评估具体的生态风险,主要包括场地土壤、地下水等场地介质的毒理学测试数据、污染物在食物网中的传播模型、不同生物组织中污染物的浓度、场地生物区系调查和不同物种比例估算等。

(3)风险评估与预警:根据《土壤污染防治行动计划》,对土壤的风险管理措施做出了要求,即"保护预防、风险管控、治理修复和安全利用"十六个字。开展土壤污染状况详查,掌握重点行业企业用地中的污染地块分布及其环境风险情况;建设土壤环境质量监测网络,发挥行业监测网作用,基本形成土壤环境监测能力,增加特征污染物监测项目,提高监测频次;提升土壤环境信息化管理水平,通过建立土壤环境基础数据库,构建全国土壤环境信息化管理平台,借助移动互联网、物联网等技术,拓宽数据获取渠道,加强数据共享,发挥土壤环境大数据在污染防治、城乡规划、土地利用、农业生产中的作用。

《农用地土壤环境管理办法(试行)》关于农用地预警(第二十六条)规定:设区的市级以上地方环境保护主管部门应当定期对土壤环境重点监管企业周边农用地开展监测,监测结果作为环境执法和风险预警的重要依据,并上传农用地环境信息系统。设区的市级以上地方环境保护主管部门应当督促土壤环境重点监管企业自行或者委托专业机构开展土壤环境监测,监测结果向社会公开,并上传农用地环境信息系统。《工矿用地土壤环境管理办法(试行)》中规定重点单位应当按照相关技术规范要求,自行或者委托第三方定期开展土壤和地下水监测,重点监测存在污染隐患的区域和设施周边的土壤、地下水,并按照规定公开相关信息。

3. 城市大气污染风险

按照国际标准化组织《ISO 31000 风险管理标准》给出的定义,大气污染通常是指由于人类活动和自然过程引起某种物质进入大气中,呈现出足够的浓度,达到了足够的时间并因此而危害了人体的舒适健康或危害了环境的现象。

1)大气污染的类型

按污染源存在的形式划分,包括固定污染源、移动污染源;按污染物排放的时间划分,包括连续源、间断源、瞬间源;按污染物排放的形式划分,包括点源、面源、线源;按污染物产生的类型划分,包括工业污染源、农业污染源、民用污染源、交通运输源、天然源。

按污染物类型分,主要有颗粒物(PM)、一氧化碳(CO)、氮氧化物(NO_2, NO)、硫氧化物(SO_2, SO_3)、光化学烟雾(O_3, PAN 等)、碳氢化合物(CH)、含氟含氯废气等。城市大气污染的主要污染物为颗粒物、一氧化碳、二氧化碳、光化学烟雾等。

2)城市大气污染防控

《环境空气质量标准》(GB 3095—1996)是为贯彻《中华人民共和国环境保护法》和《中华人民共和国大气污染防治法》,保护和改善生活环境、生态环境,保障人体健康制定的标准;标准规定了环境空气功能区分类、标准分级、污染物项目、平均时间及浓度限值、监测方法、数据统计的有效性规定及实施与监督等内容。根据《环境空气质量标准》(GB 3095—1996)规定的几种常见污染物例行监测的结果,将空气污染折算成"空气污染指数"(Air Pollution Index, API)来反映和评价空气质量,将多种不同污染物的浓度折算成单一的概念性的数值形式,并用分级表征空气质量状况和污染程度,便于公众理解和城市空气质量的评估。空气污染指数(API)是根据 20 世纪 90 年代三种最主要的空气污染物二氧化硫(SO_2)、二氧化氮(NO_2)和可吸入颗粒物(PM_{10})来计算的。根据每一种污染物日均浓度分别计算其空气污染分指数(iAPI),从中选取最大值作为日 API,这一种污染物被称为"首要污染物"。API 划分为五级,分别是优、良、轻度污染、中度污染和重度污染,其中,1~50 为优,51~100 为良,101~200 为轻度污染,201~300 为中度污染,大于 301 为重度污染。

2012 年 2 月 29 日,环境保护部颁布了《环境空气质量标准》(GB 3095—2012),同时颁布了《环境空气质量指数(AQI)技术规定》,将 API 体系转变为 AQI 体系,在 SO_2、NO_2 和 PM_{10} 三项污染物的基础上,增加了更加密切反映大气复合污染特征的 $PM_{2.5}$、O_3 和 CO。此外,新标准及技术规定将空气污染分为优、良、轻度污染、中度污染、重度污染和严重污染6个等级，每个等级分别对应指定的 AQI 范围、颜色、对健康状况的影响以及建议采取的措施，如表7-9所示。

表 7-9 空气质量指数及相关信息

空气质量指数	空气质量级别	空气质量类别及颜色		对健康影响情况	建议采取的措施
0～50	一级	优	绿色	空气质量令人满意，基本无空气污染	各类人群可正常活动
51～100	二级	良	黄色	空气质量可接受，但某些污染物可能对极少数异常敏感人群健康有较弱影响	极少数异常敏感人群应减少户外活动
101～150	三级	轻度污染	橙色	易感人群症状有轻度加剧，健康人群出现刺激症状	儿童、老年人及心脏病、呼吸系统疾病患者应减少长时间、高强度的户外锻炼
151～200	四级	中度污染	红色	进一步加剧易感人群症状，可能对健康人群心脏、呼吸系统有影响	儿童、老年人及心脏病、呼吸系统疾病患者避免长时间、高强度的户外锻炼，一般人群适量减少户外运动
201～300	五级	重度污染	紫色	心脏病和肺病患者症状显著加剧，运动耐受力降低，健康人群普遍出现症状	儿童、老年人和心脏病、肺病患者应当留在室内，停止户外运动，一般人群减少户外运动
>300	六级	严重污染	褐红色	健康人群运动耐受力降低，有明显强烈症状，提前出现某些疾病	儿童、老年人和病人应当留在室内，避免体力消耗，一般人群应避免户外活动

以上海市空气重污染应急工作为例，上海市空气重污染应急工作组(以下简称"市工作组")统一组织指挥本市空气重污染应对工作。2014年上海市发布《上海市空气重污染专项应急预案》，2016年和2018年先后经过了两次修订。根据《上海市空气重污染专项应急预案》(2018版)，空气重污染预警分为蓝色预警(AQI在101～200)、黄色预警(AQI在201～300之间)、橙色预警(AQI在301～400之间，或者未来持续两天及以上AQI在201～300之间)、红色预警(AQI大于400)四个等级，根据空气重污染蓝色、黄色、橙色、红色预警等级，启动相应的Ⅳ级、Ⅲ级、Ⅱ级、Ⅰ级应急响应措施。

4. 城市固体废弃物风险

固体废弃物，是指在生产、生活和其他活动中产生的丧失原有利用价值或者虽未丧失利用价值但被抛弃或者放弃的固态、半固态和置于容器中的气态的物品、物质以及法律、行政法规规定纳入固体废物管理的物品、物质。

1）固体废弃物风险类型

固体废弃物产生源分散、产量大、组成复杂、形态与性质多变，可能含有毒性、燃烧性、爆炸性、放射性、腐蚀性、反应性、传染性与致病性的有害废弃物或污染物，甚至含有污染物富集的生物，有些物质难降解或难处理、排放（固体废弃物数量与质量）具有不确定性与隐蔽性，这些因素导致固体废弃物在其产生、排放和处理过程中对资源、生态环境、人民身心健康造成危害，甚至阻碍社会经济的持续发展。固体废弃物，尤其是有害废弃物，如果处理不当，会破坏生态环境。

固体废弃物，尤其是生活垃圾，贴近人们的日常生活。固体废弃物的污染和危害具有迟滞性、潜在性、长期性、间接性、隐蔽性、综合性和灾难性等特点，会对水体、土壤、大气产生长期的潜在危害，是与人类生产生活息息相关的环境问题，需要高度重视。

2）固体废弃物风险防控

风险识别：固体废弃物污染源对城市生态环境的污染风险，存在于从产生、收集、运输、贮存、处理到最终处置和综合利用的整个生命周期过程中。

由于固体废弃物的污染源具有复杂多变的特性，收运处流程较长，处理工艺多样化，环境监管上也容易出现漏洞，从而造成了污染风险防控的难度。近期，固体废弃物非法转移和倾倒事件愈演愈烈，违法倾倒工业固废、非法处置及违规转移和贮存危险废物等多起固体废弃物污染事件曝光，说明了有效识别固体废弃物污染风险，对固体废弃物进行全过程监管的重要性和紧迫性。

风险分析：固体废弃物污染风险防控，首先是对固体废弃物污染源的控制，其次是要对固体废弃物的处理全过程可能产生的风险进行客观科学分析。有些固体废弃物本身对环境的污染较小，但在处置或资源回收过程中可能产生较大的危害，如从电子线路板中回收稀贵金属，如果回收方法不当，将对环境和人产生严重的影响；有些固体废弃物的资源化产品在使用中也可能带来长期的负面环境污染，如重金属含量较高的污泥堆肥土地利用，使用后对土壤和作物的影响也具有较大的危害性。

风险防控：从处理技术上看，有些固体废弃物处理技术具有一定优势，但是从固体废弃物处理与利用全链条来看，则不一定具有优势。比如垃圾焚烧，目前垃圾焚烧是处理城市垃圾最常用的方法之一，但是处理工艺和技术水平的差异，可能会导致二噁英、飞灰等二次污染物大量产生，对城市生态环境产生严重的污染。

更进一步来看，许多固体废弃物是水、大气、土壤污染治理中污染物分离富集的产物，即污染"汇"，如污水处理厂污泥、河道清淤底泥、烟气净化残渣、开挖出来的严重污染土壤等。类似这些固体废弃物的处理与利用必须以系统思维实现全局优化，必须要充分考虑其在处理和利用过程中可能产生的环境污染风险，进行客观的环境风险分析，做出科学的风险防控措施。否则，将会出现逆向污染控制问题，导致富集到相对稳定的少量固体废弃物中的污染物重新释放到水、大气和土壤中，对生态环境造成二次污染。这不但无助于城市生态环境的改善，反而会增加污染物排放。

5. 其他城市生态风险

1）城市热环境风险

目前，随着城市化的进程加快和城市的扩张，热岛效应愈演愈烈，城市热环境的日益恶化已成为全球现代化城市气候变化最为显著的特征之一，并对城市空气质量改善、雾霾治理和植物健康生长带来了极大的负面影响。

作为最主要的气象灾害之一，极端高温事件给人类造成的健康威胁是剧烈的、致命的。风险评估作为灾害风险管理的重要组成部分，对于气候变化下极端高温的防灾减灾工作具有重要意义。近年来，随着国际上对于气候变化、公共健康与风险概念的日益关注，仅考虑高温危险性的风险评估方法已不是主流，人口脆弱性等要素（包括年龄、种族、性别、社会隔离程度以及空调使用等）已被尝试纳入高温风险评估指标体系中。目前基于健康的极端高温风险评估主要通过在地图上叠加高温危险性与脆弱性因素，实现人群高温健康风险的可视化。并且，大量的研究试图寻找到在风险评估模型中量化脆弱性的科学、合理的方法。但人口脆弱性涉及因素众多，对高温死亡率的作用机理非常复杂，并存在不确定性，目前主流的专家打分法、主成分分析法以及聚类分析法等方法在指标权重确定方面仍受到多种制约，导致风险评估结果精度仍较低，离实际应用尚有较大差距。进一步探讨人口脆弱性的定量化表征已成为当前风险评估研究的重要趋势。

2）城市噪声污染风险

城市噪声污染源主要有交通运输噪声、工业噪声、建筑施工噪声、社会生活噪声等。《中华人民共和国环境噪声污染防治法》是我国环境噪声管理的基本法，《声环境质量标准》（GB 3096—2008）是我国环境保护工作领域最重要的标准之一，是判断噪声事件（飞机噪声除外）是否违反相关环境法律法规的重要依据，除飞机噪声事件以外，有关噪声的管理、评价、规划、监测、控制治理等都应该参考和符合该标准的相关规定。因此，它也是噪声控制工程中非常重要的一个参考标准，它所规定的环境噪声限值，往往是一个与环境相关的噪声控制工程的底线。

噪声地图（noise mapping）是我国噪声污染风险预警主要工作，噪声地图是指利用声学仿真模拟软件绘制并通过噪声实际测量数据检验校正，最终生成的地理平面和建筑立面上的噪声值分布图，一般以不同颜色的噪声等高线、网格和色带来表示。噪声地图综合了计算机软件仿真模拟与地理信息系统，以数字与图形的方式再现了噪声污染在交通干道沿线和城市区域范围内的分布状况。噪声地图作为一项新型的城市噪声预测方法，是将噪声源的数据、地理数据、建筑的分布状况、道路状况、公路、铁路和机场等信息综合、分析和计算后生成的反映城市噪声水平状况的数据地图，有利于公众深入了解声环境状况，参与监督。

3）城市生物多样性风险防控

生物多样性是生态系统整体状况的一个宏观评估，为生态系统的整体状况提供一个简明有效、定性定量、富有同理性的判断性指示系统。同时，生物多样性作为生态系统的一部分，又从各种方面支撑着至关重要的生态系统服务功能,比如病虫害防治、授粉、食物链调节、生态景观的生物改造、休闲游憩、精神文化服务。

生态系统和生物多样性受损会产生直接的经济后果,而我们通常会低估这种后果。生态系统具有一定的承受能力,在达到临界点之前,生物多样性丧失和生态系统劣化并不能立刻或直接转化为服务的损失;而到达临界点之后,将很快开始崩溃。因此,监测生态系统和生物多样性与临界点的距离对经济分析、风险管理极为重要。其次,生物多样性和生态系统的价值与它们承受干扰和外界变化以后的恢复能力和维持服务的能力有关。生物多样性是支撑生态系统受损后恢复弹性的重要因素,但当持续干扰时间过长、剂量过大,将导致生物多样性的拐点性损失,使得生态系统的恢复弹性越来越小、提供服务的能力也逐渐减弱。这种保持弹性的价值通常很难加以衡量,因此,必须采取提前预防风险发生的方案保护生物多样性和生态系统。

7.4.2　气象灾害风险

随着我国国民经济快速发展,生产规模日趋扩大,社会财富不断积累,天气气候灾害的损失和损害趋多趋重,已成为制约经济社会持续稳定发展的重要因素之一。

城市气象灾害风险取决于致灾因子以及承灾体的暴露度和脆弱性,与风险防范、监测预警、处置救援、恢复重建直接相关。

1. 城市气象灾害种类

我国是世界上极端天气气候事件及灾害最严重的国家之一。我国城市面临的主要气象灾害有热带气旋、暴洪、雷电、冰雹、龙卷风、雾和霾、大风、高温热浪、雨雪冰冻等。

1) 热带气旋

热带气旋又称为台风,是发生在热带洋面上的一类强烈风暴,台风影响过程中经常伴随着强风、暴雨和风暴潮。发生在城市的台风灾害主要使户外设施、供电线路、通信线路等遭到损坏,城市交通受到影响,造成人员伤亡,影响城市的正常运行。

2) 暴雨与洪水

暴雨导致的洪涝灾害是我国城市最主要的自然灾害之一。洪是一种峰高量大、水位急剧上涨的自然现象,涝则是由于长期降水或暴雨不能及时排入河道沟渠形成地表积水的自然现象。历史上洪涝灾害主要造成农业的损失。近几十年来,随着社会经济的发展,洪涝灾害损失的主要部分已经转移到城市,洪涝的特点也发生了很大变化。许多城市沿江、滨湖、滨海或依山傍水,有的城市位于平原低地,经常受到洪涝的威胁。与农村相比,城市的人口和资产高度集中,灾害损失要大得多。中国现有 668 座城市,其中 639 座有防洪任务,占 96%。

我国是多暴雨的国家,除西北个别省区外,几乎都有暴雨出现。冬季暴雨局限在华南沿海,4~6 月间,华南地区暴雨频频发生;6~7 月间,长江中下游常有持续性暴雨出现,历时长、面积广、暴雨量也大;7~8月是北方各省的主要暴雨季节,暴雨强度很大;8~10月雨带又逐渐南撤。夏秋之后,东海和南海台风暴雨十分活跃,台风暴雨的降雨量往往很大。

3)雷电、冰雹和龙卷风

闪电是大气中瞬变高电流放电的现象,通常和强烈发展的积雨云中冰滴与水滴摩擦而使电荷分离,导致云间或云对地的电压升高有关;雷则是闪电沿着放电路径造成气体快速膨胀所发出的"爆裂"声。这两种现象经常伴随一起发生,合称雷电。遭受雷电击中,建筑物可能会倒塌、树木被劈断,对人体则不仅会造成灼伤,若是击中头部且电流通过躯体传到地面,更会使人的神经麻痹,心脏停搏,甚至危及生命。

冰雹是在强烈发展的积雨云对流里快速成长后降落至地面的冰块或冰粒,小如绿豆、花生,大似葡萄、鸡蛋,巨大的冰雹甚至像葡萄柚或垒球。半径1 cm以上的冰雹就足以砸破汽车挡风玻璃,更大的冰雹破坏力可想而知。而大量的冰雹常造成农作物或渔牧损伤惨重,甚至危及人的生命。

龙卷风是指发生在积雨云下方或从积雨云底向地面或海面伸展的强烈旋转空气柱,肉眼常可见呈漏斗状云或管状云。龙卷风是大气中最强烈的涡旋的现象,常发生于夏季的雷雨天气,尤以下午至傍晚最为多见,影响范围虽小,但破坏力极大。龙卷风经过之处,常会发生拔起大树、掀翻车辆、摧毁建筑物等现象,它往往使成片庄稼、成万株果木瞬间被毁,令交通中断,房屋倒塌,人畜生命和经济遭受损失等。

4)雾和霾

雾霾天气是一种常见的城市气象灾害。大范围雾霾天气主要出现在冷空气较弱和水气条件较好的大尺度大气环流形势下,近地面低空为静风或微风。由于雾霾天气的湿度较高,水气较大,雾滴提供了吸附和反应所需的场所,加速了反应性气态污染物向液态颗粒物成分的转化,同时颗粒物也容易作为凝结核加速雾霾的生成,两者相互作用,迅速形成污染。随着冷空气来临,风速增强,雾霾逐渐消散。研究表明,雾霾天气的形成和发展与气象条件关系密切。

雾霾天气频繁发生,对城市大气环境、群众健康、交通安全、农业生产等造成的影响日益显著,极易酿成雾霾灾害。研究雾霾气候特征和影响因素是雾霾灾害风险评估的基础性工作,对雾霾防灾减灾和雾霾风险防范具有重要意义。同时,由于大部分雾霾严重的天气一旦形成往往很难消散,对城市环境的危害尤其严重,并容易带来较强的社会负面影响。

5)大风

大风是指瞬时风速大于17 m/s(8级)的风。在蒲福风级表中,6级的平均风力常使树枝摇动,电线发出呼啸声,我国在秋冬季节东北季风盛行、春夏季节旺盛对流云发展或台风接近影响时,都容易有大风天气。对大风灾害的脆弱性主要是由保护对象的抗风能力决定的。大风主要威胁郊区农作物大棚、市区的广告牌、灯箱和行道树以及各种建筑附属物。

6）高温热浪

高温灾害的致灾因子主要考虑高温发生的可能性和高温的危害程度。高温灾害与区域的社会经济发展相关,造成的损失大小一般取决于发生地的经济价值的密集程度。同样强度的高温,发生在经济发达、人口密集的地区可能造成的损失往往要比发生在人口较少、经济相对落后地区大得多。同时,在区域性高温的背景下,因下垫面环境的差异将加剧和减轻高温灾害的程度。如密集建筑物的作用,使地面风速明显减小,不利于热量的扩散,温度增高;大面积的水域和绿化面积,使得下垫面的蒸发量增多,从而降低温度。

7）雨雪冰冻

暴雪预警信号分为四种:蓝色、黄色、橙色和红色;当暴雪天气来临时,政府部门应做到暴雪预警信号应急预案,提醒人们做好各方面应对措施。暴雪的出现往往伴随大风、降温等天气,给交通和冬季农业生产带来影响。

寒潮是指冬半年来自极地或寒带的寒冷空气,像潮水一样大规模地向中、低纬度的侵袭活动。寒潮袭击时会造成气温急剧下降,并伴有大风和雨雪天气,对工农业生产、群众生活和人体健康等都有较为严重的影响。

2. 城市气象灾害特点

1）城市气象灾害复合多元化

由于自然生态系统和人工系统在城市内部的密切交织,其所易发的气象灾害因此具有自然和人为双重属性。城市除了受台风、连阴雨、持续高温、雷电、大风等大尺度气候系统带来的气象灾害影响,同时也存在如城市局部地区热对流、狭管风、雾霾、城市热岛等城市局部地区气候效应影响下的灾害风险。由于城市为人类活动高强度区域、不同敏感人群和行业对相应高影响气象灾害表现出不同程度的脆弱性,当多种气象灾害伴随发生时,往往会同时打击城市系统内部多个脆弱环节,表现为城市复合气象灾害的强致灾性。

2）城市气象灾害的连锁效应

城市人口的不断增加和人员财富日趋集中,城市基础设施的承载负担不断加剧,城市对气象及其衍生灾害影响的暴露度、脆弱性和敏感性越来越大,其面临的气象灾害风险也越来越高,气象灾害的“连锁性”效应日益凸显。现代化城市正常运转需要依赖生命线工程,如果系统中某点发生瘫痪,灾害会在系统内部和系统之间产生连锁反应。因此,城镇化区域更容易发生次生、衍生灾害,形成灾害链。

3）城市气象灾害的放大效应

研究显示,当城市发展到一定规模之后,由于人类活动密集,城市下垫面和地貌的改变,会使城市局部地区气候特点和生态环境发生变化,使城市气象灾害打上人类活动的印迹。以城市暴雨内涝灾害为例,在城市高层建筑集中区,热岛环流有利于城市上空的热对流发展,更容易引发暴雨;由于城市内部路面硬化、水面率降低,加大了地表径流,因此城市的影响使得暴雨的积涝风险明显放大。

3. 城市气象灾害的影响

1）对城市道路交通的影响

气象条件通过改变城市道路路面抗滑性能、车辆稳定性以及人的视程而影响城市道路交通。这三方面都与车辆行驶安全息息相关，轻则影响车辆行驶速度，进而导致交通堵塞，严重时会导致交通事故甚至发生人员伤亡事故。

2）对城市轨道交通的影响

气象对城市轨道交通的影响主要体现在两个方面：①极端天气下，轨道交通设施如通信与信号系统、供电系统、线路设施等易发生故障或出现损坏，影响轨道交通运输；②异常的气象现象影响城市轨道交通运营。比如，台风和暴雨不仅影响地面和高架形式的轨道交通运营安全，而且由于地面快速积水，可能引发雨水灌入地下车站，或引发地下结构破损，影响轨道交通运营。

3）对空运的影响

空运在现代交通中占有举足轻重的地位。恶劣天气是威胁航空运输安全并导致航班延误的重要原因。在美国，2005—2007 年期间，恶劣天气的出现导致 50％～70％的飞机延误以及 50％～90％的延误时间损失。由于天气原因导致的航班延误比例更是高达 70％。我国民航局空管局运行管理中心统计数据表明，2009 年影响航班正常的主要因素为：航空公司原因占 42.72％，天气原因占 23.00％，流控原因占 22.79％，空域航路限制原因占 7.73％。天气原因影响航班正常位于各种因素第 2 位。

4）对港口海运的影响

港口和邻近水域的作业安全对气象条件非常敏感，受气象灾害直接影响的沉船、桥吊倾覆、雷击事故的发生，会造成高达数百万的经济损失，甚至有严重的人员伤亡情况发生。

7.4.3 水安全风险

水是生命之源、生产之要、生态之基。21 世纪被称为"水的世纪"，随着全球经济、社会的发展及人口的不断增长，水资源在世界范围内已成为稀缺资源，水资源的优化配置已经成为影响社会和经济可持续发展的重要因素。

水务行业是中国乃至世界上所有国家和地区最重要的城市基本服务行业之一，日常的生产、生活都离不开城市供水。改革开放以来，随着我国城市化进程的加快，水务行业的重要性日益凸显，目前已基本形成以下良好局面：政府监管力度不断加大，政策法规不断完善；水务市场投资和运营主体多元化，水工程技术水平提升；供水管网分布日益科学合理，供水能力大幅增强；水务行业市场化、产业化程度加深；水务投资和经营企业发展逐渐壮大，形成了良好的发展局面。

水务行业是指由原水、供水、节水、排水、污水处理及水资源回收利用等构成的产业链，图 7-13 展示了水务产业链的示意图。整个水务产业链包括供水、污水设备生产制造，原水收集与

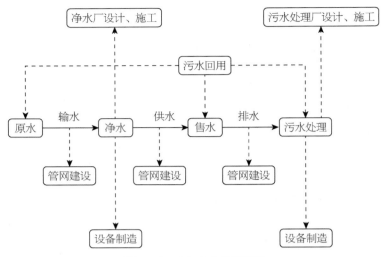

图 7-13　水务产业链示意图

制造、存储、输送,水的生产和销售,水的供应网管、中水回用,污水排放,污水收集与处理、污泥处理等。

　　我国正处于快速的城市化进程中,城市的扩张与城市群的形成极大地改变了水循环的基本模式,水循环已从"自然"模式占主导逐渐转变为"自然—人工"二元模式,城市水循环的"自然—社会"二元水循环程度逐步加深,随之而来的问题是城市水安全状况不容乐观。我国城市水安全风险事件近 20 年来多发、频发、重发,如北上广深等城市夏季频发的严重内涝事件;水污染风险事件不胜枚举,如松花江苯泄漏、广东北江镉污染、广西贺江镉铊污染以及滇池水葫芦、太湖蓝藻、青岛浒苔爆发等;还有气候变化引起的城市水循环风险问题、饮用水处置不当引起的微生物健康风险问题和化学健康风险问题;等等。

　　城市水安全问题主要涉及以下几个方面:

　　(1)防汛排涝安全风险:城市化开发会影响产汇流机制、河湖调蓄能力,破坏排水系统。而水务相关部门的城市应急管理,如监测和预警、应急预案等工作没有做到位,这些因素都将导致城市防汛排涝风险。

　　(2)供水安全风险:城市水务行业在运行过程中由于原水行业与供水行业处理不当而造成的。上海市供水安全风险主要来源于三部分:①水源安全,来源于长江口咸潮入侵、黄浦江上游水源地风险和危险品船舶移动风险源;②水厂运行管理安全,来源于部分水厂超负荷运行、水厂制水工艺中的微量有机物安全风险和微生物泄漏风险;③供水管网运行安全,来源于极端低温恶劣天气对供水管网的影响和二次供水水质安全风险。

　　(3)水生态环境安全风险:城市水生态环境风险成因有很多,如工业企业废水、生活污水、降雨径流污染、码头和船舶污染、畜禽养殖污染、街头营业摊贩餐饮、洗车和在建施工工地等污废水混排及散排、河湖水面率减少以致水系断阻以及河道缩窄淤塞导致水流不畅等,其污染来源主要有城市化造成的污染、工业化造成的污染和集约农业化造成的污染。以上海市为例,城市水生态环境安全风险体现在：①河湖水面率被侵蚀，河网水系阻断；②工业企业废水超标排放（锑等）；③城乡生活污水未纳管、未处理排放、混接排放；④航道、码头、船舶乱排污；⑤突发性水污染事故威胁；⑥畜禽渔牧养业污染排放（抗生素等新型污染物）；⑦农业生产径流面源污染（农药等）。

1. 防汛安全

城市防汛安全是建设全球城市和智慧城市的重要保障。经过多年的建设，上海已基本建立以"千里海塘、千里江堤、区域除涝、城镇排水"为主的防汛工程体系。防汛安全风险源详见表7-10。

表7-10　　　　　　　　　　　　　　　防汛安全风险源

风险因子	风险源		说　明
致灾事件	热带气旋		热带气旋是发生在热带或副热带海洋上的气旋性涡旋，按底层中心附近最大平均风速的不同，热带气旋分为热带低压、热带风暴、强热带风暴、台风、强台风和超强台风6个等级
	暴雨	静止锋暴雨	静止锋暴雨占全市总暴雨频次的42%，春夏之交的6月、7月最多，主要特点是雨时长、降雨范围广、总雨量大，容易引发区域性涝灾
		暖区暴雨	暖区暴雨占全市总暴雨频次的16%，盛夏的7月、8月最多，主要特点是雨时短、降雨范围小、雨强大，容易引发短时严重积水
		低压暴雨	低压暴雨占全市总暴雨频次的14%，冷暖空气交替的春夏过渡季节及弱冷空气南下的盛夏季节都有出现，主要特点是雨时较短、降雨范围较小、雨强较大，容易引发短时严重积水
		台风暴雨	台风暴雨占全市总暴雨频次的11%，夏、秋两季最多，主要特点是雨时较长、降雨范围广、雨强较大、总雨量大，如果遭遇高潮顶托的不利情况，容易引发严重的区域性涝灾
	高潮		潮位主要由天文潮和气象潮两部分组成，天文潮是地球上海洋受月球和太阳引潮力作用产生的潮汐部分，可准确预报潮位，正常情况下对人类危害不大，气象潮是由气象水文因素如风、气压、降水等引起的非周期性水位升降现象，若遇短期气象要素突变，会产生水位的暴涨暴落，即风暴潮
	洪水		对于城市防汛安全产生影响的洪水灾害事件，主要是城市所在流域发生的洪水，通过城市外河或内河行洪时，对城市本身造成防汛压力或导致灾害损失的情况。上海市地处长江和太湖流域下游，黄浦江是太湖流域的主要行洪通道之一，穿越上海市中心，太湖洪水通过太浦河下泄的部分，经由黄浦江流经市区后排入长江口下泄东海。因此，太湖流域发生的洪水会对上海市防汛造成不同程度影响
	灾害叠加		台风、暴雨、天文高潮和上游洪水既可能单一发生，但更多的是相伴而生、重叠影响。上海地区所谓的"二碰头""三碰头""四碰头"是指台风、暴雨、天文高潮、上游洪水中有两种、三种或四种灾害同时影响上海，导致上海地区出现严重的风、暴、潮、洪灾害，因此，"二碰头""三碰头""四碰头"的威胁始终是上海的心腹之患，更是防汛工作的重中之重

风险因子	风险源	说　明
环境影响因子	气候变化	从 1880—2012 年,全球平均温度升高了 0.85 ℃。由此带来的结果是冰川逐渐融化、海洋水体发生热膨胀、热带气旋强度增大等。前两者直接导致全球的海平面上升现象,后者则成为全球沿海城市受极端气象灾害的主要威胁之一
	海平面上升	海平面上升作为一种缓发性灾害,其长期累积效应会加剧风暴潮、海岸侵蚀、海水入侵和咸潮等灾害,降低沿海防潮排涝基础设施功能,加大高海平面期间发生的强降雨和洪涝致灾程度
	热岛效应	城市热岛效应是指城市因大量的人工发热、建筑物和道路等高蓄热体及绿地减少等因素,造成城市"高温化",城市中的气温明显高于外围郊区的现象。在近地面温度图上,郊区气温变化很小,而城区则是一个高温区,就像突出海面的岛屿,由于这种岛屿代表高温的城市区域,所以就被形象地称为城市热岛
	雨岛效应	"雨岛效应"集中出现在汛期和暴雨之时,这样易形成大面积积水,甚至形成城市区域性内涝
	地面沉降	地面沉降在人类工程经济活动影响下,由于地下松散地层固结压缩,导致地壳表面标高降低的一种局部的下降运动。地面沉降是目前世界各大城市的一个主要工程地质问题。它一般表现为区域性下沉和局部下沉两种形式。可引起建筑物倾斜,破坏地基的稳定性。滨海城市会造成海水倒灌,给生产和生活带来很大影响
人为影响因子	下垫面改变	下垫面的变化可能会对区域内的气温、降雨等条件产生一定影响。近年来城镇化的快速发展,导致城镇化地区人口高度集中、建筑物及工商业区高度密集、不透水面积急剧增加、农田等透水面积大量减少,使得降雨下渗的损失量减小、天然调蓄能力减弱,因而产汇流过程发生明显变化,洪水总量明显增大,洪水形成时间缩短,峰现时间提前,流域面临洪水威胁的概率大为增加,相应的洪灾损失亦增大
	排水管网堵塞	排水管网作为保障城市排水防涝的重要基础设施,其堵塞是城区内涝积水问题的影响因子之一。排水管网堵塞的主要类型有:管网设计不合理、施工不规范;管网使用不合理、管理维护不到位;因施工确需临时封堵排水管道
	流域活动	流域水利工程的建设是防御流域洪水的重要措施,可以有效提高流域防洪能力,减轻流域洪涝灾害的风险。但其核心是使洪水更多归槽、更快速排出流域外,部分工程在一定程度上会增加下游城市的防汛压力
	其他	包括水利工程调度的协调性不足、标准及规范的不完备性、规划设计的不合理性、人的防范意识和自救能力不足等

2. 供水安全

城市供水系统的风险调查研究按照原水系统、制水系统、输配水系统和二次供水系统四个子系统进行分类调查。2014 年供水系统风险调查结果表明:上海市供水系统总风险源可划分为 6 大类、28 个小类,分别面对各种类别的风险源。6 大类包括自然因素、生产物料、设备设施、生产工艺、运行管理和人员活动。由表 7-11 可以发现,输配水系统的风险源数最多,其次是制水系统风险源数,原水系统风险源数和二次供水系统风险源数相对前两者较少,但差别不大。

表 7-11　　　　　　　　　上海市供水系统风险源数调查表（2014年）

风险源	数量/个	风险源	数量/个
原水系统风险源数	40	输配水系统风险源数	50
制水系统风险源数	47	二次供水系统风险源数	36

3. 水生态环境安全

水生态环境安全风险评价主要是针对以人类活动为主导的区域自然—社会—经济复合生态系统。水生态环境安全风险评价应统筹兼顾区域自然、社会、经济整体状况，重点考虑区域内人类活动对水生态环境的影响，全面把握区域水生态环境的安全状况及其演变规律，为实现区域经济社会可持续发展提供决策依据。

综合考虑水生态环境风险源的区域位置、影响方式、发生概率及可能影响程度等因素，一般将风险源分为固定源、移动源、流域源三大类。

固定源主要包括工业企业排污、污水处理厂尾水排放、危险品仓库与废物填埋厂和装卸码头污染泄漏、农业面源污染、城镇地表径流污染、农村生活污染、畜禽养殖污染等位置基本固定的风险源。移动源主要包括水体中的航运船舶以及沿河道路上行驶的货运车辆等风险源。流域源主要指受上游来水变化影响、下游咸潮入侵、流域上下游突发性水污染事件等引起的较大范围污染的风险源。

水生态环境安全风险因子主要包括污染源、水质、水文气象、人为影响四大类。

1）污染源类

（1）企业排污口：废污水排放量及污染物浓度，直接影响受纳水体水质；重大水污染事故隐患。

（2）污水处理厂：重大水污染事故隐患。

（3）船舶、码头、船舶加油站等：重大水污染事故隐患。

（4）河湖底泥污染：可引起水环境健康风险。

（5）畜禽养殖、农业化肥等：重大水污染事故隐患。

2）水质类

本底及上游来水水质状况：直接反映水体功能。

3）水文气象类

（1）径流量：直接影响河湖水系的纳污能力、水环境容量。

（2）流向、流速：主要影响污染物的对流扩散与迁移转化。

（3）风向、风速：主要影响挥发性污染物、溢油的对流扩散与迁移转化。

（4）光照、水温：主要影响藻类、水葫芦等生物污染源的生长。

4）人为影响类

（1）人为偷排污染物：重大水污染事故隐患。

（2）人为放养生物：水生态风险隐患。

7.5 城市风险防控措施

城市安全风险防控措施主要包括组织与管理、技术与专业以及市场化手段运作等。

7.5.1 组织与管理

组织与管理作为城市安全风险防控措施之一,主要包括组建国家应急部,制定并实施《中华人民共和国突发事件应对法》。

1. 从应急管理办到应急管理部

我国应急建设发展较晚,始于 2003 年非典时期。2006 年,鉴于非典中的经验,国务院办公厅设置国务院应急管理办公室(以下简称应急办)。应急办的主要职责包括承担国务院总值班工作,办理向国务院报送的经济重要事项,督促落实国务院领导批示、指示,协调和督促检查各省(市、区)人民政府、国务院各部门应急管理工作等。

应急办主要是传达信息、协调各部门,但缺乏直接指挥应急力量的职能,应急力量分散在各个部门、委员会。例如,自然灾害由国家减灾委负责,生产安全由安监总局负责。但是,很多灾害并非单一存在,一旦发生重大自然灾害,生产安全也极有可能受到影响,减灾委、武警、安监、医疗等各个部门都必须去现场,分散的力量最终仍然需要国务院进行统一调度,导致应急工作效率较低,国家的应急反应速度也较慢。

为将应急力量统一到一个部,提升应急工作效率,提高国家的应急反应速度,确保在应对复杂的紧急情况时也会游刃有余,2018 年 3 月,国务院组建成立应急管理部。应急管理部作为国务院组成部门,整合了国家安监总局、国务院办公厅的应急管理职责,公安部的消防管理职责,民政部的救灾职责,国土资源部的地质灾害防治、水利部的水旱灾害防治、农业部的草原防火、国家林业和草原局的森林防火相关职责,中国地震局的震灾应急救援职责以及国家防汛抗旱总指挥部、国家减灾委、国务院抗震救灾指挥部、国家森林防火指挥部的职责。

2. 应急管理部职能

应急管理部不仅仅是一个管理部门,也是一个专业化部门,在训练、协调方面都能部内解决,可以大大减少沟通、协调上的问题。应急管理部的主要职能有:

(1)组织编制国家应急总体预案和规划,指导各地区各部门应对突发事件工作,推动应急预案体系建设和预案演练。

(2)建立灾情报告系统并统一发布灾情,统筹应急力量建设和物资储备并在救灾时统一调度,组织灾害救助体系建设,指导安全生产类、自然灾害类应急救援,承担国家应对特别重大灾害指挥部工作。

(3)指导火灾、水旱灾害、地质灾害等防治。

(4)负责安全生产综合监督管理和工矿商贸行业安全生产监督管理等。

7.5.2　技术与专业

第三方风险管理机构的成立和运作以及融合信息化技术的风险控制技术措施均是城市安全风险防控的重要措施。

1.　第三方风险管理机构

工程质量风险管理机构(Technical Inspection Service，TIS)的重要性日趋明显,从西班牙、法国等国的经验来看,解决建设工程质量管理与市场经济需要和风险管理规律的差距问题的有效手段就是在建设工程质量管理领域引入工程内在缺陷保险(Interent Defect Insurance，IDI)，并辅以相应的工程质量风险管理机构进行风险控制。

该模式中,由业主牵头,联合设计承包商、施工承包商以及各级分包商、供应商等项目营造方和参与方组成共投体,向保险公司投保建筑/安装工程一切险、人身伤害保险和工程内在缺陷保险三个险种,将工程风险向保险公司转移。而保险公司为了降低所承受的风险,则会委托风险管理公司对工程进行全过程质量和安全方面的风险控制。由此保险公司和风险管理机构共同组成了共保体。风险管理机构则是在整合建筑市场资源(包括审图公司、材料检测机构和质量检查机构)的基础上形成,由此具备了全过程控制的能力,提高了风险管理效率。

2.　城市地下空间开发——融合信息化技术的风险控制技术措施

1)政策导向

"十二五"规划以来,住建部强调要重点推进建筑企业管理与核心业务信息化建设和专项信息技术的应用,强化项目过程管理、协同工作,提高项目管理、设计、建造、工程咨询服务等方面的信息化技术应用水平,促进行业管理的技术进步。2015年,住建部发布了《关于推进建筑信息模型应用的指导意见》,明确提出了到2020年年末,建筑行业甲级勘察、设计单位以及特级、一级房屋建筑工程施工企业应掌握并实现BIM与企业管理系统和其他信息技术的一体化集成应用。

中国工程勘察设计行业协会提出,大型骨干工程勘察单位应基本建立三维地层信息系统,实现工程勘察设计优化,加强国产支撑软件和专业设计系统的研发和推广,推进复杂过程仿真模拟(CFD)、工厂生命周期信息管理(PLM)、建筑信息模型(BIM)、协同工作等技术应用。2018年1月7日,《关于推进城市安全发展的意见》指出,强化安全风险管控,建立城市安全风险信息管理平台,加大资金投入,加快实现城市安全管理的系统化、智能化。

政策导向为开展地下空间数据自动化、信息化采集,建设基础数据库、信息数据管控分析平台,三维建模和专业仿真设计分析等新技术的开发应用提供了有力支撑。地下风险管控平台的研发,可为城市地下空间安全提供强有力的保障,对地下空间管理的发展、科学化管理、提高面对紧急事件的处理能力等具有深远的社会意义和经济效益。

2)技术创新

建筑信息模型技术是一种面向工程结构全生命周期信息管理的信息技术。已成为城市基础设施精细化设计、建造和运营管理必要的技术手段。

三维 GIS 作为实现数字地球理念的关键技术理论,其不仅具备二维 GIS 技术所具有的基本的空间数据处理功能,如数据读取、数据操作、数据组织、数据分析和数据表达等,而且还具有对地理空间数据三维可视化显示、多维度的空间分析等优势,这使三维 GIS 技术成为构建数字地球、数字国家、数字区域以及数字城市的关键技术,成为重要的辅助决策工具。在岩土工程领域,三维 GIS 结合 GPS,RS,CAD 等技术,在工程勘察管理、地质灾害防控、地下管线分析等方向都有广泛的应用。

GIS 作为收集、存储、管理和分析空间信息的技术,可以充分利用 BIM 包含的建筑及其内部丰富的几何、语义信息,二者的数据集成不仅为建设过程提供查询、空间分析的工具,支持大型工程的建设与维护,也为 GIS 应用从室外走向室内,从城市宏观走向建筑微观提供重要数据源,支撑室内外一体化的安全应急、导航和位置服务应用,支持智慧城市建设。BIM + GIS 这两个系统在岩土工程领域融合应用的需求迫切,应用范围非常广阔,包含地下空间辅助规划设计、地形模拟、地面信息集成、土方开挖、风险管控等。

3)效益分析

(1)对国民经济和社会发展的重要性。目前在科技引领发展的大背景下,建筑行业面临转型升级的需求十分迫切。大力发展"互联网 +",是我国建筑产业转型升级的必然趋势,是引领企业创新驱动发展的新动力。地下空间风险管控平台是传统建筑行业与互联网技术进行深度融合的产物,是采用信息化技术对传统地下空间风险管控模式进行改造,提升服务能级的体现,是贯彻"互联网 +"战略的一个具体实施。

基于信息技术的地下空间风险管控平台将有助于提升行业整体技术水平,有助于保障城市地下空间建设安全,有利于推动行业跨界合作,激发更大的创业创新活力,助推经济转型提质增效,充分发挥互联网在生产要素配置中的优化和集成作用。

(2)对地下空间开发风险管理与控制的重要性

地下空间的隐蔽性使得开发风险大,如上海轨道交通 4 号线董家渡区段涌水坍塌以及世纪大道 2~4 地块项目基坑涌水,均是地下空间开发过程中的重大事故或风险事件,造成了重大的经济损失与工期延误。随着中浅层地下空间的不断开发和消耗,深层地下空间开发已逐渐成为解决城市空间资源瓶颈的重要手段。鉴于目前深层地下空间开发和管理的经验匮乏,工程设计、施工难度以及工程风险随着深度加深而成倍增加,容错率更低,一旦发生事故后将严重危害城市公共安全,并且修复难度大,造成的经济损失和社会影响难以估量。

传统的工程风险管控多数是单专业、单项目的管控,且多依赖于人力,管理效率低,同时由于施工全过程的信息化整合度不够,工程风险、成本、工期控制难以做到针对性和实时性,无法满足深层地下空间开发的管理要求。

基于信息化手段的地下空间风险管控平台,借助互联网、大数据、GIS、BIM 等新一代信息技术,将各类专业技术进行融合,实现多元数据集成共享、信息可视化、过程动态模拟,通过评估分析和数据挖掘,实现风险线上自动评估和线下专家咨询有机结合,对保障城市地下空间开发抵御风险能力,具有极为重要的意义。

7.5.3　市场化运作手段

保险作为城市安全风险防控的市场化运作手段,其地位和作用也越发凸显。可以通过对现有险种的充分利用,进一步完善以及根据发展需要补充新的险种等方式进一步发挥保险在城市安全风险防控中的重要作用。

1. 现有险种的充分利用

1) 保险在城市建设风险中的应用

(1) 建筑工程一切险

建筑工程一切险是承保以土木建筑为主体的工程在整个建筑期间因自然灾害和意外事故造成的物质损失,以及被保险人对第三者依法应承担的赔偿责任为保险标的的险种。建筑工程保险的被保险人大致包括以下几方:工程所有人、工程承包人、其他关系方。

建筑工程一切险适用于各种形式筹集资金所进行的改建、扩建及新建的建筑工程项目。

(2) 安装工程一切险

安装工程一切险是以设备的购货合同价和安装合同价加各种费用或以安装工程的最后建成价格为保额,以重置基础进行赔偿,专门承保以新建、扩建或改造的工矿企业的机器、设备或钢结构建筑物在整个安装、调试期间,由于保险责任范围内的风险造成的保险财产的物质损失和列明的费用的保险。

建筑工程一切险和安装工程一切险在形式和内容上基本一致,是承保工程项目相辅相成的两个险种,只是安装工程一切险针对机器设备的特点,在承保和责任范围方面与建筑工程一切险有所不同。

(3) 职业责任保险

按照国际上通行的定义,职业责任(Professional Liability)是指专业人员或单位因自身在提供职业服务过程中的疏忽或过失造成他们的当事人或其他人的人身伤害或财产损失,依法应由提供职业服务的专业人员或单位承担的赔偿责任。

职业责任保险是指以各种专业技术人员的职业责任为承保风险的责任保险。因此,职业责任保险的标的没有有形的物质载体,保险的标的是责任。一旦由于上述责任风险产生导致了业主或其他第三方的损失,其赔偿将由保险人来承担,索赔的处理过程也由保险人来负责。在国外,职业责任保险又常常被称为职业赔偿保险或过失责任保险,有时也成为专业责任保险,其实质是把专业人员或单位需要承担的全部或部分风险转移给保险人的一种机制。

(4) 建筑职业伤害保险

建筑业是一个高风险行业,且从事危险作业的一线操作工人多为流动性很大的农村劳动力,仅仅依靠尚未完善的工伤保险无法保证伤者获得及时、合理的赔偿。《建筑法》正是考虑到建筑行业的特殊性,提出了强制性的建筑意外伤害保险。

建筑职业伤害保险制度有三层含义：首先，保险的范围限定在建筑行业；其次，职业伤害是一个广义的概念，不是指某一个保险种类或专有名称；最后，保险是强制推行的。

（5）意外伤害保险

意外伤害保险（Accidental Injury Insurance）可以定义为被保险人因遭受意外伤害造成死亡、残疾、支出医疗费、暂时丧失劳动能力为给付保险金条件的人身保险业务。

这一定义包括以下含义：意外伤害保险属于人身保险的业务种类之一，人身保险作为独立于人寿保险和财产保险的第三领域，在我国目前的商业保险市场中由人寿保险公司和财产险公司的人身险业务部门经营。

意外伤害保险的保险责任是被保险人因意外伤害所致的死亡和残疾，不负责疾病所致的死亡。死亡保险的保险责任是被保险人因疾病或意外伤害所致死亡，不负责意外伤害所致的残疾。两全保险的保险责任是被保险人因疾病或意外伤害所致的死亡以及被保险人生存到保险期结束。

（6）工程质量保证保险

工程建设完工后，建成的建筑物仍然面临各种风险，除了自然灾害风险外，完工建筑物面临的风险还包括拆除或增加部分结构引起的建筑物结构变化风险、建筑物用途的变化、逐渐变质、一个或多个内在缺陷的显露、地基沉降、意外损坏。

这些风险部分可以通过投保企业财产险得到保障，但逐渐变质的风险在任何保险单中都是不可保的，内在缺陷风险也不属于企业财产险的责任范围。如在我国的企业财产一切险的保险单中，除外责任包括"自然磨损、内在或潜在缺陷、物质本身变化、自燃、自热、氧化、锈蚀、渗漏、鼠咬、虫蛀、大气（气候或气温）变化、正常水位变化或其他渐变原因造成的损失和费用"。同时，企业财产一切险也将设计错误、原材料缺陷或工艺不善引起的损失和费用列为除外责任。

2. 现有险种的完善

目前，在建设、交通和气象等领域均建立了相应的保险制度，保险险种种类多，但也存在某些险种的覆盖面尚未达到100%，或存在该险种，但并未得以实施，亟待改造和完善。

1）路政设施的公众责任险

公众责任险覆盖各路政设施多的场所，可以有效避免该场所内发生的意外事故造成第三者人身伤亡与财产损失。

比较典型的是屡见不鲜的停车场事故纠纷。一些市民反映，在一些停车场停放车辆时有时会受到"意外伤害"，例如车内物品被盗、车辆丢失、车辆损坏等。可为此进行索赔时，停车场方面通常持回避态度。双方在理赔时常常陷入纠结。但实际上，这种矛盾并非不可调和，公众责任险可以有效避免这样的纠纷。但现实是，这一险种并未引起社会的重视，鲜有停车场、泊车公司购买此险种。

2）轨道交通财产一切险和公众责任险费率浮动

发生保险事故后，对于被保险人为减少损失或防止损失扩大而支付的必要、合理的费用，保险人亦根据本合同的规定,在约定的赔偿限额内负责赔偿。

对于轨道交通来说,现阶段地铁运营公司采取投保财产一切险和公众责任险的方式转移日常运营风险,并根据特点针对城市轨道交通站、城市轨道线路、城市轨道交通车辆等三个方面设计并附加大量附加条款覆盖人、物、环境和管理这几方面可能出现的风险。总体来说风险可控。目前,面临的最大挑战就是日益增加的客流量,应根据赔付情况,适时调整公众责任险费率,用经济手段控制风险。

在当前的市场化运作方式中,公众责任险和第三者责任险一般是作为附加的保险。为进一步发挥公众责任险和第三者责任险的作用,同时也扩大市场化运作的效益,应将公众责任险和第三者责任险列为主险。

3. 根据发展需要补充新的险种

改革开放以来,我国保险事业也得到了长足的发展,然而相对于整体经济的发展而言,尚存在一定的不协调和不适应。为更好地发挥其功能,提供服务,有必要探索新的险种。

例如在水务领域,目前市场上虽无具体的保险条件,但相关部门借鉴国外经验,已经开始研究洪水保险。洪水保险作为防洪非工程手段之一,一直以来得到了各国政府的关注,许多发达国家已经建立了较为完备的洪水保险制度,并且取得了良好的成效,我国在这方面尚处于起步阶段,结合发达国家的经验开展了全国洪水风险图编制等一系列探索工作,有望通过制度的逐渐完善成为我国转移洪水风险的有力工具。

结合洪水保险在美、日、英等发达国家的运营现状,给出我国的洪水保险制度建设建议:

(1) 政府在洪水保险制度构建中处于主导地位,并采取市场化运作模式。

(2) 洪水保险制度应选择强制的实施方式。

(3) 洪水保险制度中,政府除了制度设计和推动实施以外,应作为再保险人参与巨灾保险制度运行。

我国应当考虑建立政府支持的多层次的洪水风险分担机制,由商业保险公司、洪水保险基金、再保险公司和政府来共同承担洪水风险,国家财政对洪水保险的损失提供最后担保。人民的生命财产安全得到一定程度的保障,有利于维持社会秩序稳定和推动全面建设社会主义现代化国家。

8 城市风险防控与保险

城市风险具有复杂性和后果严重性,风险之间具有很强的关联性。城市风险防控具有系统性,无论是城市管理者,还是城市居民,都是城市风险防控系统的重要组成部分;同时,保险作为风险防控的重要手段,是城市风险防控系统的重要内容。

8.1 保险概念及特征

保险是人类文明发展到一定阶段而产生的一种保障机制,代表着人类的生存智慧。基于风险的分担原则,在危险和风险事件发生时,保险能帮助那些受害个体减轻或免除伤害,保障这些受害个体正常活动;在社会生活中,保险以其独特的风格促进社会经济的繁荣稳定。在阐述保险在城市风险防控的重要作用之前,首先要了解保险的内涵及其特征。

8.1.1 保险的概念

保险(insurance, insure)是一种契约经济关系,是一种保障机制,是市场经济条件下风险管理的基本手段,是金融体系和社会保障体系的重要支柱。《中华人民共和国保险法》给出明确定义:保险是指投保人根据合同约定,向保险人支付保险费,保险人对于合同约定的可能发生的事故因其发生所造成的财产损失承担赔偿保险金责任,或者被保险人死亡、伤残、疾病或者达到合同约定的年龄、期限等条件时承担给付保险金责任的商业保险行为。

从经济角度看,保险是分摊意外事故损失的一种财务安排;从法律角度看,保险是一种合同行为,是一方同意补偿另一方损失的一种合同安排;从社会角度看,保险是社会经济保障制度的重要组成部分,是社会生产和社会生活"精巧的稳定器";从风险管理角度看,保险是风险管理的方法之一。

8.1.2 保险的特性

保险的最初功能有两个:一是分摊风险,即将参加保险的少数成员因自然或意外事故所造成的损失分摊给多数成员承担;二是补偿损失,就是将参加保险的全体成员建立起来的保险基金用于少数成员遭遇自然灾害或意外事故所受损失的经济补偿。

现代保险主要有三大功能:经济补偿、资金融通和社会管理,是一个有机联系的整体。经济补偿功能是基本的功能,也是保险区别于其他行业的最鲜明的特征;资金融通功能是在经济补偿功能的基础上发展起来的,是保险金融属性的具体体现,也是实现社会管理功能的重要手段;社会管理功能是保险业发展到一定程度并深入到社会生活诸多层面后产生的一项重要功能,它只有在经济补偿和资金融通功能基础上发挥作用。保险的三大功能之间既相互独立,又相互联系、相互作用,形成了一个统一、开放的现代保险功能体系。

1. 经济补偿功能

经济补偿功能是保险的基本功能体,是被保险人愿意以交付小额确定的保险费来换取对大额不确定的损失的补偿,具体表现为财产保险的补偿功能和人身保险的给付功能。

2. 资金融通功能

资金融通功能是指将形成的保险资金中的闲置的部分重新投入到社会再生产过程中。保险人为了使保险经营稳定,必须保证保险资金的增值与保值,这就要求保险人对保险资金进行运用。保险资金的运用不仅有其必要性,而且也是可能的。一方面,由于保险保费收入与赔付支出之间存在时间差;另一方面,保险事故的发生不都是同时的,保险人收取的保险费不可能一次全部赔付出去,也就是保险人收取的保险费与赔付支出之间存在数量差。这些都为保险资金的融通提供了可能。

保险资金融通要坚持合法性、流动性、安全性、效益性的原则。

3. 社会管理功能

社会管理功能是指对整个社会及其各个环节进行调节和控制,目的在于正常发挥各系统、各部门、各环节的功能,从而实现社会关系和谐,保障整个社会良性运行和有效管理。

保险的社会管理功能不同于国家对社会的直接管理,而是通过保险内在的特性,促进经济社会的协调以及社会各领域的正常运转和有序发展。保险的社会管理功能是在保险业逐步发展成熟并在社会发展中的地位不断提高和增强之后衍生出来的一项功能。保险的社会管理功能,主要体现在社会保障管理、社会风险管理、社会关系管理和社会信用管理等四个方面。

8.1.3　保险的原则

保险原则是在保险发展的过程中逐渐形成并被人们公认的基本原则。在分析保险原则之前,我们应厘清下面几个问题。

(1) 保险必须有风险存在。建立保险制度的目的是对付特定危险事故的发生,无风险则无保险。为了应用大数原则,有可能受益的风险不在可保范围内,因此商业保险机构一般不承保此类风险。

(2) 保险必须对危险事故造成的损失给予经济补偿。所谓经济补偿是指这种补偿不是恢复已毁灭的原物,也不是赔偿实物,而是进行货币补偿。因此,意外事故造成的损失必须是在经济上能计算价值的。在人身保险中,人身本身是无法计算价值的,但人的劳动可以创造价值,人的死亡和伤残,会导致劳动力丧失,从而使个人或者其家庭的收入减少,开支增加,所以人身保险是用经济补偿或给付的办法来弥补这种经济上增加的负担,并非保证人们恢复已失去的劳动力或生命。

(3)保险必须有互助共济关系。保险制度是采取将损失分散到众多单位分担的办法,减少遭灾单位的损失。通过保险,投保人共同交纳保险费,建立保险补偿基金,共同取得保障。

(4)保险的分担金必须合理。保险的补偿基金是由参加保险的人分担的,为使个人负担公平合理,就必须科学地计算分担金:一是具有自愿性,商业保险法律关系的确立,是投保人与保险人根据意思自治原则,在平等互利、协商一致的基础上通过自愿订立保险合同实现的,而社会保险则是通过法律强制实施的;二是具有营利性,商业保险是一种商业行为,经营商业保险业务的公司无论采取何种组织形式都是以营利为目的,而社会保险则是以保障社会成员的基本生活需要为目的;三是从业务范围及赔偿保险金和支付保障金的原则来看,商业保险既包括财产保险又包括人身保险,投入相应多的保险费,在保险价值范围内就可以取得相应多的保险金赔付,体现的是多投多保、少投少保的原则,而社会保险则仅限于人身保险,并不以投入保险费的多少加以差别保障,体现的是社会基本保障原则。

根据上述分析可以得知,保险并不消除风险,是共同分担风险,同时也是社会良性发展的一项重要措施。因此,保险应遵循以下原则。

1. 保险利益原则

根据《中华人民共和国保险法》的规定:"人身保险的投保人在保险合同订立时,对被保险人应当具有保险利益。财产保险的被保险人在保险事故发生时,对保险标的应当具有保险利益。"保险利益原则是财产保险合同得以成立的前提。保险利益是指被保险人对保险标的具有的法律上承认的利益。这种利益源于一种合法的利害关系,即预期的风险事故对财产或资产造成的损害能够使被保险人遭受经济损失。保险利益必须具备如下条件:

(1)保险利益应为合法利益。即被保险人对保险标的所具有的利益要为法律所承认,是法律认可的利益。

(2)保险利益应体现为经济上有价的利益。由于保险保障是通过货币形式进行经济补偿履行功能。因此,如果投保的标的物不能用货币衡量,则保险人承保和补偿就难以进行。

(3)保险利益应为确定的利益。被保险人对保险标的的利益应该在客观上或事实上已经存在。这种客观存在的利益包括现有利益和期待利益。现有利益是客观上或事实上已经存在的经济利益。期待利益是客观上尚未成立,但依据法律、法规有合同约定等确定今后某一时期将会产生经济利益。

(4)保险利益应为具有利害关系的利益。被保险人必须对保险标的具有利害关系。所谓利害关系,是指保险标的的安全损失等关系到被保险人的切身利益。

2. 近因原则

近因是指造成承保损失起决定性、有效性的原因。近因原则是指在风险与保险标的损失关系中,如果近因属于被保风险,保险人应负赔偿责任;近因属于除外风险或未保风险,则保险人不负赔偿责任。对于单一原因造成的损失,单一原因即为近因;对于多种原因造成的损失,持续地起决定或有效作用的原因为近因。如果该近因属于保险责任范围内,保险人就应当承担保险责任。长期以来,它是保险实务中处理赔案所遵循的重要原则之一。

近因原则的里程碑案例是英国 Leyland Shipping Co.Ltd. v. Norwich Union Fire Insurance Society Ltd.一案。第一次世界大战期间,Leyland 公司的一艘货船被德国潜艇的鱼雷击中后严重受损,被拖到法国勒哈佛尔港,港口当局担心该船沉没后会阻碍码头的使用,于是该船在港口当局的命令下停靠在港口防波堤外,在风浪的作用下该船最后沉没。Leyland 公司索赔遭拒后诉至法院,审理此案的英国上议院大法官 Lord Shaw 认为,导致船舶沉没的原因包括鱼雷击中和海浪冲击,但船舶在鱼雷击中后始终没有脱离危险,因此,船舶沉没的近因是鱼雷击中而不是海浪冲击。中国现行保险法在司法实践中,近因原则已成为判断保险人是否应承担保险责任的一个重要标准。在最高人民法院《关于审理保险纠纷案件若干问题的解释(征求意见稿)》第十九条规定:(近因)人民法院对保险人提出的其赔偿责任限于以承保风险为近因造成损失的主张应当支持。

3. 损失补偿原则

损失补偿原则是财产保险的核心原则。在财产保险中,当保险事故发生导致被保险人经济损失时,保险公司给予被保险人经济损失赔偿,使其恢复到遭受保险事故前的经济状况。损失补偿原则包括两层含义:一是"有损失,有补偿";二是"损失多少,补偿多少"。在实施损失补偿原则时应该注意,保险公司的赔偿金额以实际损失为限、以保险金额为限、以保险利益为限,三者中又以低者为限。首先,通过限制对损失的赔付,被保险人无法从造成损失的风险事故中获得额外收益。如果被保险人能够额外获益,那么保险合同无异于一种赌博性的合同,从而损害保险合同的法律约束力。其次,从实务而非从法律的角度,也必须强调补偿原则。如果被保险人能够通过损失额外受益,无疑是鼓励更多的被保险人故意造成损失或疏于照管保险标的。两种后果都会造成发生损失概率增加,使保险公司无法以一个经济上可行的价格提供保险保障。

补偿原则的另一种情形体现在责任保险。责任保险是以被保险人的名义对被保险人应依法承担的赔偿责任承担赔付的义务。但是,在责任保险中,被保险人实际赔付其依法应承担的赔偿责任并不是其获得保险赔偿的前提条件。保险公司通常会将赔款直接支付给索赔方。保险公司以被保险人的名义进行赔付,而不是在被保险人实际履行赔付之后对其补偿。这种做法在很大程度上方便了被保险人。

随着保险行业发展,损失补偿原则派生出重复保险分摊原则。重复保险是指投保人就同一保险标的、同一保险利益、同一保险事故分别向两个以上保险人订立保险合同的保险。重复保险的投保人应当将重复保险的有关情况通知各保险人。在重复保险的情况下,当重复保险的保险金额总和超过保险价值,被保险人因发生保险事故向数家保险公司提出索赔时,其损失赔偿必须在保险人之间进行分摊,被保险人所得赔偿总额不得超过其保险价值。实行重复保险分摊原则,一方面,可以防止被保险人恶意利用重复保险,在保险公司之间进行多次索赔,以获得额外利益;另一方面,可以保持保险公司应有的权利与义务的对等。常用的分摊方式有保险金额比例责任制、赔款限额比例责任制和顺序责任制。除合同另有约定外,各保险公司之间一般按照其保险金额与保险金额总和的比例承担赔偿责任。

4. 最大诚信原则

最大诚信是指当事人真诚地向对方充分而准确地告知有关保险的所有重要事实,不允许存在任何虚伪、欺瞒、隐瞒行为。最大诚信原则是指保险合同当事人订立合同及合同有效期内,应依法向对方提供足以影响对方做出订约与履约决定的全部实质性重要事实,同时绝对信守合同订立的约定与承诺。

保险合同的当事人应当以高于普通合同的诚信态度订立和履行保险合同。这是因为保险合同具有明显的信息不对称性。一方面,投保人可能利用自己更了解保险标的危险情况,影响保险人的风险估算;另一方面,保险人也可能利用自己的专业知识优势,在缔约中给被保险人不公平的对待,损害其合法权益。诚信原则在保险合同中表现为告知义务和说明义务。

1) 告知义务

《中华人民共和国保险法》规定了投保人如实告知的义务:"订立保险合同,保险人就保险标的或者被保险人的有关情况提出询问的,投保人应当如实告知。投保人故意或者因重大过失未履行前款规定的如实告知义务,足以影响保险人决定是否同意承保或者提高保险费率的,保险人有权解除合同。"

2) 说明义务

《中华人民共和国保险法》第十七条规定:"订立保险合同,采用保险人提供的格式条款的,保险人向投保人提供的投保单应当附格式条款,保险人应当向投保人说明合同的内容。

对保险合同中免除保险人责任的条款,保险人在订立合同时应当在投保单、保险单或者其他保险凭证上做出足以引起投保人注意的提示,并对该条款的内容以书面或者口头形式向投保人做出明确说明;未做提示或者明确说明的,该条款不产生效力。"

保险合同属于典型的格式合同,合同条款一般由保险人预先拟定。为了平衡保险人与投保人之间因为巨大的信息不对称而给投保人带来的交易风险和不利因素,法律规定保险人在订约时要承担说明义务。

8.2 保险发展历史沿革

保险从萌芽时期的互助形式逐渐发展成为冒险借贷,发展到海上保险合约,再到海上保险、火灾保险、人寿保险和其他保险,并逐渐成为现代保险。从人类历史角度分析,保险经历了萌芽期、发展期和现代保险三个阶段。

8.2.1　保险的萌芽期

人类社会从开始就面临着自然灾害和意外事故的侵扰,在与大自然抗争的过程中,在古代,人们就萌生了对付灾害事故的保险思想和原始形态的保险方法。公元前 2 500 年前后,古巴比伦王国国王命令僧侣、法官、村长等收取税款,作为救济火灾的资金。古埃及的石匠成立了丧葬互助组织,用交付会费的方式解决收殓安葬的资金。古罗马帝国时代的士兵组织,以集资的形式为阵亡将士的遗属提供生活费,并逐渐形成一种制度。随着贸易的发展,大约公元前 1792 年,正是古巴比伦第六代国王汉谟拉比时代,商业繁荣,为了援助商业及保护商队的骡马和货物损失补偿,在《汉谟拉比法典》中,规定了共同分摊补偿损失之条款。公元前 916 年,在地中海的罗德岛上,为了保证海上贸易的正常进行,制定了罗地安海商法,规定某位货主遭受损失,由包括船主、所有该船货物的货主在内的受益人共同分担,这是海上保险的滥觞。公元前 260 年—公元前 146 年,古罗马人为了解决军事运输问题,收取商人 24%～36%的费用作为后备基金,以补偿船货损失,这就是海上保险的起源。公元前 133 年,在古罗马成立各雷基亚(共济组织),向加入该组织的人收取 100 阿司和一瓶清酒。另外每个月收取 5 阿司,积累起来成为公积金,用于丧葬的补助费,这是人寿保险的萌芽。

我国历代王朝都非常重视积谷备荒。春秋时期孔子的"耕三余一"的思想是颇有代表性的见解。孔子认为,每年如能将收获粮食的三分之一积储起来,这样连续积储 3 年,便可存足 1 年的粮食,即"余一"。如果不断地积储粮食,经过 27 年可积存 9 年的粮食,就可达到太平盛世。

8.2.2　国外保险发展历程

中世纪以后,随着近代社会经济发展和海上贸易的扩展,保险从萌芽时期的互助形式逐渐发展成为冒险借贷,发展到海上保险、火灾保险、人寿保险和其他保险等,并逐渐发展形成现代保险。

1. 海上保险

海上贸易的获利与风险是共存的,在长期的航海实践中逐渐形成了由多数人分摊海上不测事故所致损失的方式——共同海损分摊,这是海上保险的萌芽。

1)海上保险产生的背景

1347 年 10 月 23 日,意大利商船"圣·科勒拉"号要运送一批贵重的货物由热那亚到马乔卡。这段路程虽然不算远,但是地中海的飓风和海上的暗礁会成为致命的风险。这可愁坏了"圣·科勒拉"号的船长,他可不想丢掉这样一笔大买卖,同时也害怕在海上遇到风暴而损坏了货物,他可承担不起这么大的损失。正在他为难之际,朋友建议他去找一名叫乔治·勒克维伦的意大利商人,这个人以财大气粗和喜欢冒险而著名。于是,船长找到了勒克维伦,说明了情况,勒克维伦欣然答应了他。双方约定,船长先存一部分钱在勒克维伦那里,如果 6 个月内"圣·科勒拉"号顺利抵达马乔卡,那么这笔钱就归勒克维伦所有,否则勒克维伦将承担船上货物的损失。这样,一份在今天看来并不完备的协议就成了第一份海上保险的保单,也成为现代商业保险的起源。保单没有订明保险人所承保的风险,它还不具有现代保险单的基本形式。但是在保险史上把这张保单称为世界上第一张保险单。1393 年,在意大利佛罗伦萨签订的一张保险单把"海上灾害、天灾、火灾、抛弃、王子"的禁制等列为承保的风险责任,这张保险单具有了现代保险单的格式。

2) 劳合社的产生

在美洲的新大陆被发现后,英国的对外贸易获得迅速发展,保险的中心逐渐转移到英国;1568 年 12 月 22 日,经批准开设了第一家皇家交易所,为海上保险提供了交易所,取代了从伦巴第商人沿袭下来的一日两次在露天广场交易的习惯;1720 年成立的伦敦保险公司和皇家交易保险公司因各向英国政府捐款 30 万英镑而取得了专营海上保险的特权,这为英国开展世界性的海上保险提供了有利条件。1756—1788 年,首席法官曼斯菲尔德收集了大量海上保险案例,编制了一部海上保险法案——《涉及保险单的立法》。

1683 年,爱德华·劳埃德(Edward Lloyd)开设劳埃德咖啡馆(Lloyd's Coffee house);劳埃德咖啡馆 1696 年出了一份单张小报《劳埃德新闻》(Lloyd's News);大约在 1734 年劳埃德咖啡馆又出版《劳合动态》,开始每周一期,1741 年改为每周二、五出版,后改为日报;1774 年,在劳埃德咖啡馆接受保险业务的商人组织起来,每人出资 100 镑,由 79 人组成,选出委员会专门经营保险;1871 年由英国议会通过法案正式成为一个社团组织。

劳合社的性质和特点:

(1) 性质:不是保险公司,而是一个保险市场。

(2) 特点:本身不经营保险业务,只向成员提供交易场所和有关服务;经营保险业务的是劳合社的成员,是自然人,可以自由组合,组成承保组合(underwriting syndicate);投保人不能与保险人直接接触,必须由保险经纪人分业务出单(brokerage);劳合社个人保险人负无限责任,但成员之间不负连带责任。

(3) 主要经营业务:水险,财产险,航空险,汽车险,新技术险。

2. 火灾保险

到中世纪,各种形式的公共火灾保险单已经非常普遍了。教堂和行会通过基金和收取会费的方式积累了一笔基金,用于补偿成员由于火灾、洪水和抢劫而遭受的损失。1666 年 9 月 2 日,伦敦发生巨大火灾(伦敦大火),损失约 1 200 万英镑,20 万人无家可归。由于这次大火的教训,保险思想逐渐深入人心。1667 年,牙科医生尼古拉·巴蓬在伦敦开办个人保险,经营房屋火灾保险,出现了第一家专营房屋火灾保险的商行,火灾保险公司逐渐增多;1861—1911 年间,英国登记在册的火灾保险公司达到 567 家。1909 年,英国政府以法律的形式对火灾保险进行制约和监督,促进了火灾保险业务的正常发展。

3. 人寿保险

人身保险制度的形成与早期各类互助团体的产生和发展具有非常密切的关系。互助团体大体有四种:教会、同业互助会、殡葬社、友谊社。17 世纪以后,《佟蒂法》的实施和《生命表》的编制为人寿保险迅速发展提供基础。《佟蒂法》是 17 世纪中期法国洛伦·佟蒂提出的一种不偿还本金募集国债的计划。1689年,法国采用了《佟蒂法》,以每人缴纳300法郎筹集到140万法郎战争经费;《佟蒂法》规定在一定时期以后开始每年支付利息,把认购人按年龄分为14群,对年龄高的群多付利息,当认购人死亡,利息总额在该群生存者中平均分配,当该群认购人全部死亡后停止付息。

根据德国布雷劳市1687—1691年间的市民按年龄分类的死亡统计资料,1693年,英国数学家和天文学家埃德蒙·哈雷编制了世界上第一张《生命表》,为现代人寿保险奠定了数理基础。1762年,英国人辛浦逊和道森发起的人寿及遗属公平保险社首次将生命表用于计算人寿保险费率,标志着现代人寿保险的开始。

4. 责任保险

责任保险以被保险人的民事赔偿责任为标的,它的产生是社会文明进步尤其是法制进步的结果。19世纪初,法国《拿破仑法典》中有关责任赔偿的规定为责任保险的产生提供了法律基础。1855年,英国开办了铁路承运人责任险。自此后,责任保险日益引起人们的重视。工业革命后,雇主责任险得以发展,1880年,英国通过了雇主责任法,规定雇主经营中因过错使工人受到伤害,应负法律责任,同年就有雇主责任保险公司成立。19世纪末,汽车诞生后,汽车责任保险随之产生,最早的汽车保险是1895年由英国一家保险公司推出的汽车第三者责任险,进入20世纪后,汽车第三者责任险得到极大发展。

5. 保证保险

保证保险是随着资本主义商业信用的普遍和道德危险的频繁而兴起的,发展的时间并不长。1702年,英国开设"主人损失保险公司"承办诚实保险后,1842年后,英国保证公司相继成立,美国则于1876年在纽约开办"确实保证业务"。保证保险(广义)分为保证保险(狭义)和信用保险两类。保证保险:由债务人投保,以保护债权人为目的。信用保险:由债权人投保,以保护自己权益为目的。

6. 再保险

17世纪中叶,英国的皇家交易保险公司和劳埃德咖啡馆就开设经营再保险业务。早期直接保险业务的开展以单个保险人独立承保为主。如果保险金额过大,多个保险人就采取共同保险的方式联合承保。随着国际贸易的发展,临时再保险有了固定格式。1813年,纽约鹰星火灾保险公司与联合保险公司签订了最早的固定分保合同。早期的再保险业务是在经营直接保险业务的保险人之间进行的,19世纪中叶开始,专门经营再保险业务的保险公司相继出现。1852年,德国成立了世界上第一家专业再保险公司——科隆再保险公司。

8.2.3　中国保险发展历程

近代工业发展,清朝政府的国门打开,保险业逐步进入我国。我国的保险业经历了舶来期、中断期、恢复期和发展期等不同阶段。

1. 保险的舶来期

我国保险发展的第一阶段,从 1805 年,魏源引入保险思想开始到 1949 年前,属于保险业的产生和初步发展阶段。这一时期,出现了第一家保险公司,即英国人设立的"谏当保安行";第一家民族保险公司——上海华商义和公司保险行。1911 年以后 13 年间,先后有 30 多家保险公司在上海、广州等地营业,如美国友邦保险公司于 1921 年在上海成立;1929 年,太平保险有限公司在上海成立,在国内、香港和东南亚地区设立了多家分机构,成为当时我国保险市场上一家实力雄厚的民族保险公司。

2. 保险的中断期

1949—1978 年,我国保险进入第二阶段。1949 年,政府对以前的保险业进行了全面清理、整顿和改造,于 1949 年成立了中国人民保险公司,独家经营,隶属国务院;1958 年 12 月,全国财政会议决定"立即停办国内保险业务"。

3. 保险的恢复期

1979 年,我国的保险业开始恢复并得到快速发展,国务院批准《中国人民银行分行长会议纪要》,明确提出逐步恢复国内保险业务;1980 年 12 月,除西藏以外各地恢复人民保险公司分支机构;1988 年,第一家股份制保险公司平安保险公司在深圳成立;1991 年,太平洋保险公司在上海成立;1996 年,泰康、新华、华泰、天安等相继成立;1996 年,中国人民保险公司一分为三。

4. 保险的发展期

从 2002 年开始,随着我国经济快速发展,我国保险业进入快速发展阶段。2002 年,党的十六大召开,保险业进入我国加入世贸组织后对外开放的过渡期,国有保险公司改革全面展开,新修订的《保险法》开始实施,我国保险业重新站在一个发展的历史起点上。这个阶段,是保险行业面貌发生变化最大的时期。

8.2.4 现代保险发展趋势

世界保险业的发展,使保险在国民经济中的地位和作用不断上升。

1)银行和保险的业务融通发展

随着市场金融结构的迅速变化,银行业和保险业打破了原先各自平行发展分业经营的状况,转变为相互渗透,混业经营,并呈蓬勃发展之势。

2)保险业兼并与收购进一步加剧

各国保险机构纷纷展开兼并收购,扩大经营规模,增强综合实力,借以拓展业务范围,降低经营成本,提高利润水平。

3)保险业分工进一步细化

大部分的保险业务,如保险展业、损失鉴定和保险咨询等已从保险公司转移出来,由专业保险代理公司、经纪公司、公估公司以及保险顾客公司承担。

4）保险公司更加重视资本运用,提高投资收益

由于保险竞争日益激烈,承保利润变得微薄,甚至亏损,投资收益成为公司弥补承保亏损和获得利润的来源。

5）全球保险业一体化发展

指保险业在世界范围内整合。随着世界贸易组织成员方全面开放其银行、保险和证券市场,几乎所有发达国家和相当一部分发展中国家,均已承诺开放其所有的保险领域。

6）理财型寿险需求旺盛

为满足通货膨胀对个人财富的侵蚀,保险公司推出理财型保险,如投资联结保险、分红保险,受到市场欢迎。

7）保险市场自由化

保险市场自由化,是保险适应世界经济发展的形势变化、满足投保人或被保险人客观要求所必须采取的对策:

（1）放宽对费率的管制;

（2）保险服务自由化;

（3）放宽对保险公司设立的限制。

8）保险业务创新越来越重要

不断变化的外部环境和日益激烈的市场竞争,保险公司必须不断创新,以维持企业的生存和发展。

9）使用信息网络技术整合保险业务

在信息社会里,保险人能否掌握及处理瞬息万变的各种信息,是在激烈竞争中立于不败之地的关键,使用电脑网络处理保险业务已成为保险业发展和业务管理中的重要手段。

10）追求更加有效的监管模式

为适应保险市场自由化的需求,应逐步放宽对保险的管制,追求更加有效的监管模式。

8.3 保险与城市风险

随着我国城市化进程的不断推进,城市风险管理的重要性日益彰显。城市的风险组成十分复杂,既包括自然气候风险,如地震、洪水、暴雨,又包括社会政治风险,如大型活动风险、恐怖袭击。回顾近几年,飓风"卡特里娜"、美国东北部和相邻的加拿大南部的大面积停电、"12·31"上海外滩踩踏、"8·12"天津港危险品仓库爆炸、"12·20"深圳滑坡灾害事故等国内外一系列事故事件的发生,都是城市风险带来的惨痛教训。

面对如此复杂的城市安全情况,保险作为城市风险转移的重要手段,是把风险转移到市场的一种强有力的金融机制。保险作为城市管理的重要辅助支持手段,积极参与城市风险的预防和管理,推动创新城市的管理机制,对于我国城市安全管理具有重要的现实意义。

8.3.1 保险分类

在保险发展的不同时期,人们对保险进行分类所依据的标准是不同的。当前,国际上对保险业务分类没有固定的原则和统一的标准,各国通常根据需要采取不同的划分方法。首先按保险标的分为人身保险和损害保险两大类。按保险经营的目的不同,保险主要包括政策性保险与商业保险。

(1)政策性保险一般有社会福利性质,甚至带有强制性,主要有社会保险、机动车交通事故责任强制保险(交强险)等。

(2)商业保险不具有强制性,是一种金融产品,主要包括人身保险和财产保险。按保险人是否承担全部责任分为原保险和再保险。再保险是保险人将承保的保险责任向另一个或若干保险人再一次投保,以分散风险。再保险种类有比例再保险和超额损失再保险,前者可细分为成数再保险和溢额再保险,后者可细分为超额赔款再保险和超额赔付率再保险。分保的形式有临时分保、固定分保和预约分保等。

大多数国家是按业务保障对象分为财产保险、人身保险、责任保险和信用保险四个类别,保险的这种保障作用与城市风险管理密切相关。

1. 财产保险

以物质财富及其有关的利益为保险标的的险种,主要有海上保险、货物运输保险、工程保险、航空保险、火灾保险、汽车保险、家庭财产保险、盗窃保险、营业中断保险(又称利润损失保险)、农业保险等。

2. 人身保险

以人的身体为保险标的的险种,主要有人身意外伤害保险、疾病保险(又称健康保险)、人寿保险(分为死亡保险、生存保险和两全保险)等。

3. 责任保险

以被保险人的民事损害赔偿责任为保险标的的险种,一般附加在损害赔偿保险中,如船舶保险的碰撞责任、汽车保险、飞机保险、工程保险、海洋石油开发保险等,以及第三者责任险。责任保险主要表现为。

(1)公众责任保险,承保被保险人对他人造成人身伤害或财产损失应负的法律赔偿责任。

(2)雇主责任保险,又称劳工险,承保雇主根据法律或雇佣合同对受雇人员的人身伤亡应负的经济赔偿责任。

(3)产品责任保险,承保被保险人因制造或销售的产品质量缺陷导致消费者或使用者遭受人身伤亡或其他损失所引起的赔偿责任。

(4)职业责任保险,承保医生、律师、会计师、工程师等自由职业者因工作中的过失造成他人的人身伤亡或其他损失所引起的赔偿责任。

(5)保赔保险,全称保障与赔偿保险。

4．信用保险

信用保险是以第三者对被保险人履约责任为标的的险种，主要有：

（1）忠诚保证保险，承保雇主因雇员的不法行为所致损失。

（2）履约保险，承保合同当事人中一方违约所负的经济责任。

8.3.2 城市风险与保险

保险在城市管理中发挥重要作用，不仅分担社会责任，而且创新城市的管理机制、降低管理成本。保险在城市风险管理中的作用主要体现在两个方面：

（1）提供最佳的风险解决方案。

（2）帮助被保险单位、企业等迅速恢复生产和生活秩序。

保险作为我国城市风险管理和公共服务的重要手段，在应对自然灾害、保障城市安全生产、城市基础设施安全、交通安全、社区安全、食品和环境安全、健康疫情安全、公众安全、社会安全和职业责任等十个方面发挥重要保障作用。

1．自然灾害

主要包括地震、洪涝、飓风、城市火灾等。保险业在受灾汽车涉水、建筑、财产和人身安全等方面加强了保险保障，同时对城市排水系统工程、新区基础设施建设等积极参与探索。近年来沿海广东、海南、福建、浙江省等设立了政府主导保险公司运作的飓风保险。2013年年底深圳市政府和保险监管部门联合制定了以预防台风为主的《深圳市巨灾保险方案》。

2．安全生产

企业安全生产作为城市风险防控的重点，包括建筑施工、工矿商贸、危险品运输与存储、压力管道、冶金机械建材等，事故损失和保险赔偿数额巨大。例如，2015年8月12日天津滨海新区化学品仓库特大爆炸事故估损700亿元，保险赔款预计50亿～100亿元。

3．基础设施安全

主要包括市政设施、供水设施、供电设施、供暖供热设施、供气供油设施、通信与信号设施等。保险公司专门设有相应的基础设施责任和财产保险保障产品。

4．交通安全

交通事故是城市公共安全最经常、最严重的问题，占所有安全事故近80％。保险行业除了提供民航、道路交通、轨道交通、铁路、水运、渔业船舶、农业机械等交通工具财产和人身安全强制或商业保险保障，还设计了承运人责任、驾校教练责任等保险保障。特别在全国各大中城市与交管部门联合设立了城区汽车车辆事故快速理赔中心。

5．社区安全

城市社区是城市化进程中新型居民聚居模式和基本管理单元。随着城市建设用地紧缺，高层居民楼宇建筑成为主要建筑格式。因而，高层建筑社区的消防安全、设施安全、治安管理等公共安全风险因素日益增多。2010年11月15日上海静安区高层公寓特大火灾,由于投保了"城市街道社区综合保险"获赔保险赔款500多万元。之后上海市人民政府联合保险行业推行社区综合保险,2013年全市参保居民483万户、街道社区工作人员5.1万人,风险保障额度达1 146亿元。目前保险机构还围绕社区服务推出社区楼宇治安物业管理、家庭雇佣、动物饲养、电梯、电动车等保险项目。

6. 食品和环境安全

自2006年河北石家庄三鹿奶粉事件后,食品与餐饮安全保险持续发挥作用。针对瘦肉精、苏丹红、地沟油、三聚氢胺等严重影响食品质量安全的保险产品基本健全。上海、湖南、河北、河南、山东、浙江、黑龙江、内蒙古等10多个省区,先后推进食品安全保险开展。2013年,上海市食品生产流通和餐饮领域300家单位投保食品安全责任保险2 000多单。2014年12月,长沙市食品生产企业2 000多个、食堂3 200多个、餐饮企业2万多个全部投保食品安全责任保险。

2006年11月,吉林石化双苯厂发生爆炸事故,造成松花江流域水污染后,环境污染责任保险进入了政府应急处置的议程。2007年和2013年2月,环保部和保监会两次联合发文对重金属、石油化工,危险化学品三类企业实行强制性保险。2007—2014年全国参保企业达2.5万家,风险保障金额达到600亿元。对其他类型企业因污染物排放造成人身伤害或直接财产损失的,保险公司亦有相应的环境污染责任保险。2014年一些保险公司还推出空气雾霾保险。

7. 健康疫情安全

除了各类普通健康疾病、护理保险及特殊的医院医疗责任、计划生育、药物临床试验等保险之外,突发性疫情是城市公共卫生预防和应急处置的重点。2003年的SARS疫情发生,11家保险公司提供了17项保险产品服务;2005年H7N9禽流感、2013年非洲埃博拉、2015年韩国MERS等疫情发生,保险机构都适时开发了相应的保险保障产品,对于协助政府应对突发公共卫生疫情提供了积极的支持。

8. 公众安全

公众安全指包括城市机场车站码头、大型庆典活动、商场贸易中心、宾馆餐饮酒店、文化体育活动、演出展览场馆、机关学校医院、公园旅行游览等公众聚集场所的安全。如2014年4月的沈阳商业大火;2015年,上海市外滩踩踏事件,保险赔付385.6万元。

9. 社会安全

针对当前国内一些不稳定因素,在维护社会秩序方面,保险机构特别设立了遭遇恐怖袭击、社会骚乱、核辐射扩散等受伤害的人民财产损失及人身安全保险和社会治安综合保险、见义勇为救助保险等。

10. 职业责任

职业责任包括城市居民中易发人与人之间社会矛盾的各种特别职业的人员,如雇主、医生、美容、律师、公证、司法鉴定、税务、会计、经纪人代理人、董事高管、特种设备检测、家佣等,都有相应的职业责任保险。其中律师职业和医疗责任保险覆盖面最高,一些城市如安徽省律师协会职业责任保险和北京市医疗责任保险均达到百分之百。

8.3.3 我国城市保险现状分析

保险在城市风险管理中弥补损失、快速恢复生产生活等方面发挥了重要作用。但是,我国保险覆盖率与国际先进水平相比仍有差距,保险在我国城市风险管理仍有巨大发展空间,将持续发挥更强有力的作用。以下从城市保险存在的问题、城市保险重点和城市保险未来趋势等三方面对我国城市保险现状进行分析。

1. 城市保险存在的问题

(1)政府发挥商业保险在城市风险管理中的作用不足。一是相关政策法规不完善,如公众火灾责任保险已提上强制保险的日程,但《消防法》及一些地方法规停滞在提倡推动的阶段,推进缓慢。二是政府系统推动不够,近年来中国保监会和国家各相关部委多次联合发文推进与城市公共安全方面相关的保险保障,比如在食品安全环境保护保险方面力度很大,但全面系统发挥保险防御城市各类风险的功能作用不够,一些重要的保险保障覆盖面窄,有的地方机动车交通事故责任强制保险(简称交强险)的覆盖面仅达70%。三是相关政策支持不足,特别是一些基层政府,购买保险保障服务预防控制城市公共安全风险的意识不强,政府出资为企业单位和广大市民购买安全保障的保险民生工程较少。

(2)城市公众公共安全保险保障意识薄弱。一是缺乏宣传培训教育,政府机关、企事业、院校、社区包括保险行业缺乏系统性的公共安全常识及保险保障知识的宣传普及教育,缺乏各类自然灾害和社会生产生活易发事故预防的培训和应急救援演练。二是传统社会心理常态,相当一部分公众仍然存在传统的安全保障观念,对城市公共安全系统性风险认识不足,对保险保障特别是发生频率较低的公共安全风险保险保障,存在或阶段性存在较强的侥幸心理。

(3)保险产品险种保障不完备。一是保障内容单一,在大多数领域诸如生产安全、社区安全方面通常仅有企业财产、家庭财产损失保险等险种,主要进行各种原因发生的火灾保障;自然灾害、交通安全方面通常仅设有财产损失和人身意外伤害等险种;食品安全、健康疫情安全主要配置人身意外伤害保险。二是保障险种专业技术性不足,尽管近年来进行了积极探索,如安全生产方面针对高新技术企业创新开发了比较系统的科技保险,但在城市风险管理的大部分领域,实施专业技术较强,针对安全问题发生源的专项特种保险较少,这方面存有广阔的开发应用科学专业的深度防范风险的空间。

(4)保险预防控制风险不得力。一是囿于承保理赔,保险公司在保险标的承保时风险评估和灾害损失发生后评估往往比较规范,但在过程中防灾防损控制风险非常不足,有的机构有名无实,承保以后无所主动作为,有措施无落实,只是被动等被保险单位报损再去估损。二是疏于专业安保,保险公司既可充分利用其专业外包服务防范保险期间内专业技术方面的风险,又可变相分保达到总体分散风险的目标,但绝大部分保险公司不愿意花费必要的资金来与专业的安保机构合作。

2. 城市保险重点

（1）做好包含保险保障在内的城市公共安全总体规划。一是全覆盖系统地引入保险保障，必须在总体规划中明确保险保障的重要地位，在各项具体措施中配套保险项目，深圳市政府与保险业联合制定的专项城市巨灾保险方案值得全面推行；二是充分发挥保险在重点领域的突出作用，制定城市公共安全总体规划，应划分重点易发风险领域；三是科学发挥保险保障效能，运用现代城市管理方式，加强组织协调，制定各项应急预案应对措施，为保险保障效能充分发挥提供良好的运作机制。

（2）开展包含保险保障在内的城市公共安全风险研究。一是设立专门研究机构；二是确立专项研究方向；三是建立专业的研究基地。在理论研究基础上加强城市公共安全风险的预防实践活动，结合宣传教育培训，建立包含保险保障的模拟训练基地，把公共安全研究成果转化成政府及全体市民的理性思考和自觉责任。

（3）给予包含保险保障在内的城市公共安全政策支持。一是法规支持；二是行政支持；三是财政支持。如上海市政府在 2010 年静安区社区楼宇火灾事故和 2015 年外滩踩踏事件发生后痛定思痛，政府配套出资大力推行社区综合保险和公共安全责任保险。

（4）开展包含保险保障在内的城市公共安全宣传教育。一是政府层面，可通过培训授课讲座、专题会议、城市应急管理学习等方式，对市区街道社区各个层级的行政领导，进行利用保险保障为城市公共安全服务的重要意义和实施方法的学习宣传；二是单位层面，可利用会议、发文、检查、督导等方式，开展预防火灾人群疏散、人身意外伤害等专项培训演练并督促检查包含保险保障的各项安全措施的落实，排除安全隐患；三是社会层面，可利用大众传播的各种形式传播包含保险保障的城市公共安全的知识和防范常识，传播公益广告，深入大众宣传，全面提高公众防范城市公共安全风险和保险保障意识。对地震、飓风、城市洪涝、城市火灾及各种疫情等发生频率较低的灾害，也应有相应的保险保障意识和实际的准备。

（5）充分发挥保险在城市公共安全风险管理的重要作用。一是积极参与政府的城市公共安全风险防范总体规划、专业研究、具体举措制定，发挥保险的保障补偿、社会管理职能作用；二是丰富保险产品，致力开发系统性、专业性、有效性强的保险产品，当前应重点深入开发食品卫生、环境污染、健康防疫、职业责任等关系到公众生活品质和行业安全的深度保险产品；三是加强防灾技术，在提高保险机构自身防范风险专业技术，加强保险责任期内防灾减损安全措施的同时，应积极引进专业技术性强的专门安全保障机构，共同对重要的保险标的进行科学考察论证；四是发挥灾前预防和灾后补偿保险保障，以及社会管理功能。

3. 城市保险未来趋势

从保险与城市风险管理来讲，未来趋势有三个方面。

1）保险产品和模式优化创新

保险产品及其运行模式是与社会政治经济生活的发展同步，未来更多配备城市风险的保险产品将不断推出,包括指数保险等。比如通过期货市场的对冲风险机制更好地提供风险转移的新工具。保险的风险转移工具以往还是比较单一的,主要是通过再保险。今后可以探索多途径、多方式的风险转移手段。

2）风险管理职能逐渐强化

以往,保险行业更多的是将客户的服务工作集中在快速合理的理赔服务上。通过近些年的实践,保险行业未来会逐渐将更多的资源集中到风险的全流程管理上,通过事前的风险查勘、评估,提供专业的防灾防损建议;在不同的风险评级下提供不同的风险解决方案,以实现城市风险管理,把风险降至最低,并把风险管理贯穿到整个保险期限。有一个非常典型的案例就是上海地铁保险。

上海地铁在建设初期曾经发生过重大风险,地铁 4 号线沉降事件发生以后,上海市政府和地铁建设项目承保体商讨,由保险公司引入了国内外最专业地铁风险管理专家进行风险查勘、评估,建立起了关于中国地铁风险的一整套完整的风险管理方案,为我国其他省市基础设施建设项目保险与风险控制提供新模式和实践基础。

3）保险行业与政府职能更紧密结合

商业保险转移政府的财政压力。很多风险事件发生后,政府是主要的领导者和协调者,但是问题单靠政府一方来解决是不行的,很多方面应该说政府也很难发挥作用。所以,引入保险机构、商业机构来进行风险管理的购买和转移,是政府职能很好的一个切入点。

8.3.4　我国城市保险主要类型

随着我国城市发展和城市安全问题凸显,构建保险机制,引入"安全综合险加第三方服务"机制,创新保险联动举措,发挥保险的保障功能,这是城市安全风险防控的重要工作。本节主要介绍巨灾保险、安全生产责任险、环境污染责任险和工程质量潜在缺陷保险等。

1. 巨灾保险

巨灾保险是指对人民生命财产造成特别巨大的破坏损失,对区域或国家经济社会产生严重影响的自然灾害事件。这里的自然灾害主要包括地震与海啸、特大洪水、特大风暴潮。巨灾的显著特点是发生的频率很低,但一旦发生,其影响范围之广、损失程度之大,一般超出人们的预期,由此累计造成的损失往往超过了承受主体的实际承受能力,并极可能最终演变成承受主体的灭顶之灾。

巨灾保险是指对因发生地震、飓风、海啸、洪水等自然灾害,可能造成巨大财产损失和严重人员伤亡的风险,通过巨灾保险制度,分散风险。巨灾风险与一般风险不同,具有特殊性,特殊性表现为:发生的频率低,一般性火灾、车祸天天发生,多起发生,破坏性地震、火山爆发、大洪水、风暴潮等巨灾则很少发生,几年、几十年甚至更长时间才发生一次。普通灾害发生频率高,但每一次事故造成的损失相对较小,一次火灾烧毁一栋房屋,或造成万级、百万级美元损失;巨灾发生次数少,但一旦发生损失则巨大,一次大地震、大洪水可造成数亿、数百亿甚至上千亿美元的损失。巨灾还会形成长期的影响。

1) 我国巨灾保险的发展

我国是世界上受到自然灾害影响最大的国家之一,除了火山爆发之外,几乎面临所有的自然巨灾风险,灾害发生的频率相当高。2008 年的汶川特大地震更是警示我们巨灾保险是我们面对巨灾损失的迫切需要:"5·12"汶川特大地震造成直接经济损失达到 8 400 多亿元,其中财产损失超过 1 400 亿元,而投保财产损失不到 70 亿元,赔付率只有 5% 左右,远低于国际的 36% 的平均赔付率水平,这些巨额损失主要靠捐款和政府救济。截至到 2014 年 3 月,中国巨灾保险赔款不到灾害损失的 1%,远远低于国际上巨灾保险赔款占自然灾害损失的 30%~40% 的平均水平。

我国保险业在参与巨灾风险管理方面做了一些可贵的探索:一是我国保险公司逐步开展了企财险地震保险业务,对巨灾风险事故有了一定程度的覆盖;二是保险公司市场化经营的政策性农业保险业务保持了良好的发展势头。但由于巨灾风险分散机制尚未建立,商业性保险公司接受的巨灾风险得不到有效分散,被迫选择自留,造成经营不稳定。巨灾对我国社会财富和农业生产的威胁巨大,单一地依靠国家财政救济管理巨灾风险的方式已经难以适应经济发展的需求。构建市场化的巨灾风险分散体系,是保持经济竞争力和社会全面协调持续稳定发展的必然需要。

随着巨灾损失越来越大,政府已意识到尽快建立完善的巨灾防范体制的重要性。中共十八届三中全会的《中共中央关于全面深化改革若干重大问题的决定》中明确提到,要完善保险经济补偿机制,建立巨灾保险制度。

2) 巨灾保险制度的完善

完全依靠政府救助的巨灾风险管理体系存在明显的局限性,而单纯利用商业保险模式处理巨灾风险也会出现市场失灵。从国际经验来看,虽然各国巨灾管理模式有所差异,但有两点是共通的,即商业保险的参与始终是巨灾保险制度的重要方面,政府推动和政策支持始终是巨灾保险制度有效运转的前提条件。综合考虑我国的经济体制、人文背景等具体国情,在政府主导的基础上,需要政府、保险公司、再保险市场共同参与,共同构建多层次、多支柱的巨灾风险整体处置体制。

(1) 构建保险公司商业运作的运行机制

保险作为一种市场化的风险转移机制,可以为政府主导的巨灾风险处置体系提供重要辅助,在以下四个方面发挥积极作用。一是精算定价。在广泛收集重大自然灾害统计资料的基础上,保险机构利用其精算技术,通过建立巨灾风险模型评估潜在的灾害损失,并以此制定保险费率。二是销售巨灾保险产品。保险机构拥有广泛的分支机构,可以利用其完善的网络资源,及时将巨灾保险产品销售到客户手中。三是理赔服务。保险契约式的严格理赔过程,能够确保资金及时足额地送达受损人手中,使补偿机制更公平。四是防灾减损。建立在事前风险防范基础上的保险,可以对巨灾进行有效的风险管理,包括风险教育、风险评估、防灾工程管理。

(2) 构建以巨灾保险基金为核心的日常运营机制

国外经验表明,设立一个专司巨灾风险运营管理的机构是增强风险应对能力、提高运行效率的较好选择。由于保险发育程度、政治经济环境不同,各国巨灾保险核心运营机构的职责、运行方式有差异,并无最佳模式可供遵循。目前我们可以参考多种模式,在组织架构、风险分配机制、基金运作管理等方面借鉴多国经验,建立起具有中国特色的统一管理、统一运作的巨灾保险基金。

(3)构建立足于再保险市场的巨灾风险分散机制

再保险是分散巨灾风险的重要手段,也是保险业参与巨灾风险管理的有力保障。其作用主要在于分散风险,减少巨灾冲击,稳定保险经营。由商业保险公司承保巨灾风险后,全额分保给国家巨灾保险基金,然后由其自留部分风险后利用国内外保险和再保险市场分散风险。日常运作过程中,政府对积累的基金提供税收、投资范围等方面的优惠。当巨灾损失超过基金保障能力时,政府给予财务支持。为了缓解巨灾保险承保能力下降和价格上升等问题,近年来国外开始探索将巨灾保险进行证券化处理,通过资本市场分散承保风险,实现风险在更大范围、更高层次的分摊。

(4)构建政府政策支持的保证机制

纵观国外巨灾保险发展历程,保险业有效参与巨灾风险管理离不开政府强有力的主导,政府始终是巨灾保险体系的关键主体。一是制定配套支持政策,建立巨灾保险制度需要财政、税收等多领域加强合作。比如对巨灾基金设立、费率厘定等方面给予政策支持,对巨灾保险市场化运作提供政策支持等。二是扩大巨灾保险覆盖面,加强宣传引导,提高公众的风险和保险意识,增强投保积极性,将风险教育与鼓励防灾减损有机结合,如对巨灾保险保户提供信贷支持、通过激励约束机制提高全民风险意识。三是加强政府监管,通过对保险项目实施监督检查,确保其风险管理的质量和总体偿付能力。四是充当"最后保险人"的角色,在巨灾风险基金建立初期,由于资金积累有限,巨灾风险基金难以完全承担巨灾损失,需要政府承担"最后保险人"的责任。即使巨灾风险基金完全建立起来后,面对损失极其巨大的巨灾风险,政府也仍然是"最后保险人"的角色。

2. 安全生产责任保险

在安全生产领域引入保险制度,特别是高危行业强制实施安全生产责任保险,是学习借鉴发达国家风险防控做法,利用市场机制和社会力量加强安全生产综合治理的一项重要举措,是在现有安全生产监督管理基础上增加的一条新的安全生产防线。

1)安全生产责任保险内容

安全生产责任保险是以企业发生生产安全事故后对从业人员、第三者人身伤亡和财产损失进行经济赔偿的责任保险,并且为投保的生产经营单位提供生产安全事故预防服务。安全生产责任保险的保险责任不仅包括投保的生产经营单位的从业人员人身伤亡赔偿,第三者人身伤亡和财产损失赔偿,还包括事故抢险救援、医疗救护、事故鉴定、法律诉讼等费用。保险机构为投保生产经营单位提供如下事故预防服务:

(1)安全生产和职业病防治宣传教育培训;

(2)安全风险辨识、评估和安全评价;

（3）安全生产标准化建设；

（4）生产安全事故隐患排查；

（5）安全生产应急预案编制和应急救援演练；

（6）安全生产科技推广应用；

（7）其他有关事故预防工作。

保险机构应当按照一定比例提取事故预防专项资金。事故预防专项资金主要用于安全生产宣传教育培训、风险评估、隐患排查、应急救援演练、科技推广应用及法律、法规、规章规定的其他有关事故预防工作，实行统筹安排、专款专用，不得挪用、挤占、转存。

2）我国安全生产责任保险发展

推行安全生产责任保险是全面深化安全生产领域改革的必然要求。《中共中央国务院关于推进安全生产领域改革发展的意见》（以下简称《意见》）（2016年12月9日）明确提出：取消安全生产风险抵押金制度，建立健全安全生产责任保险制度，在矿山、危险化学品、烟花爆竹、交通运输、建筑施工、民用爆炸物品、金属冶炼、渔业生产等高危行业领域强制实施。《意见》的出台为全面推行安责险制度工作创造了良好契机。为此，国家安全监管总局、保监会、财政部印发了《安全生产责任保险实施办法》的通知（安监总办〔2017〕140号），自2018年1月1日开始实施，对应投保安责险的行业、保险公司资质、安责险应包括的保障、赔偿限额及服务标准等做出了规范性要求。在此文件出台的基础上，北京、山东、浙江、天津等地出台地方性政策法规，指导当地的安全生产责任保险试点推广工作。

3）安全生产责任保险发挥的作用

安全生产责任保险是根据我国有关法律法规和文件的要求，学习借鉴发达国家相关经验、做法，并结合我国具体国情而建立的一个全新险种，具有事故预防、经济赔偿等功能，是利用市场机制加强企业安全生产的重要举措，是在安全监管基础上增加的一条新的安全生产防线，对全面提升安全生产工作水平具有重要作用。

（1）实施安全生产责任保险，可以激励投保企业更加重视安全生产工作。安全生产责任保险的费率采用浮动机制，保险费率与投保企业的行业风险类别、职业伤害频率、安全生产基础条件以及历史损失记录等挂钩。为了降低保费支出，投保企业在费率机制的作用下，会更加重视安全生产工作，加强安全风险防范，提高安全信用等级。

（2）实施安全生产责任保险，有利于推动生产经营单位加强安全生产管理，形成自我约束机制，防范和减少事故发生。安全生产责任保险的第一功能是事故预防，其次才是赔偿。在我国，特别是在高危行业领域实施安全生产责任保险，能够通过建立安全生产责任保险事故预防服务工作机制，形成多层次的生产安全事故预防体系，用经济手段加强和改善企业安全生产管理，促进安全生产形势稳定好转。

（3）安全生产责任保险具有较强的社会保障功能。保险公司在伤亡事故发生后开展的理赔勘查，是对企业安全生产工作的一种特殊形式的督促检查。同时，从政府角度看，推行安全生产保险,可以帮助政府解决生产安全事故发生后行政赔偿的后顾之忧。从企业角度看,投保安全生产责任保险,能够转嫁赔偿责任,减轻生产安全事故发生后的经济赔偿压力,便于事故后迅速恢复生产。从就业人员角度看,可以有效保护事故受害者的合法权益。

(4)实施安全生产责任保险,可以建立完善投保企业的档案,为政府提供信息支持。保险公司通过建立专门的安全生产责任保险投保企业档案,记录企业各类基础资料,并及时更新投保企业信息、风险等级评估、安全检查及隐患整改等情况,与安监部门实行信息共享,为监管部门更加有针对性地开展工作提供有力的信息支持。

党中央、国务院和各级党委、政府及社会各方面对安全生产空前重视,整体社会氛围有利于持续提高安全生产水平,保险业在安全生产领域的直接参与度将进一步提高。从风险管理的角度看,保险作为化解和控制风险的行业、在国家"十三五"规划中的定位、角色等比以往更加突出。安全生产责任保险在服务公共安全、减少重大安全生产事故方面将发挥更大作用。落实企业主体责任,有利于减少生产安全事故的发生,有利于降低安全生产责任保险的赔付水平,最终将促进保险费率水平的降低,形成安全生产企业和保险企业"双赢"的局面。

3. 环境污染责任保险

环境污染责任险是由公众责任险发展而来的,在欧美发达保险市场已经较为成熟。在20世纪60年代以前,环境风险还不突出,环境责任案件较少,商业综合责任保险保单并未将环境责任损害赔偿列为除外责任。到了1973年,几乎所有的商业综合责任保险保单都将故意造成的环境污染和逐渐性的环境污染引起的环境责任排除在保险责任范围之外。在20世纪70年代,西方国家一系列环境保护法案纷纷出台,为遏制日益严重的环境污染,各国都实行严格责任,对污染行为给予严厉的处罚,企业迫切需要将这些不确定风险转嫁出去。专门的环境污染责任险就在这样的背景下产生并发展起来了,各国政府对环境污染责任险给予了立法和财政方面的多项支持与补贴,促使该险种的发展经历了从最初仅承保非故意的、突发的环境侵权事故,逐渐扩展到有条件地承保渐进型、累积型环境损害风险事故的过程,赔偿范围也逐渐从人身伤害、财产损失扩大到包括环境破坏损失、清理、救护费用等。

环境污染责任险是基于投保人与保险人之间签订的责任保险合同,由保险人在保险事故(环境侵权损害事实)发生的情况下,向受害人承担损害赔偿责任的一种民事救济方式。

1)我国环境污染责任险的立法过程

随着国家对于环境问题的重视,几乎每年都有相关文件出台,促进企业投保环境污染责任保险。同时,我国《民法通则》《环境保护法》《水污染防治法》和《侵权责任法》等环境保护法规定环境污染责任的无过错归责原则,为我国环境责任保险奠定了法律基础。2013年,环保部与保监会联合下发《关于强制开展环境污染责任险试点工作的指导意见》,首次指出在涉重行业等若干重点污染行业开展环境污染责任险试点工作;2014年,《环境保护法》修订,明确国家鼓励投保环责险;2015年,国务院印发《生态文明体制改革总体方案》,指出要建立绿色金融体系,在环境高风险领域建立环责险强制保险制度;2016年,中国人民银行、财政部等七部委联合印发《关于构建绿色金融体系的指导意见》,指出建立"绿色保险"制度,在环境高风险领域建立环境污染强制责任保险制度,鼓励和支持保险公司参与环境风险治理体系建设;2017 年,《环境污染强制责任保险管理办法(征求意见稿)》发布,并已于 2018 年 5 月 7 日在生态环境部召开的部务会议上经审议通过。

比较过去的通行做法,《环境污染强制责任保险管理办法(征求意见稿)》有较大突破:一是强制投保行业范围,规定了八大行业或企业类型,符合条件之一即为"环境高风险生产经营活动",须强制投保环境污染责任险;二是将实行示范条款和费率规章,保险责任范围,除常规的第三者人身损害、第三者财产损害、应急处置与清污费用外,还明确要包括生态环境损害,包括生态环境损失、生态环境修复费用等赔偿内容,较目前市场通行责任范围有较大突破;且对于保险事故的发生,没有明确事故性质的突发性或意外性;三是保险公司承保环境污染责任险业务,应在承保前开展风险评估工作并出具环境风险评估报告,在保险合同有效期内开展风险隐患排查工作,出险后及时开展事故勘查工作,对保险公司风险管理能力提出新的要求,体现保险业参与防灾减损、事前预防胜于事后赔偿等方面的社会治理职能。

2)环境污染责任保险发挥的作用

环境污染责任保险的最大目标是控制环境事故不发生或少发生,把保险的风险管理方法与环境管理相结合,通过专业风险管理与服务的实施,最大限度降低环境污染事故的发生概率,降低环境风险,保障环境安全。

(1)对于投保企业而言,基本作用是转移环境污染责任风险,获得财务稳定。企业通过购买环境污染责任险,通过支付较少的保费,获得较高额度的保障,一旦经营过程中发生意外事故引起环境污染责任,将由保险公司负责赔偿其应承担的经济赔偿责任,确保事故发生后能够及时有效获得经济支持,使不确定的风险稳定下来,是企业合理管理自身经营风险、保持经营稳定性和可预期性的一种财务处理手段。

(2)对整个社会而言,环境污染责任险能够维护受害者权益,使其在遭受损害后能够及时获得有效补偿以恢复正常生产生活,避免社会生产环节断裂,维护社会稳定,并一定程度上减轻政府负担。

(3)促进企业提升自身环境风险管理水平。同一行业中类似规模的不同企业,将因其环境管理体系的建立、管理规范程度、员工受培训水平、历史风险发生及改善状况等因素差异,保险费水平、免赔额高低、附加承保条件等都会有较大差异,环境管理体系健全、管理规范程度高、员工受训水平好的企业,将享有相对低的保费水平和免赔额,且不会被保险公司附加条件承保,反之亦反。保险公司的这一定价体系,将真正实现奖优罚劣、促使企业改善和提高自身环境管理水平,降低环境污染事故发生机率,起到提升整体社会环境安全水平的巨大作用。

(4)强化专业服务职能。保险公司承保环责险业务,应在承保前开展风险评估工作并出具环境风险评估报告,在保险合同有效期内开展风险隐患排查工作,出险后及时开展事故勘查和赔偿工作,也体现了保险业参与防灾减损、事前预防胜于事后赔偿等方面的社会管理职能。保险公司为达到政府文件要求、获得相应业务承办资格,必然增加提升环境风险管理能力方面的投入,包括探索企业环境风险评估方法、改善企业环境风险管理体系、逐步建立环境污染事故责任认定和环境成本测算方法、开发新的环境管理技术手段等,并通过信息技术运用和科技手段创新,形成"企业—保险—管理机构"互动平台,加强环境治理监督,提升企业环境管理意识和环境管理能力,减少环境风险事故发生。

3)环境污染责任保险未来发展趋势

从目前国内环境污染责任险实践及政府立法进展来看,高危行业实现强制环污险立法有可能逐步实现,企业依法投保和保险公司依法不能拒绝承保将有法可依;环境污染责任险的健康安全运行,有赖于整个社会法制环境的完善、社会认知水平的提升及环境管理技术的成熟度,立法层面应利于解决企业环境风险上"守法成本高、违法成本低"的问题,环境风险评估标准、环境污染损害鉴定和损失核算、污染清理和生态环境修复标准等都有待于逐步在实践中尽快确立起来。

(1)环境污染责任险内涵将越来越丰富,保障责任范围可能由传统的突发性意外事故逐步扩展到包括突发性意外事故、累积性因素引发突发意外事故等原因引发环境污染风险;责任触发机制可能由保险期限内首次提出索赔的索赔发生制,逐步向保险期限内发生保险事故即可提出索赔的事故发生制转移,这将极大增加保险公司的经营风险,使一张已签发保单在一个较长的期限内始终处于赔偿责任风险不能完全终止的状态,同时,生态环境损害赔偿责任明确为保险赔偿的一部分,将极大提升保险赔款金额。这些因素,对保险精算、准备金提取、业务核算办法及保险公司财务稳定性均产生较大影响,责任范围的扩展、索赔期的延长及赔偿内容的扩大,将在一定程度上增加投保企业的保费负担,或者需由投保企业承担一定的免赔额风险。

(2)环境污染责任险的外延,则是保险公司参与社会环境治理的程度不断深入。保险公司在政策立法的引导下,在市场竞争的压力下,将加强承保技术创新、控制内部费用成本,从而压缩保费标准,在市场竞争中尽量扩大价格优势,从而使投保企业受益;同时,保险公司经营上将逐步变事后保险赔偿为事前保险风险防控,环境风险管理水平、专业服务能力将进一步提升,并能够提升整体社会技术力量,促进整体社会环境管理技术的创新和发展。

4. 工程质量潜在缺陷保险

工程质量潜在缺陷保险(国外简称 IDI),是指由工程的建设单位投保,在保险合同约定的保险范围和保险期间内出现的,由于工程质量潜在缺陷所导致的投保建筑物损坏,予以赔偿、维修或重置的保险。工程质量潜在缺陷保险是目前国际上应用得比较广泛而且行之有效的建设工程质量风险转移的方法,自 1978 年起源于法国,在法国为强制保险。之后西班牙、意大利、英国、瑞典、丹麦、芬兰、美国(新泽西州)、加拿大(不列颠哥伦比亚省)、澳大利亚、墨西哥、巴西、日本、沙特阿拉伯、阿联酋、卡塔尔、喀麦隆、刚果、摩洛哥、中非、突尼斯、阿尔及利亚、加蓬、毛里求斯等国家和地区均进行了实施。

1）推行工程质量潜在缺陷保险的法律背景

《中华人民共和国建筑法》第六十二条规定："建筑工程实行质量保修制度"。具体保修期限根据 2000 年 1 月 30 日国务院令第 279 号发布的《建设工程质量管理条例》第四十条：

在正常使用条件下，建设工程的最低保修期限为：

（1）基础设施工程、房屋建筑的地基基础工程和主体结构工程，为设计文件规定的该工程的合理使用年限；

（2）屋面防水工程、有防水要求的卫生间、房间和外墙面的防渗漏，为 5 年；

（3）供热与供冷系统，为 2 个采暖期、供冷期；

（4）电气管线、给排水管道、设备安装和装修工程，为 2 年。

其他项目的保修期限由发包方与承包方约定。

建设工程的保修期，自竣工验收合格之日起计算。

《建设工程质量管理条例》明确了工程质量的保修责任和保修期限，为实行工程质量保险打下了基础。

《民用建筑节能条例》中华人民共和国国务院令第 530 号自 2008 年 10 月 1 日起施行。民用建筑，是指居住建筑、国家机关办公建筑和商业、服务业、教育、卫生等其他公共建筑。

第二十三条在正常使用条件下，保温工程的最低保修期限为 5 年。保温工程的保修期，自竣工验收合格之日起计算。

2）工程质量潜在缺陷保险方案

投保人：建设单位

被保险人：建筑产权人、所有权人

质量缺陷：根据《建设工程质量保证金管理办法》（建质〔2016〕295 号）对质量缺陷有如下定义：缺陷是指建设工程质量不符合工程建设强制性标准、设计文件，以及承包合同的约定。

项目类型：按照 2000 年 1 月 30 日国务院令第 279 号发布的《建设工程质量管理条例》规定，建设工程是指土木工程、建筑工程、线路管道和设备安装工程以及装修工程。保险方案的主要内容包括：(1)保险标的；(2)保险金额；(3)保险费；(4)主险保险责任；(5)附加险保险责任；(6)保险期限；(7)费率调整系数等。

3）我国实行工程质量保险制度的必要性

我国商品住宅普遍采取预售制度，购房时业主并不能判断房屋质量优劣，交易时工程质量是购房人无法预测和控制的未知数。这种制度没有形成"优质优价"的买卖环境，使得开发商更加关注进度和造价而不是工程质量。这是导致中国房屋质量问题较多的根本原因之一。其次，多数工程的建设单位不是工程的最终使用者。工程的建设单位和最终用户是不同的主体，而真正的业主往往不在场，他们对工程招标、工程验收过程缺乏监督权与话语权。

（1）工程建设引入最终用户的代理人或代言人。实施工程质量保险制度后，最终用户由于工程质量缺陷而产生损失的风险就转移给了保险公司，保险公司成为最终用户利益的代理人和代言人。在保障工程质量方面,保险公司与最终用户的利益相同。也就是说,现行制度下最终用户无法到场,对工程招标、工程验收过程缺乏监督权与话语权的状态得到转变。在工程建设中引入真正代表最终用户权益的主体参与工程质量管控。

（2）充分保障最终用户的合法权益。房屋的最终用户也是被保险人,切实保障了最终用户的合法利益。首先,当出现房屋质量问题,房屋的最终用户可以直接向保险公司索赔,避免向政府部门投诉或上访。如果质量缺陷在保险范围和保险期间内,保险公司第一时间组织维修或重置,通过先行赔付,充分履行保险机构经济补偿和社会管理的职能。

（3）更加有效地进行工程质量监管。保险公司与最终用户在经济利益的同一边。保险公司从保障自身利益出发,将聘请专业的工程质量风险管理机构,代表保险公司(相当于代表最终用户)对工程建设的全过程进行质量风险预防与评估服务。风险管理机构通过工程现场的实地检查、审核工程设计及关键施工过程,向保险公司提供关于工程质量的评估意见。这既是对长达十年的保险产品的风险管理,也是对广大房屋最终用户利益的全面保障。

（4）落实工程参建单位的质量责任。保险公司在出险赔付后,享有代替被保险人对建设者的责任进行追究的权利——代为求偿权。在这种模式下,保险公司对被保险人进行理赔支付后,已经代替被保险人成为追究缺陷责任的权利人,具备向有关责任人进行追偿的权利和利益动机,使得追究参建单位的工程质量责任更具可执行性。

8.4　案例介绍

保险作为现代社会的重要保障制度,在城市风险防控中发挥重要作用。从个体而言,社会保险是城市居民安居乐业的重要保障;对于自然灾害,巨灾保险能为城市从灾害中得到有力经济支援,快速恢复城市的正常运转。保险是现代城市发展不可缺少的重要环节,是城市风险防控重要内容。

8.4.1　美国洪水巨灾保险

美国于1968年创立国家洪水保险计划(National Flood Insurance Plan, NFIP),为飓风、热带风暴以及暴雨等所引发的洪水提供相关保险。NFIP制定了洪水风险图,对不同洪泛区划分相应风险,并据此确定了覆盖全国的洪水保险费率图。NFIP以社区为基础,社区参加NFIP的先决条件是采取防洪减灾措施,社区中的房屋所有人可自愿选择购买洪水保险,但如果在特定洪水风险区(SF-HAs)通过抵押贷款购置房屋时,金融机构要求相关房屋所有人必须购买洪水保险。

1. 美国洪水巨灾保险发展

NFIP以联邦保险管理局为主导,私营保险公司参与销售。1981年,联邦保险管理局提出"以你自己的名义(Write-Your-Own, WYO)"的公私合作计划,目前约90家保险公司参与。保险公司以自身名义与投保人签订保险合同,并负责灾后理赔工作,但无须承担最终赔偿责任。NFIP 充分利用私营保险公司的市场营销及渠道优势,而参与 WYO 的保险公司也可获取一定的预算拨款。政府最初设想 NFIP 能自负盈亏,但自 1968 年以来,一直处于亏损状态,不得不依靠财政借款等事后融资机制进行赔付。

2. 美国洪水巨灾保险现状分析

NFIP 运行中存在以下问题:一是道德风险较明显。投保人利用 NFIP 风险定价不足而获利,导致其出现重复损失。25%～30%的赔偿对象是极易遭受洪水冲击的住宅。为此政府采取征购洪泛区房产、外迁移民安置和将房屋变为空地等多项措施,但能否取得成效尚待进一步评估。二是退保风险较明显。由于对保险的功能缺乏正确认知,大多数投保人通常在购买洪水保险后 2～4 年选择退保,此外,家庭开支用途变化和联邦政府对洪灾的事后补助资金也降低了投保人的积极性。三是风险转移机制欠缺。NFIP 没有通过再保险方式将风险转移到国际市场,公共财政负担较重,NFIP 每年欠美国财政部约 10 亿美元,总欠款合计约 178 亿美元。四是洪水风险图的更新面临两难困境。更新过慢意味着高风险区域保费缴纳不足,或没有采取恰当的减灾措施。而较频繁的更新,则可能不断扩大高风险区域,降低房产价值。五是 WYO 的管理成本削弱了 NFIP 的偿付能力。联邦紧急事务管理署缺乏相关信息确定 WYO 的赔付是否合理。

为了解决 NFIP 的偿付能力问题,并偿还财政部债务,美国于 2012 年 6 月通过《Biggert-Waters 洪水保险改革法案》。该法案在维持 WYO 不变的情况下,对 NFIP 进行了以下改革:一是 NFIP 将逐渐停止对重复损失房屋的保险补贴,并将保费年度增长率的上限提高至 20%。二是建立技术测绘咨询委员会,修正洪水风险图,以便保费能充分反映该区域的风险。三是对洪水理赔设定最低扣减额。四是允许购买再保险。

3. 经验总结

一是通过更新洪水风险图,NFIP 能够更好地进行风险定价。二是随着时间推移逐渐降低保险补贴,可以鼓励投保人有效实施风险减缓措施。三是政府应该重视公众宣传,提高公众对保险的重视程度以及认知程度。四是通过再保险或巨灾债券转移风险。五是 NFIP 应督促抵押贷款金融机构,确保易受灾区域的房屋所有人购买洪水保险。六是 NFIP 应制定长期的洪水保险合同。七是提高保费虽然在政治上具有一定的难度,但对于实现精算公平保费非常必要。

8.4.2 日本地震巨灾保险

1. 产生背景

1923 年,日本发生了震惊世界的关东大地震,损失巨大。关东大地震后,日本开始建立以政府为主导的地震保险制度。1966 年,日本政府出台《地震保险法》和《地震再保险特别会计法案》,并建立日本地震再保险株式会社,通过以立法方式建立了全国范围内的地震保险项目。

2. 运营模式

日本的家庭地震保险覆盖日本全国范围的地震、海啸、火山爆发导致的居民住宅及生活用财产损失。其核心经营机构是地震再保险机构(JER),该机构由日本各商业保险公司出资成立。在风险分担上,当损失 1 000 亿日元以下时,由 JER 完全承担;当损失大于 1 000 亿日元,小于 3 620 亿日元时,JER 和原保险公司承担 50%,政府承担 50%;当损失大于 3 620 亿日元,小于 70 000 亿日元时,JER 和原保险公司承担 5%,政府承担 95%。政府承诺对地震保险责任兜底,通过日本再保险株式会社进行保险支持。最高赔偿限额为 671 亿美元,若超过则按比例回调。在实施方式上,日本民宅地震保险采取非强制承保方式,原则上以自动附加的方式承保,即火险自动附加地震保险。理赔触发机制上,日本民宅地震保险的触发机制为保险标的的半损或者全损。

3. 主要特点

(1)保障基本。政府只对居民巨灾风险的基本生活提供保障,从而大幅度降低地震保险费率,扩大保险覆盖面。

(2)共同保险。地震保险损失由地震再保险公司、商业保险公司、政府共同承担,有效激励各主体发挥震前防御,震后自救,生活救助、定损理赔等方面的作用。

(3)政府、商业保险公司共同参与。政府、商业保险公司共同提供资金参与地震保险,避免了商业保险公司承保能力不足问题,也有效缓解了财政资金负担。

(4)运行效果。因该保险为非强制保险,所以日本地震保险投保率并不高,1995 年神户大地震时,全国民用住宅投保率只有 7.2%,目前全国平均投保率在 23% 左右。2011 年,日本大地震造成的保险损失为 35 亿美元,但由于地震投保率低,保险业仅承担总损失的 17%。

8.4.3　安全生产责任保险典型案例

1. 案情描述

2013 年 5 月 20 日 10:50 左右,某民爆有限公司炸药生产线工房发生爆炸,造成工房生产线及设备粉碎性破坏,周围建筑物大部分整体坍塌,生产车间及周边区域 33 人死亡、19 人受伤。

2. 事故原因

事故发生后,国务院立即成立了事故调查组,并聘请了爆破、工业炸药、民爆安全生产等专业领域的有关专家组成专家组,并邀请最高人民检察院派员参加了事故调查工作。2013 年 9 月 9 日,调查组公布《民爆公司"5·20"特别重大爆炸事故调查报告》认定:该民爆公司"5·20"特别重大爆炸事故是一起生产安全责任事故。导致本次事故的直接原因为震源药柱废药在回收复用过程中混入了起爆件中的太安,提高了危险感度;太安在 4 号装药机内受到强力摩擦、挤压、撞击,瞬间发生爆炸,引爆了 4 号装药机内乳化炸药,从而殉爆了 502 工房内其他部位炸药。间接原因为该民爆公司法制和安全意识极其淡薄,安全管理混乱且长期违法违规组织生产,违规改变生产工艺,违法增加生产品种、超员超量生产,违规进行设备维修和基建施工,并弄虚作假规避监管。

3. 保险赔偿/风险管理启示

该民爆有限公司向保险公司投保了安全生产责任保险,并在事故发生后及时向保险公司报案。保险公司接报案后,立即启动重大事故应急预案。相关负责人及理赔人员第一时间赶赴现场,了解事故损失情况,积极配合政府相关部门处理善后事宜。同时开通绿色理赔通道,在调查取证的基础上,预支资金600万元,及时帮助被保险人缓解资金周转问题,认真做好事故伤亡人员家属接待、安抚和赔偿等工作。同时加强与政府、交警、医院等相关部门沟通协调,密切跟踪事故责任认定,加强人伤探视工作。

本案系群死群伤特别重大安全生产事故,社会关注度高,安监报告"直接原因"描述明确,同时被保险人违法违规、超员超量生产等主观行为造成了保险标的危险程度显著增加,在一定程度上造成了事故损失的扩大。最终,针对死亡责任部分,保险公司共赔偿900多万元;针对伤残责任部分,根据受伤雇员的伤残鉴定情况进行了赔付。

8.4.4 环境污染责任险典型承保案例

我国保险业界开展环境污染责任保险时间并不长,发展相对缓慢,预计随着强制保险政策的逐步推动,环境污染责任险将取得较大发展,在社会管理职能方面更能体现保险业的风险防范作用。下面以中国太平洋财产保险股份公司(以下简称太平洋产险)的实践经验为例,介绍国内较为典型的操作案例。

1. 案例分析

此前,太平洋产险做法同一般同业,通常以公众责任险扩展意外渗漏污染条款方式扩展承保一般风险企业的意外渗漏污染责任;2008年上海危化企业安全生产责任险开始推广,保险责任中包含了环境污染责任和清污费用;2009年起四川、宁波等分公司开始参与当地环境污染责任险的试点承保工作;但真正有影响的环境污染责任险保单始自2010年苏州环境污染责任险项目的承保。此后各地区环保局推动的环责险项目逐步推广,半数以上分公司都有涉及当地统保业务。

太平洋产险独家承保的环境污染责任保险保单始自2010年苏州项目,开发了第一个环境污染责任险条款,此后逐渐形成了包括全国条款及地方条款、主险条款及附加险条款等较为灵活的环境污染责任险产品体系,兼顾普遍性和个性需求。保险责任为投保企业在经营场所内突发意外事故或安全生产事故引致环境污染事故而对第三者应承担的赔偿责任,一般可扩展污染清理费用,亦可扩展自然灾害事故引发前述意外事故或安全生产事故情形。与市场通行做法类似,除常规除外责任外,对渐进性、累积性风险,交通工具意外事故引发污染风险等均明确为除外责任,生态环境污染损失也为不保对象;触发保险责任的机制为期内索赔制,通常对于新保项目追溯期起期从保单起保日开始,续保项目可根据续保时间确定追溯期长短等。

2. 经验总结

总结苏州等地项目经验,目前国内环境污染责任险的承保现状基本如下:

(1)承保方式以政府推动、多家保险公司共保为主。

以苏州项目为例,由当地环保局发起,恒泰经纪为中介,引入多家保险公司共保,自 2009 年开始酝酿,2010 年进入实际运作阶段,于当年的"世界环境日"也即 6 月 5 日举行签单仪式;此后每年均以"世界环境日"作为续转起保日。之后,江苏省境内的南京、扬州、无锡等地,模式基本参照苏州项目,目前均运行良好,各家保险公司均在这些项目的经营中锻炼了队伍、积累了经验。

其他地区后续项目发展路径也大致相同,形成了不同地区有关行业中小企业统保局面,为不同地区客户提供环境污染风险保障。

(2)单笔保单赔偿限额不高。

常见的每一被保险人赔偿限额每家基本在 100 万～500 万,个别企业赔偿限额在1 000 万～2 000 万,统保项目中罕有更高保额业务。尽管如此,保险公司经营上仍然存在风险累积。多数地区统保项目中,扩展自然灾害已成为招标的标准责任范围,若同地区的多个被保险人同时因某项严重的自然灾害(如地震、洪水)发生意外事故而引起索赔,将可能影响到保险经营的稳定性。

(3)平均费率水平在 0.5%～1%;以企业自负保费为主。环境污染责任险经过六七年的发展,一方面出险率较低,另一方面市场竞争较为激烈,平均费率水平由最初的 2%左右逐步下滑到目前的 0.5%～1%之间。

保费以企业自负为主,政府财政支持力度有限,加之企业对环境污染责任险认知不足,在政府管控力度相对弱的地区,会出现企业不再续转的情况,或者续保企业降低赔偿限额以减少保费支出等现象。

(4)承保行业集中在高危行业。客户类型集中在石油化工、废物处置、金属及非金属冶炼、纺织印染、制药等高风险行业,其他低风险行业鲜见投保案例。

8.4.5　工程质量潜在缺陷保险在中国的实践经验

1. 上海市住宅工程质量潜在缺陷保险发展历程

中华人民共和国建设部和中国保险监督管理委员会于 2005 年 8 月下发了《关于推进建设工程质量保险工作的意见》,鼓励各地试点工程质量保险。在此背景下,上海市城乡建设和交通委(简称上海市建交委)和上海市保监局于 2006 年 5 月出台了《关于推进建设工程风险管理制度试点工作的指导意见》,形成和提出了"引入市场机制、转变政府职能、三险合一"的工程保险模式和风险管理的基本理念。

上海世界博览会之后,上海调整了推进的思路,着重推进了住宅工程质量潜在缺陷保险。2012 年 3 月,地方性法规《上海市建设工程质量和安全管理条例》第十九条规定:"在新建住宅所有权初始登记前,建设单位应当按照本市有关规定交纳物业保修金。建设单位投保工程质量保证保险符合国家和本市规定的保修范围和保修期限,并经房屋行政管理部门审核同意的,可以免予交纳物业保修金。"2012 年 10 月,上海市建交委、上海市住房保障和房屋管理局(简称上海市房管局)、上海市金融服务办公室(简称上海市金融办)和上海市保监局联合印发了《关于推行上海市住宅工程质量潜在缺陷保险的试行意见》,标志着上海地区住宅工程质量潜在缺陷保险进入三年的试点期。试行意见到期后,上海市住建委、上海市金融办和上海市保监局总结了试点经验,并于 2016 年 6 月 22 日发布了《关于本市推进商品住宅和保障性住宅工程质量潜在缺陷保险的实施意见》。

2. 商务部对外援助成套项目工程质量缺陷保险项目

对外援助是中国对外战略的重要组成部分,对外援助也是中国必须履行的国际义务。过去 60 多年来,中国共向 166 个国家和国际组织提供了近 4 000 亿元人民币的援助(年均 66 亿元)。中国共建设了 2700 多个成套工程项目,这些工程项目很多在当地都是标志性的建筑,成为中国和受援国家友好合作的一座座丰碑。

2015 年 9 月,为了落实项目质量终身责任制和援外项目管理体制改革的制度设计,商务部决定首次尝试推行对外援助成套项目工程质量缺陷保险制度。为商务部对外援助成套项目提供工程质量缺陷保险具有三个重要意义。一是为对外援助成套项目的工程质量加把"安全锁"。保险公司在对外援助成套项目建设期间,提供自施工设计至竣工验收全过程的查勘检验服务(即 TIS 服务)。作为独立第三方介入援外项目的工程质量管理,将从源头上有效降低或消除商务部对外援助成套项目工程质量的风险隐患。二是落实项目质量终身责任制。在对外援助成套项目使用期间,如因潜在缺陷造成损失,由保险公司负责赔偿和维修。保险公司承担了援外项目在使用期间的质量保证。解除了业主的后顾之忧。三是为中资大型企业在境外开展建设项目提供保险服务,助力中资大型企业走出国门。

3. 深圳市福田区政府投资代建项目实行工程质量潜在缺陷保险制度

深圳市福田区发展和改革局在 2017 年 8 月下发管理办法,明确要求在福田区政府投资代建项目中实行工程质量潜在缺陷保险制度,通过引入保险公司以及第三方独立的工程质量安全风险管理机构为政府代建项目提供专业的工程质量风险管控服务,转嫁工程质量风险。代建项目类型包括医院、学校、博物馆等房建项目和桥梁、高架桥等市政工程项目。

参考文献

［1］ LI Lei, LI Hong, ZHANG Xinmin, et al. Pollution characteristics and health risk assessment of benzene homologues in ambient air in the northeastern urban area of Beijing, China［J］. Journal of Environmental Sciences,2014,26:214-223.

［2］ ANCONA M, CORRADI N, DELLACASA A, et al. On the design of an intelligent sensor network for flash flood monitoring, diagnosis and management in urban areas［J］. Procedia Computer Science,2014,32:941-946.

［3］ REYHANEH Shariat, ROOZBAHANI Abbas, EBRAHIMIAN Ali. Risk analysis of urban stormwater infrastructure systems using fuzzy spatial multi-criteria decision making［J］. Science of Total Environment, 2019,647:1468-1477.

［4］ HUNSAKER C T, GRAHAM R L, SUTER II G W, et al. Assessing ecological risk on a regional scale［J］. Environmental Management,1990,14: 325-332.

［5］ HENDERSON L J. Emergency and disaster:pervasive risk and public bureaucracy in developing nations［J］. Public Organization Review,2004,4(2):103-119.

［6］ YIN Yueping, LI Bin, WANG Wenpei. Mechanism of the December 2015 Catastrophic Landslide at the Shenzhen Landfill and Controlling Geotechnical Risks of Urbanization［J］.Engineering, 2016 (2):230-249.

［7］ 雅各布斯.美国大城市的死与生［M］.南京:译林出版社,2006.

［8］ 孙建平.交通安全风险管理与保险［M］.上海:同济大学出版社,2016.

［9］ 张承安.城市发展史［M］.武汉:武汉大学出版社,1985.

［10］ 芒福德.城市发展史:起源、演变和前景［M］.宋俊岭,倪文彦,译.北京:中国建筑工业出版社,2005.

［11］ 尚志海.城市自然灾害前瞻性风险管理与绩效评估［J］.灾害学,2017,32(2):1-6.

［12］ 孙建平.构建更高效的城市风险管理体系［N］.联合时报,2016-12-06(3).

［13］ 都伊林,马兴.大数据构建城市应急预测预警体系［J］.信息化研究,2017,43(2):16-21.

［14］ 孙建平.以新举措应对城市风险防控新要求［N］.联合时报,2017-12-08(4).

［15］ 刘凯.大型建设工程项目施工进度风险耦合分析及其仿真研究［D］.北京:华北电力大学,2017.

［16］ 于帆,宋英华,霍非舟,等.城市公共场所拥挤踩踏事故机理与风险评估研究——基于 EST 层次影响模型［J］. 科研管理,2016,37(12):162-169.

［17］ 冉丽君,梁鹏,梁睿,等.我国化工园区布局性环境风险及对策建议［J］.化工环保,2016,36(6):692-695.

［18］ 咸东进,陈金凤.新西兰体育旅游风险管理研究［J］.体育成人教育学刊,2016,32(5):49-52.

［19］ 梅珊,何华,朱一凡.空气传播传染病城市扩散建模［J］.管理评论,2016,28(8):158-166.

［20］ 徐翀崎,李锋,韩宝龙.城市生态基础设施管理研究进展［J］.生态学报,2016,36(11):3146-3155.

［21］ 曾晓琦.南昌市餐饮服务环节食品安全监测的问题和对策研究［D］.南昌:南昌大学,2016.

[22] 李月.刘易斯·芒福德的城市史观[D].上海:上海师范大学,2016.

[23] 肖渝.美国灾害管理百年经验谈——城市规划防灾减灾[J].科技导报,2017,35(5):24-30.

[24] 张良.基于系统风险熵的化工园区风险态势预测预警研究[D].广州:华南理工大学,2016.

[25] 吴贤国,吴克宝,沈梅芳,等.基于N-K模型的地铁施工安全风险耦合研究[J].中国安全科学学报,2016,26(4):96-101.

[26] 时秋慧.城市基础设施管理中存在的问题及对策[J].技术与市场,2016,23(1):112-113.

[27] 胡小武.新常态下的城市风险规避与治理范式变革[J].上海城市管理,2015,24(4):10-15.

[28] 都伊林,吴骁.智慧城市视角下完善反恐预警机制研究[J].情报杂志,2015,34(7):13-17,33.

[29] 王永明,李明峰,檀丁,等.南京地区建筑基坑变形预警与安全监控系统[J].土木工程学报,2015,48(S2):143-147.

[30] 李维洲,冯德定,高永冬.基于信心指数专家调查法在矿山法隧道施工风险评估中的应用[J].公路交通科技(应用技术版),2015,11(7):215-217.

[31] 王锡惠.印度早期城市发展初探[D].南京:南京工业大学,2015.

[32] 程圆圆.昆明城市风险评价与管理对策研究[D].昆明:昆明理工大学,2015.

[33] 钟开斌.伦敦城市风险管理的主要做法与经验[N].中国保险报,2015-02-05(5).

[34] 任南,韩冰洁,何彦昕.基于WBS-RBS-DSM的项目风险识别与评估[J].系统工程,2014,32(11):96-100.

[35] 张立超,刘怡君,李娟娟.智慧城市视野下的城市风险识别研究——以智慧北京建设为例[J].中国科技论坛,2014(11):46-51.

[36] 张亮,陈少杰.面向智慧型城市的食品安全监管体系[J].食品研究与开发,2014,35(18):192-196.

[37] 马伶伶.城市轨道交通运营风险耦合研究[D].北京:北京交通大学,2014.

[38] 张振国.城市社区暴雨内涝灾害风险评估研究[D].上海:上海师范大学,2014.

[39] 高萍,于汐.中美日地震应急管理现状分析与研究[J].自然灾害学报,2013,22(4):50-57.

[40] 阿尔伯斯,吴唯佳.城市规划的历史发展[J].城市与区域规划研究,2013,6(1):194-212.

[41] 赵大鹏.中国智慧城市建设问题研究[D].长春:吉林大学,2013.

[42] 张金荣,刘岩,张文霞.公众对食品安全风险的感知与建构——基于三城市公众食品安全风险感知状况调查的分析[J].吉林大学社会科学学报,2013,53(2):40-49.

[43] 任振.地铁车站深基坑施工风险耦合模型研究[D].武汉:华中科技大学,2013.

[44] 张庆阳.国外应对雪灾经验及其借鉴[J].中国减灾,2013(1):53-56.

[45] 黄健.基于3DWebGIS技术的地质灾害监测预警研究[D].成都:成都理工大学,2012.

[46] 温阳.大型体育赛事场馆运行风险识别与评估研究[D].上海:上海体育学院,2012.

[47] 于彦.我国城市公共设施管理对策研究[D].哈尔滨:东北师范大学,2012.

[48] 特伯,梁静静.欧洲洪水管理[J].水利水电快报,2012,33(1):31-34.

[49] 李莎莎,翟国方,吴云清.英国城市洪水风险管理的基本经验[J].国际城市规划,2011,26(4):32-36.

[50] 钟开斌.国际化大都市风险管理:挑战与经验[J].中国应急管理,2011(4):14-19.

[51] 欧阳小芽.城市灾害综合风险评价[D].南昌:江西理工大学,2010.

[52] 王婧.中国中西部农村地区传染病监测和预警系统能力评估及其对策研究[D].上海:复旦大学,2010.

[53] 苗天宝.面向城市应急管理的风险地图研究[D].兰州:兰州大学,2010.

[54] 何江.城市风险与治理研究[D].延安:中央民族大学,2010.

[55] 刘士林.大城市发展的历史模式与当代阐释——以芒福德《城市发展史》为中心的建构与研究[J].江西社会科学,2009(8):27-35.

[56] 王迎春.提高城市连环恐怖袭击事件联合处置效能的思考[J].中国人民公安大学学报(社会科学版),2009,25(3):130-133.

[57] 宋健.城市信息化风险管理研究[D].天津:天津大学,2009.

[58] 黄正松.浅谈我国海关风险管理模式的改进——从澳大利亚模式中得到的启示[J].商业经济,2009(7):71-73.

[59] 岳鹏.中国城市应急联动系统的建设经验、体会及建议[J].中国安防,2009(3):28-29.

[60] 张忠利,刘春兰.中国城市应急管理体系的现状及完善[J].北京理工大学学报(社会科学版),2008(4):36-40.

[61] 孙喜光,丁辉.关于城市区域商业性公共场所的风险评估探讨[J].兰州大学学报(自然科学版),2008(S1):80-84.

[62] 罗杜吉.城市化及其问题解决[J].现代商业,2008(5):31.

[63] 郭照蕊.基于 WBS-RBS 的 BOT 项目风险分析研究[D].兰州:兰州理工大学,2006.

[64] 毛曦.试论城市的起源和形成[J].天津师范大学学报(社会科学版),2004(5):38-42.

[65] 张包平.城市化对我国的重大意义[J].市场经济研究,2004(2):40-46.

[66] 贝塔尼奥,阿尔梅达,陈桂蓉.葡萄牙大坝——流域风险管理[J].水利水电快报,2001(20):6-8.

[67] 裔昭印.从古希腊罗马看古代城市的经济特征[J].上海师范大学学报(哲学社会科学版),1995(3):48-54.

[68] 田鸿宾,孙兆荃.世界城市地铁发展综述[J].土木工程学报,1995(1):73-78.

[69] 刘文鹏.古埃及的早期城市[J].历史研究,1988(3):163-175.

[70] 陆继锋,曹梦彩.FEMA 对美国应急管理教育的贡献与启示[J].防灾科技学院学报,2017(4):45-53.

[71] 邹积亮.荷兰突发事件应急管理机制[J].理论导报,2012(9):31.

[72] 郑攀.小型无人机在公共安全领域的应用前景展望[J].警察技术,2013(4):53-55.

[73] 谢涛,刘锐,胡秋红,等.基于无人机遥感技术的环境监测研究进展[J].环境科技,2013,26(4):55-60,64.

[74] 高凯.上海市软土基坑围护设计与监测分析[D].淮南:安徽理工大学,2017.

[75] 张一凡.基于物联网的城市供水系统漏损控制技术研究[D].太原:太原理工大学,2018.

[76] 谢添.基于物联网与大数据分析的设备健康状况监测系统设计与实现[D].北京:北京交通大学,2018.

[77] 何雨轩.公共区域人群异常行为监测无人机设计与实现[D].绵阳:西南科技大学,2018.

[78] 徐福祥.基于无人机及多源数据的黄海绿潮监测研究[D].烟台:中国科学院大学(中国科学院烟台海岸带研究所),2018.

[79] 孙凡晴.基于物联网的塔吊安全监测系统设计与研究[D].青岛:青岛理工大学,2018.

[80] 邱成学.农村财政与金融[M].南京:东南大学出版社,2011.

[81] 吴定富.保险原理与实务[M].北京:中国财政经济出版社,2010.

[82] 叶成徽,韩樾.保险理论创新研究[M].海南:海南出版社,2009.

[83] 李雪艳.加快构建巨灾风险管理体系[N].中国保险报,2010-4-14(1).

[84] 王永明.财产保险[M].北京:中国金融出版社,1985.

[85] 周庆瑞.再保险概论[M].北京:中国金融出版社,1988.

[86] 国崎峪.人寿保险[M].张述,译.北京:中国金融出版社,1986.

[87] 大正海上保险公司.保险新险种理论与实务[M].杨永平,译.北京:中国金融出版社,1989.

[88] 代建林.卫星遥感技术在 IDI 保险风控中的应用研究[J].上海保险,2018(3).

[89] 陈国泉,袁大祥.浅谈我国工程建设项目风险管理的后评价[J].山西建筑,2008,34(2):209-210.

[90] 徐峰,李海梦,胡昊.高铁建设工程质量风险管理后评估[C]//2013中国工程管理论坛论文集.上海:上海交通大学出版社,2013:226-229.

[91] 张立宁,张奇,安晶,等.高层民用建筑火灾风险综合评估系统研究[J].安全与环境学报,2015,15(5):20-24.

[92] 王凌志.北京市海淀区城市运行与应急管理一体化模式研究[D].北京:中国矿业大学,2013.

[93] 韩正.探索符合上海特大型城市特点的应急管理新模式[J].中国应急管理,2008(1):14-17.

[94] 吴新叶.大都市社会安全预警建设的机理及其利用——以国家—社会二分法为视角[J].上海行政学院学报,2014,15(3):11-19.

[95] 肖渝.美国灾害管理百年经验谈——城市规划防灾减灾[J].科技导报,2017,35(5):24-30.

[96] 闪淳昌,周玲,方曼.美国应急管理机制建设的发展过程及对我国的启示[J].中国行政管理,2010,(8):100-105.

[97] 陈根增.澳大利亚、新西兰的城市管理情况及其对我们的启示[J].人才瞭望,2002(2):44-45.

[98] 卢文刚,黄小珍.超大型城市公共安全治理:实践、挑战与应对——基于深圳市的分析[J].中国应急救援,2015(2):7-12.

[99] 李友梅.城市发展周期与特大型城市风险的系统治理[J].探索与争鸣,2015(3):19-20.

[100] 雨豪.城市风险管理探源[N].中国保险报,2015-08-06(5).

[101] 邓予喆.城市风险可视化平台的设计与实现[D].北京:北京邮电大学,2014.

[102] 殷杰.城市灾害综合风险评估[D].上海:上海师范大学,2008.

[103] 尹占娥.城市自然灾害风险评估与实证研究[D].上海:华东师范大学,2009.

[104] 金磊.城市综合防灾减灾规划设计的相关问题研究[J].中国公共安全(学术版),2006(3):9-11.

[105] 何涛.从上海外滩踩踏事件看城市及旅游区人群聚集风险的监控与预警[J].品牌(下半月),2015(6):42.

[106] 黄崇福.从应急管理到风险管理若干问题的探讨[J].行政管理改革,2012(5):72-75.

[107] 高汝熹,罗守贵.大城市灾害事故综合管理模式研究[J].中国软科学,2002(3):110-113+115.

[108] 王刚.大数据时代城市公共安全预警机制优化研究[D].湘潭:湘潭大学,2017.

[109] 周志刚.风险可保性理论与巨灾风险的国家管理[D].上海:复旦大学,2005.

[110] 钟开斌.国际化大都市风险管理:挑战与经验[J].中国应急管理,2011(4):14-19.

[111] 顾林生.国外城市风险防范与危机管理[A].中国会展经济研究会.2006首届中国会展经济研究会学术年会论文集[C].中国会展经济研究会:中国会展经济研究会,2006:10.

[112] 王东.国外风险管理理论研究综述[J].金融发展研究,2011(2):23-27.

[113] 靳澜涛.国外特大型城市公共安全事件应急管理比较——以纽约、伦敦、东京为例[J].沈阳干部学刊,2015,17(4):51-53.

[114] 邹逸江.国外应急管理体系的发展现状及经验启示[J].灾害学,2008(1):96-101.

[115] 梁永朵,王艳,黄祖超,等.国外自然灾害应急管理体系对我国应急管理工作的启示[J].防灾科技学院学报,2009,11(3):130-132.

[116] 程圆圆.昆明城市风险评价与管理对策研究[D].昆明:昆明理工大学,2015.

[117] 钟开斌.伦敦城市风险管理的主要做法与经验[J].国家行政学院学报,2011(5):113-117.

[118] 董幼鸿.论现代化国际大都市应急管理机制建设——以上海应急联动体系建设为例[J].三峡大学学报(人文社会科学版),2008,30(S2):41-44.

[119] 唐钧.论政府风险管理——基于国内外政府风险管理实践的评述[J].中国行政管理,2015(4):6-11.

[120] 周利敏.迈向大数据时代的城市风险治理——基于多案例的研究[J].西南民族大学学报(人文社科版),2016,37(9):91-98.

[121] 丁晓彤.迈向卓越全球城市[J]//城市风险如何防控——第三届浦江城市治理创新论坛综述.上海城市管理,2018,27(1):95-96.

[122] 樊丽平,赵庆华.美国、日本突发公共卫生事件应急管理体系现状及其启示[J].护理研究,2011,25(7):569-571.

[123] 黎健.美国的灾害应急管理及其对我国相关工作的启示[J].自然灾害学报,2006(4):33-38.

[124] 沙勇忠,刘海娟.美国减灾型社区建设及对我国应急管理的启示[J].兰州大学学报(社会科学版),2010,38(2):72-79.

[125] 张小明.美英德突发事件风险管理新进展[J].现代职业安全,2015(5):20-23.

[126] 洪富艳.欧美社会风险管理制度的借鉴与思考[J].哈尔滨工业大学学报(社会科学版),2014,16(1):45-49.

[127] 李永清.全面构筑城市风险治理体系[N].学习时报,2016-02-18(5).

[128] 周利敏.韧性城市:风险治理及指标建构——兼论国际案例[J].北京行政学院学报,2016(02):13-20.

[129] 顾令爽,杨小林,刘涛,等.日本防灾对策及应急管理体系对中国的启示[J].改革与开放,2017(15):59-61.

[130] 张力.日本危机管理的举措及对我国的启示[D].武汉:华中师范大学,2012.

[131] 许祖华.上海社会公共卫生突发事件及其应急对策[J].中国公共卫生,1997(1):65-66.

[132] 阮雯.特大城市安全风险管理的比较与借鉴[J].中共杭州市委党校学报,2016(6):42-48.

[133] 任进.突发公共事件应急机制:美国的经验及其启示[J].国家行政学院学报,2004(2):82-85.

[134] 左文婷.我国事故灾难类突发事件风险管理研究[D].大连:东北财经大学,2016.

[135] 高晓红,汤万金,杨颖.我国风险管理标准化现状与趋势研究[J].世界标准化与质量管理,2008(6):33-36.

[136] 崔和平.新加坡的风险管理与危机防范[J].城市管理与科技,2007(1):57-59.

[137] 严荣.英国伦敦的城市风险评估体系及其启示[J].北京规划建设,2010(6):51-53.

[138] 殷杰,尹占娥,许世远,等.灾害风险理论与风险管理方法研究[J].灾害学,2009,24(2):7-11,15.

[139] 高萍,于汐.中美日地震应急管理现状分析与研究[J].自然灾害学报,2013,22(4):50-57.

[140] 张继权,张会,冈田宪夫.综合城市灾害风险管理:创新的途径和新世纪的挑战[J].人文地理,2007(5):19-23.

[141] 王学栋,张玉平.自然灾害与政府应急管理:国外的经验及其借鉴[J].科技管理研究,2005(11):149-151.

名 词 索 引